COURS

DE

CHIMIE PRATIQUE

(ANALYTIQUE, TOXICOLOGIQUE, ANIMALE)

A L'USAGE

DES ÉTUDIANTS EN MÉDECINE

PARIS. — IMP. SIMON RAÇON ET COMP., RUE D'ERFURTH, 1.

COURS
DE
CHIMIE PRATIQUE

(ANALYTIQUE, TOXICOLOGIQUE, ANIMALE)

A L'USAGE

DES ÉTUDIANTS EN MÉDECINE

PAR

WILLIAM ODLING

PROFESSEUR DE CHIMIE A SAINT-BARTHOLOMEW'S HOSPITAL

ÉDITION FRANÇAISE, PUBLIÉE SUR LA TROISIÈME ÉDITION

PAR A. NAQUET

PROFESSEUR AGRÉGÉ A LA FACULTÉ DE MÉDECINE DE PARIS

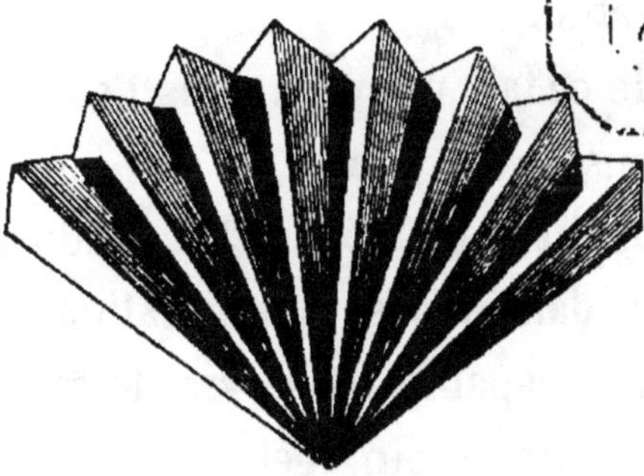

PARIS

F. SAVY, LIBRAIRE-ÉDITEUR

24, RUE HAUTEFEUILLE, 24

1869

PRÉFACE DU TRADUCTEUR

Depuis plusieurs années déjà, les étudiants en médecine sont exercés aux manipulations chimiques, et ces manipulations paraissent même devoir prendre une extension considérable.

En présence de ce fait nouveau dans l'enseignement de la médecine, nous avons pensé qu'un cours de chimie pratique, renfermant tout ce que les étudiants ont besoin d'apprendre dans leurs manipulations, et rien de plus ; qu'un livre capable de servir de guide de laboratoire répondait à un besoin réel.

Nous ne pouvons mieux faire que de traduire en français, pour cet usage, le *Cours de chimie pratique à l'usage des étudiants en médecine*, de M. William Odling.

M. Odling possède, en effet, une clarté, une méthode que l'on pourrait peut-être atteindre, mais que certainement on ne saurait dépasser.

En général, nous n'avons rien changé à l'ouvrage. L'édition française est la reproduction exacte de l'édition anglaise. Pour ne pas transformer l'économie générale de l'ouvrage, nous avons relégué dans des notes toutes les additions ou observations que nous avons cru nécessaires.

Le livre que nous offrons au public contient, sous un petit volume, non-seulement les éléments de chimie analytique, mais encore toutes les notions de toxicologie et de chimie animale que l'étudiant a besoin de connaître et qui, jusqu'à présent, ne se trouvent nulle part, ou ne se trouvent que dans des ouvrages beaucoup trop développés.

A. NAQUET,
Professeur agrégé à la Faculté de médecine.

Paris, 1869.

PRÉFACE DE LA TROISIÈME ÉDITION

Dans cette troisième édition de notre Cours de chimie pratique à l'usage des étudiants en médecine, nous avons introduit quelques perfectionnements qui nous ont été suggérés par une plus longue expérience de l'enseignement.

La partie analytique de l'ouvrage a reçu une nouvelle disposition en ce qui touche la description des méthodes employées.

Pour la première fois, nous avons fait usage du nouveau système de poids atomiques et de formules.

W. O.

Hôpital Saint-Barthélemi, mai 1868.

PRÉFACE DE LA DEUXIÈME ÉDITION

En préparant pour l'impression une seconde édition de ce cours de chimie pratique, dont la première édition a paru il y a plus de trois ans, j'y ai introduit beaucoup d'additions et de modifications qui, je le crois, le rendront plus utile comme guide de laboratoire.

Le premier chapitre, qui traite des réactions chimiques et de la manipulation, est entièrement nouveau. Le second, qui a rapport à l'analyse en général, a été écrit à neuf ; le troisième et le quatrième chapitre qui sont respectivement consacrés à la chimie toxicologique et animale, ont été revus avec soin. Dans le deuxième chapitre, plus particulièrement, nous avons donné de nombreuses explications relatives aux tableaux analytiques pour la recherche des divers groupes de bases et d'acides, de telle façon que le lecteur n'a guère à tenir compte des paragraphes relatifs aux membres individuels de groupe, à moins que ce ne soit pour confirmer les résultats déjà trouvés.

Pour que ce livre puisse satisfaire aux besoins des étudiants en médecine, la vieille échelle de poids atomiques a été adoptée dans tout le corps de l'ouvrage.

Dans un court appendice, toutefois, nous avons donné quelques tables où nous avons fait usage des nouveaux poids atomiques, afin de montrer combien nos formules unitaires actuelles sont supérieures en simplicité aux anciennes formules dualistiques. Cette édition de l'ouvrage est, en outre, illustrée par M. Branston de 70 gravures sur bois, représentant des appareils de chimie et des préparations microscopiques et toutes dessinées d'après nature.

W. O.

Hôpital Saint-Barthélemi, juin 1865.

COURS

DE

CHIMIE PRATIQUE

CHAPITRE PREMIER

INTRODUCTION

§ I. — RÉACTIONS CHIMIQUES.

(1) Les chimistes connaissent environ soixante corps différents que jusqu'à présent on n'a pas pu parvenir à décomposer, et que, par cette raison, on appelle corps simples ou éléments.

Ces corps simples s'unissent entre eux dans certaines proportions définies pour former une infinie variété de composés. Chaque composé chimique particulier est toujours formé par les mêmes éléments combinés dans la même proportion. Dans le sel ordinaire, par exemple, par quelque moyen et à quelque époque qu'on l'obtienne, on trouvera toujours le sodium et le chlore combinés à raison de 23 du premier, pour 35,5 du dernier.

La quantité relative d'hydrogène qui peut entrer dans une combinaison chimique étant moindre que celle de tout autre élément, le nombre proportionnel de ce corps est pris comme terme de comparaison ou unité.

Pour former l'acide chlorhydrique, il faut en poids 1 d'hydrogène pour 35,5 de chlore, et en outre, dans beaucoup de composés chimiques, 1 d'hydrogène est remplacé par 35,5 de chlore pour former des dérivés chlorés de ces composés respectifs; de même, quand on traite l'acide chlorhydrique par le sodium, on trouve que 23 de sodium déplacent 1 d'hydrogène, et, en se combinant avec les 35,5 de chlore, forment le sel ordinaire.

Le poids d'un corps qui dans une combinaison chasse 1 d'hydrogène pour s'unir à 35,5 de chlore, est appelé l'équivalent de ce corps : ainsi 80 est équivalent du brome, 23 celui du sodium et 39 celui du potassium, parce que 80 de brome, 23 de sodium et 39 de potassium peuvent dans une combinaison remplacer 1 d'hydrogène, c'est-à-dire équivalent à 1 d'hydrogène.

(2) On trouve cependant dans certains cas que la plus petite quantité d'un corps qui puisse entrer dans une combinaison chimique représente un multiple du poids de cet élément qui déplace 1 d'hydrogène ou qui s'y combine.

Ainsi, bien que 25 d'arsenic se combinent avec 1 d'hydrogène pour former l'hydrogène arsénié, et avec 35,5 de chlore pour former le chlorure d'arsenic, il est pourtant universellement reconnu que la molécule* d'hydrogène arsénié contient 3 équi-

* On nomme molécule la plus petite quantité d'un corps simple ou composé qui puisse exister à l'état libre. En d'autres termes, la molécule est la plus petite quantité d'un corps que l'on puisse obtenir par une division physique. (*Note du traducteur.*)

La détermination de la molécule d'un corps composé est basée sur un grand nombre de considérations physiques et chimiques sur lesquelles je ne

valents distincts d'hydrogène combinés avec 75 d'arsenic; et que la molécule de chlorure d'arsenic contient 3 équivalents distincts de chlore combinés avec 75 d'arsenic; en un mot, que 75 d'arsenic est la plus petite quantité indivisible d'arsenic qui puisse entrer dans une combinaison. La plus petite quantité indivisible d'un corps qui puisse entrer en combinaison chimique est appelée son atome, et le nombre qui exprime le poids de cette quantité est appelé le poids atomique de ce corps. De là, il résulte que le poids atomique d'un corps coïncide quelquefois avec son équivalent, comme dans le cas du sodium, et est quelquefois un multiple de son équivalent comme dans le cas de l'arsenic.

La détermination des équivalents est une question purement expérimentale. Cette question, dans la plupart des cas, a été résolue avec une exactitude presque absolue. Quant à la détermination des poids atomiques, c'est une question de jugement sur laquelle, dernièrement encore, il était permis d'émettre différentes opinions. Les chimistes pourtant se trouvent maintenant d'accord, quant au poids atomique des corps simples les plus importants. Ils sont aussi bien d'accord sur les poids atomiques qui sont multiples des équivalents que sur ceux qui leur sont identiques. La seule dissidence qui puisse encore exister sur les équivalents et les

puis m'étendre dans cet ouvrage. Les plus importantes de ces considérations concernent la chaleur spécifique, le volume atomique, la combinaison directe, l'analogie, le mode de dérivation et surtout les métamorphoses par substitution. Ainsi les molécules de gaz de marais, d'ammoniaque, d'eau et d'acide chlorhydrique peuvent, chacune, être représentées avec un seul équivalent d'hydrogène; cependant la molécule de gaz des marais est représentée avec 4 équivalents d'hydrogène, car on peut y remplacer successivement $\frac{1}{4}$, $\frac{2}{4}$, $\frac{3}{4}$, $\frac{4}{4}$, d'hydrogène. La molécule d'ammoniaque est représentée avec 3 équivalents d'hydrogène, parce qu'on peut y remplacer successivement $\frac{1}{3}$, $\frac{2}{3}$, $\frac{3}{3}$ de cet élément. La molécule d'eau est représentée avec 2 équivalents d'hydrogène parce qu'on peut y remplacer successivement $\frac{1}{2}$, $\frac{2}{2}$ d'hydrogène. Tandis que la molécule d'acide chlorhydrique est représentée avec un seul équivalent d'hydrogène, car l'hydrogène ne peut y être remplacé qu'en totalité ou pas du tout. (*Note de l'auteur.*)

poids atomiques, ne concerne que les corps simples les moins connus.

(3) Les tables suivantes donnent la liste des corps simples les plus importants, de leur poids atomique, de leurs symboles, et des formules de leurs principales combinaisons avec l'hydrogène ou le chlore. Tous les hydrures sont volatils, et des poids de ces corps correspondant à leurs molécules occupent tous le même volume à l'état gazeux.

CORPS			COMPOSÉS HYDROGÉNÉS	
POIDS ATOMIQUES	FORMULES	NOMS	FORMULES	NOMS
1	H	Hydrogène.	H^2	
19	Fl	Fluor.	HFl	Acide fluorhydrique.
35,5	Cl	Chlore.	HCl	— chlorhydrique.
80	Br	Brome.	HBr	— bromhydrique.
127	I	Iode.	HI	— iodhydrique.
16	O	Oxygène.	H^2O	Eau.
32	S	Soufre.	H^2S	Hydrogène sulfuré.
14	Az	Azote.	AzH^3	Ammoniaque.
31	P	Phosphore.	PH^3	Hydrogène phosphoré.
11	B	Bore.	BH^3	Hydrure de bore.
12	C	Carbone.	CH^4	Gaz des marais.
28	Si	Silicium.	SiH^4	Hydrogène silicié.

MÉTAUX D'ATOMICITÉ IMPAIRE *			MÉTAUX D'ATOMICITÉ PAIRE *		
POIDS ATOMIQUES	NOMS	CHLORURES	POIDS ATOMIQUES	NOMS	CHLORURES
18	Ammonium.	AzH^4Cl	40	Calcium.	$CaCl^2$
1	Hydrogène.	HCl	87,5	Strontium.	$StCl^2$
7	Lithium.	$LiCl$	137	Baryum.	$BaCl^2$
23	Sodium.	$NaCl$	24	Magnésium.	$MgCl^2$
39	Potassium.	KCl	65	Zinc.	$ZnCl^2$
108	Argent.	$AgCl$	112	Cadmium.	$CdCl^2$
200	Mercure.	$HgCl$ **	200	Mercure.	$HgCl^2$
63,5	Cuivre.	$CuCl$ **	63,5	Cuivre.	$CuCl^2$
27,5	Aluminium.	$AlCl^3$ **	59	Nickel.	$NiCl^2$
52,5	Chrome.	$CrCl^3$ **	59	Cobalt.	$CoCl^2$
56	Fer.	$FeCl^3$ **	56	Fer.	$FeCl^2$
75	Arsenic.	$AsCl^3$ **	55	Manganèse.	$MnCl^2$
122	Antimoine.	$SbCl^3$	118	Étain.	$SnCl^2$ et $SnCl^4$
210	Bismuth.	$BiCl^3$	207	Plomb.	$PbCl^2$
196	Or.	$AuCl^3$ / $AuCl$	197	Platine.	$PtCl^2$ et $PtCl^4$

* La division des éléments en corps d'atomicité paire et corps d'atomicité impaire ne nous paraît plus acceptable. Non-seulement en effet on sait que l'azote pentatomique au maximum peut se montrer bi et tétravalent dans le bioxyde d'azote AzO et le tétroxyde d'azote AzO^2 ; mais encore que ce fait n'est point une exception spéciale aux composés azotés. M. Deville vient de montrer que le chlorure mercureux ne se dissocie pas lorsqu'on le réduit en vapeur. Or on sait que la vapeur de ce corps correspond à la formule $HgCl$. Dans cette formule, le mercure est monovalent ; il remplace K. Mais dans tout un autre ordre de composés, le mercure est bivalent, dans le bichlorure de mercure, par exemple, $\overset{''}{Hg}Cl^2$. Le mercure est donc tantôt bivalent, tantôt monovalent, et l on ne peut plus raisonnablement classer les métaux par atomicité paire ou impaire, mais seulement par *atomicité maxima*. (Voy. *les Principes de chimie fondée sur les théories modernes*, par A. Naquet, t. I, p. 268.) — Les chlorures d'aluminium, de fer et de chrome au maximum ne peuvent plus être considérés comme répondant aux formules $\overset{'''}{AL}Cl^3$, $\overset{'''}{Cr}Cl^3$, $\overset{'''}{Fe}Cl^3$, mais bien aux formules AL^2Cl^6, Cr^2Cl^6, Fe^2Cl^6. Les densités de vapeur de ces corps conduisent forcément à doubler ainsi leurs formules. (*Note du traducteur.*)

** Il y a lieu de douter sur la question de savoir si les molécules, et par conséquent les formules de quelques-uns ou de tous les chlorures marqués d'un astérisque, doivent ou non être doublés ; les mots *métaux d'atomicité paire* et *métaux d'atomicité impaire* s'appliquent aussi bien aux métaux qu'aux métalloïdes, suivant qu'ils se combinent à un nombre pair ou impair d'atomes de chlore ou d'hydrogène. (*Note de l'auteur.*)

Il faut observer que les métaux tels que le mercure, le cuivre, le fer, l'étain, l'or et le platine forment deux chlorures distincts, et, comme on le verra par la suite, deux classes correspondantes d'oxydes et de sels ; quelques autres métaux aussi donnent deux chlorures ainsi que deux classes de sels, mais nous ne donnons, dans notre table, que les plus connus et les sels correspondants. De plus, les sels cuivreux, aureux et platineux sont très-instables, et se rencontrent peu en dehors d'une préparation spéciale.

(4) Chaque symbole, comme on peut le voir dans les tables ci-dessus, représente un atome du corps simple ; ainsi la lettre Az ne représente pas une quantité quelconque d'azote, mais bien 14 p. d'azote comparées à 1 p. d'hydrogène. Les combinaisons chimiques sont représentées par des juxtapositions de symboles. Ainsi KCl signifie un composé de 39 p. de potassium et de 35,5 p. de chlore formant ensemble 74,5 de chlorure de potassium. Un petit chiffre placé à la droite du symbole indique un multiple du poids atomique du corps que le symbole représente.

Ainsi $HgCl^2$ ou sublimé corrosif représente le composé de 1 atome de mercure et de 2 atomes de chlore. Un grand chiffre placé à la gauche d'une formule ou réunion de symboles, multiplie tout le composé. Ainsi $3HAzO^3$ indique 3 molécules d'acide azotique, corps composé de 1 atome d'hydrogène, de 1 atome d'azote et de 3 atomes d'oxygène.

La simple formule d'un corps composé indique la molécule, c'est-à-dire la plus petite partie indivisible de ce composé ; et son poids moléculaire est égal à la somme des poids atomiques des corps composants. Par exemple, le poids moléculaire de l'acide azotique $AzHO^3$ égale $1 + 14 + (16 \times 3) = 63$. En écrivant les formules des corps composés on trouve souvent utile de les diviser en plusieurs parties par des parenthèses, des virgules, des accolades. Ainsi, pour l'acide sulfurique, on écrit quelquefois H^2O,SO^3, au lieu de H^2SO^4 ; pour l'azotate d'ammonium $(AzH^4),AzO^3$ au lieu de $Az^2H^4O^3$, et pour le phosphate de calcium $Ca^3(PO^4)^2$, au lieu de $Ca^3P^2O^8$; quelquefois ces divisions sont purement arbitraires, et on doit alors autant que possible s'en dispenser. D'autres fois elles servent à indiquer un groupe moléculaire véritablement distinct dans le composé entier ; leur usage devient alors indispensable.

Le symbole de l'atome d'un corps simple est quelquefois marquée d'une ou de plusieurs apostrophes, pour indiquer son équivalence ou valeur d'échange par rapport à l'hydrogène. Par exemple, Ag est quelquefois marqué d'une simple apostrophe pour marquer que l'atome d'agent peut être substitué à 1 atome d'hydrogène, de sorte qu'il puisse se combiner avec 1 atome de chlore comme dans $\overset{\prime}{Ag}Cl$. De même $\overset{\prime\prime}{Pb}$ est marqué de deux apostrophes et $\overset{\prime\prime\prime}{Bi}$ de trois pour démontrer que les atomes de plomb et de bismuth peuvent être substitués à 2 et 3 atomes d'hydrogène, pour se combiner à 2 et 3 atomes de chlore comme dans $\overset{\prime\prime}{Pb}Cl^2$ et $\overset{\prime\prime\prime}{Bi}Cl^3$.

Les signes suivants $+$, $-$, $=$ sont presque pris dans leur sens algébrique. Le signe $+$ signifie ajouté à ou plutôt mêlé à ; le signe $-$ soustrait de, et le signe $=$ équivalent à ou plutôt converti en.

Ainsi l'équation $2HCl + CuO = CuCl^2 + H^2O$ indique que 1 molécule d'acide chlorhydrique, mêlée à 1 molécule d'oxyde de cuivre, produit 1 molécule de chlorure de cuivre et 1 molécule d'eau. Naturellement l'équation pourrait être écrite $2HCl + CuO - H^2O = CuCl^2$. Dans la chimie moderne, le signe $+$ n'est plus usité pour exprimer la combinaison, mais simplement pour exprimer le mélange.

(5) Les composés hydrogénés qui peuvent échanger une partie ou la totalité de leur hydrogène contre une quantité équivalente de métal, sont dits acides. Le point de comparaison pour les acides est une certaine réaction purement arbitraire, mais que l'usage a fait adopter, comme par exemple celle produite par les hydrates de potassium et de sodium. On appelle acide tout composé hydrogéné qui, traité par l'hydrate de potassium, échange son hydrogène contre le potassium en donnant de l'eau. Ainsi $C^2H^4O^2 + KHO = C^2H^3KO^2 + H^2O$.

Les solutions de ces corps ont généralement la propriété de

rougir le papier de tournesol et de faire effervescence avec les carbonates alcalins, de sorte que ces propriétés peuvent être regardées comme le signe plus ou moins caractéristique d'un acide. Les acides oxygénés, tels que l'acide azotique $AzHO^3$ et l'acide acétique $C^2H^4O^2$, sont aussi appelés ternaires; tandis que les acides non oxygénés, tels que l'acide chlorhydrique HCl et l'acide sulfhydrique H^2S, sont appelés binaires. Ces acides binaires étaient autrefois appelés hydracides. Dans la plupart des acides ternaires, le nombre des atomes d'oxygène est de 2,3,4, comme on le voit ci-dessous :

$HClO^2$	Acide chloreux.
$HAzO^2$	Acide azoteux.
HBO^2	Acide métaborique *.
$C^2H^4O^2$	Acide acétique.
PH^3O^2	Acide hypophosphoreux.
$HClO^3$	Acide chlorique.
$HAzO^3$	Acide azotique.
H^2SO^3	Acide sulfureux.
H^2CO^3	Acide carbonique.
H^3PO^3	Acide phosphoreux.
$HClO^4$	Acide perchlorique.
HIO^4	Acide periodique.
H^2SO^4	Acide sulfurique.
$H^2C^2O^4$	Acide oxalique.
H^3PO^4	Acide phosphorique.

Il n'est pas rare que dans les acides ternaires les atomes d'hydrogène non remplaçables par des métaux puissent l'être par le chlore, et que l'oxygène de ces acides soit remplacé en totalité ou en partie par du soufre. Ainsi nous avons l'acide acétique $C^2H^4O^2$, l'acide trichloracétique $C^2HCl^3O^2$, l'acide sulfacétique $C^2H^4S^2$ et les sels correspondants : $C^2H^3NaO^2$ acétate, $C^2Cl^3NaO^2$ trichloracétate, et $C^2H^3NaS^2$ sulfacétate de sodium.

(6) Les acides dans lesquels on ne peut remplacer par un

* Il existe une autre variété d'acide borique qui répond à la formule H^3BO^3 et qui est tribasique. (*Note de l'auteur.*)

métal qu'un seul atome d'hydrogène, sont appelés monobasiques. Les principaux acides monobasiques, que l'étudiant doive connaître, sont les suivants :

HCl	Acide chlorhydrique.	$NaCl$	Chlorure de sodium.
$HClO^3$	Acide chlorique.	$NaClO^3$	Chlorate de sodium.
HBr	Acide bromhydrique.	$NaBr$	Bromure de sodium.
HI	Acide iodhydrique.	NaI	Iodure de sodium.
$HAzO^3$	Acide azotique.	$NaAzO^3$	Azotate de sodium.
HBO^2 *	Acide métaborique.	$NaBO^2$	Métaborate de sodium.
$C^2H^4O^2$	Acide acétique.	$C^2H^3NaO^2$	Acétate de sodium.

Les acides dans lesquels on peut remplacer par un métal 2 atomes d'hydrogène, sont appelés bibasiques ; nous donnons dans cette table la liste des plus importants :

H^2O	Acide hydrique (eau).	KHO	Potasse.
		K^2O	Oxyde de potassium.
H^2S	Acide sulfhydrique.	$NaHS$	Sulfhydrate de sodium.
		Na^2S	Sulfure de sodium.
H^2SO^3	Acide sulfureux. . .	$NaHSO^3$	Sulfite acide de sodium.
		Na^2SO^3	Sulfite neutre de sodium.
H^2SO^4	Acide sulfurique. . .	$KHSO^4$	Sulfate acide de potassium.
		K^2SO^4	Sulfate neutre de potassium.
H^2SiO^3	Acide métasilicique*.	K^2SiO^3	Métasilicate neutre de potassium.
H^2CO^3	Acide carbonique . .	$KHCO^3$	Carbonate acide de potassium.
		K^2CO^3	Carbonate neutre de potassium.
$H^2C^2O^4$	Acide oxalique . . .	KHC^2O^4	Oxalate acide de potassium.
		$K^2C^2O^4$	Oxalate neutre de potassium.
$H^6C^4O^6$	Acide tartrique . . .	$KH^5C^4O^6$	Crème de tartre (tartrate acide de K).
		$KNaH^4C^4O^6$	Sel de Seignette (tartrate double de potassium et de sodium).

Dernièrement encore beaucoup de ces acides étaient considérés comme monobasiques et représentés par la moitié des for-

* M. Odling donne à l'acide H^2SiO^3 le nom d'acide silicique, mais comme cet acide n'est en réalité qu'un dérivé par déshydratation de l'acide silicique normal SiH^4O^4, nous lui donnons le nom d'acide métasilicique qui, du reste, lui a été donné pour la première fois par M. Odling lui-même. Il en est de même de l'acide HBO^2, auquel nous donnons le nom d'acide métaborique, cet acide étant le premier anhydride de l'acide normal BH^3O3. *Note du traducteur.*)

mules données ici ; mais de nos jours, l'évidence de leur bibasicité est indiscutable. Cette classe d'acides comprend l'acide sulfhydrique ou hydrogène sulfuré, corps analogue à l'eau, qui joue souvent elle-même le rôle d'un acide, et qui est aussi dans la liste.

Les acides dans lesquels on peut remplacer 3 atomes d'hydrogène par des métaux, sont appelés tribasiques. Les plus importants sont :

H^3PO^4	Acide phosporique.	KH^2PO^4	Phosphate monopotassique.
		Na^2HPO^4	Phosphate disodique.
		Ag^3PO^4	Phosphate neutre d'argent.
H^3AsO^4	Acide arsénique. .	Ag^3AsO^4	Arséniate d'argent.
$H^8C^6O^7$	Acide citrique . .	$Ag^3H^5C^6O^7$	Citrate d'argent.

Les arséniates et citrates monométalliques et bimétalliques sont les mieux connus. Les sels monométalliques des acides bibasiques et tribasiques se rapprochent des acides eux-mêmes par leur action sur le papier de tournesol, et sur les hydrates et les carbonates alcalins. Ils constituent à eux seuls une variété de la classe des acides.

Lorsqu'un acide renferme plusieurs atomes d'hydrogène, il ne s'ensuit pas que ces atomes soient tous remplaçables par un métal.

L'acide acétique $C^2H^4O^2$, l'acide tartrique $C^4H^6O^6$ et l'acide citrique $C^6H^8O^7$, par exemple, ne peuvent échanger contre les métaux que 1, 2, 3 atomes d'hydrogène.

(7) Dans les exemples de sels donnés ci-dessus, chaque atome d'hydrogène de l'acide a été remplacé par un atome de métal monovalent. C'est ainsi que nous avons vu l'azotate de potassium $KAzO^3$ dériver de l'acide azotique $HAzO^3$, l'oxalate de sodium $C^2O^4Na^2$ dériver de l'acide oxalique $C^2O^4H^2$, le phosphate d'argent PO^4Ag^3 dériver de l'acide phosphorique PO^4H^3, etc., etc.

Mais les sels des métaux polyatomiques sont généralement, quoique ce ne soit pas une règle invariable, un peu plus complexes dans leur constitution. Leurs chlorures dérivés de 2 ou 3 atomes d'acide chlorhydrique sont donnés à la page 5, et on verra que leurs autres sels dérivés d'acides monobasiques, correspondent à leurs chlorures. Ainsi le bichlorure et le biazotate d'étain $\overset{''}{Sn}Cl^2$ et $\overset{''}{Sn}(AzO^3)^2$ sont dérivés de deux molécules d'acide chlorhydrique et d'acide azotique H^2Cl^2 et $H^2(AzO^3)^2$. Le trichlorure et le triazotate de bismuth $\overset{'''}{Bi}Cl^3$ et $\overset{'''}{Bi}(AzO^3)^3$ sont dérivés de 3 molécules d'acide chlorhydrique et d'acide azotique H^3Cl^3 et $H^3(AzO^3)^3$. Mais nous trouverons très-simples les formules de sels d'acides bibasiques à métaux bivalents, et d'acides tribasiques à métaux trivalents. Ainsi le sulfate de plomb $\overset{''}{Pb}SO^4$ est dérivé de l'acide sulfurique H^2SO^4, et le phosphate de bismuth $\overset{'''}{Bi}PO^4$ de l'acide phosphorique H^3PO^4. D'autre part, les sels d'acides bibasiques, avec métaux trivalents et d'acides tribasiques avec métaux bivalents, sont de nature très-complexe. Le sulfate de bismuth, par exemple, doit être représenté par la formule $\overset{'''}{Bi}{}^2(So^4)^3$, puisqu'il est dérivé de 3 atomes d'acide sulfurique $H^6(SO^4)^3$; il en est de même pour d'autres sels.

(8) On se rendra compte par les tables et les exemples ci-dessus qu'un sel est généralement dérivé de son acide correspondant par la substitution d'un métal à l'hydrogène. Il se rencontre quelques sels cependant connus sous le nom de sels d'alcaloïdes qui se forment autrement, c'est-à-dire par une combinaison directe de l'acide avec l'ammoniaque ou avec quelque autre alcaloïde. On a pu le voir par le chlorhydrate d'ammoniaque AzH^3HCl, et l'azotate d'ammoniaque AzH^3AzHO^3. Mais dans les sels de ce caractère, nous pouvons considérer l'hydrogène de l'acide comme remplacé par un métal composé ou plutôt par un métalloïde *. Ainsi dans le sel d'ammoniaque, en enlevant à l'acide 1 atome d'hydrogène, et en le combinant avec la molécule d'ammoniaque, on convertit cette molécule d'ammoniaque AzH^3 en une molécule d'ammonium AzH^4, groupe

* Métalloïde n'est pas pris ici dans le sens *d'opposé aux métaux par ses fonctions*, mais au contraire dans le sens de semblable aux métaux. M. Odling dit métalloïde comme on dit alcaloïde, astéroïde. (*Note du traducteur.*)

pseudo-métallique qui, dans ses combinaisons, présente l'analogie la plus marquée avec le potassium, comme je le démontre ci-dessous.

SELS D'AMMONIAQUE.

AzH^3HCl	Chlorhydrate d'ammoniaque.
AzH^3AzHO^3	Azotate d'ammoniaque.
$AzH^3H^2SO^4$	Sulfate acide d'ammoniaque.
$(AzH^3)^2H^2SO^4$	Sulfate neutre d'ammoniaque.

SELS D'AMMONIUM.

$(AzH^4)Cl$	Chlorure d'ammonium.
$(AzH^4)AzO^3$	Azotate d'ammonium.
$(AzH^4)HSO^4$	Sulfate acide d'ammonium.
$(AzH^4)^2SO^4$	Sulfate neutre d'ammonium.

SELS DE POTASSIUM.

KCl	Chlorure de potassium.
$KAzO^3$	Azotate de potassium.
KH,SO^4	Sulfate acide de potassium.
K^2SO^4	Sulfate neutre de potassium.

En dehors de toute considération systématique, il est bien plus facile en pratique de représenter les sels ammoniacaux comme des sels d'ammonium, que comme des sels d'ammoniaque, surtout si on les compare avec les sels métalliques. Pourtant dans les sels correspondants des alcaloïdes, tels que l'aniline, la morphine et la strychnine, on se sert généralement des formules analogues à celles adoptées dans le système de l'ammoniaque.

CHLORHYDRATES.

AzH^3HCl	Sel d'ammoniaque.
C^6H^7AzHCl	Sel d'aniline.
$C^{17}H^{19}AzO^3HCl$	Sel de morphine.
$C^{21}H^{22}Az^2O^2HCl$	Sel de strychnine.

ACÉTATES.

$AzH^3C^2H^4O^2$	Sel d'ammoniaque.
$C^6H^7AzC^2H^4O^2$	Sel d'aniline.
$C^{17}H^{19}AzO^3C^2H^4O^2$	Sel de morphine.
$C^{21}H^{22}Az^2O^2C^2H^4O^2$	Sel de strychnine.

(9) Nous considérions autrefois les acides ternaires comme des composés d'une ou de plusieurs molécules d'eau et d'une certaine matière oxydée; et les sels correspondants, comme composés d'un ou de plusieurs équivalents d'oxyde métallique et de la même matière oxydée. Ainsi nous écrivions les formules de l'acide chlorique et du chlorate de potassium. H^2O,Cl^2O^5 et K^2O,Cl^2O^5, correspondant à $2HClO^3$ et $2KClO^3$. Mais cet usage, basé sur des principes qui maintenant nous semblent erronés, tombe de jour en jour en désuétude. Ainsi les acides du chlore forment les séries suivantes, dont on peut obtenir les membres ternaires par une oxydation successive du composé binaire, l'acide chlorhydrique, où il n'est pas possible que l'hydrogène existe à l'état d'eau.

HCl	Acide chlorhydrique.	KCl	Chlorure de potassium.
$HClO$	Acide hypochloreux.	$KClO$	Hypochlorite de potassium.
$HClO^2$	Acide chloreux.	$KClO^2$	Chlorite de potassium.
$HClO^3$	Acide chlorique.	$KClO^3$	Chlorate de potassium.
$HClO^4$	Acide perchlorique.	$KClO^4$	Perchlorate de potassium.

Il est vrai qu'au moyen de certaines matières oxydées, eau ou oxydes métalliques, on peut préparer les acides et les sels ternaires, et que réciproquement, au moyen de ces mêmes acides ou sels, on obtient l'eau ou l'oxyde métallique; mais les mêmes acides et sels peuvent être aussi formés au moyen d'autres composés plus simples qu'eux, et d'autre nature que ceux qui précèdent, composés en lesquels ils peuvent également se dédoubler. Il en résulte qu'aucun de ces modes de composition ou de décomposition ne peut nous permettre, à l'exclusion des autres, d'établir une formule rationnelle. Ainsi si nous traitons le sulfate de cuivre par le fer métallique, la magnésie, le peroxyde de baryum et le sulfure de sodium, nous avons les réactions suivantes :

$$CuSO^4 \text{ ou } Cu,SO^4 + Fe = FeSO^4 \text{ ou } Fe,SO^4 + Cu$$
$$CuSO^4 \text{ ou } CuO,SO^3 + MgO = MgSO^4 \text{ ou } MgO,SO^3 + CuO$$
$$CuSO^4 \text{ ou } CuO^2,SO^2 + BaO^2 = BaSO^4 \text{ ou } BaO^2,SO^2 + CuO^2$$
$$CuSO^4 \text{ ou } CuS,O^4 + Na^2S = Na^2SO^4 \text{ ou } Na^2S,O^4 + CuS$$

De chacune de ces réactions on pourrait déduire la préexistence des corps SO^4, SO^3, SO^2 et CuS dans le sulfate de cuivre, et par suite, l'exactitude des formules rationnelles respectives de Dulong, Berzélius, Longchamps et Laurent, $CuSo^4$, CuO,So^3 CuO^2,So^2, CuS,O^4. Outre les réactions qui précèdent, le sulfate de cuivre peut être électrolysé en Cu et $So^3 + O$, tandis qu'il peut être formé en combinant CuO avec SO^3 ou CuO^2 avec SO^2 ou CuS avec O^4. D'après ces considérations, les chimistes ont pensé qu'il était mieux d'employer autant que possible ce que nous appelons des formules synoptiques pour exprimer seulement la composition des acides et des sels, et non leur constitution intime.

(10) C'est une hypothèse que d'admettre la préexistence d'acides anhydres dans les acides et les sels ternaires, et ceux de ces corps que nous connaissons à l'état de liberté sont entièrement dénués de propriétés acides, comme l'expérience nous le démontre chaque jour. De là vient que nous leur assignons un nom particulier, qui n'est plus acide mais bien anhydride.

Les seuls anhydrides que l'on ait souvent à considérer dans les réactions chimiques, sont les anhydrides carbonique, silicique, stannique, sulfureux et arsénieux.

CO	Oxyde carbonique.
CO^2	Anhydride carbonique.
SiO^2	Silice.
SnO^2	Anhydride stannique.
SO^2	Anhydride sulfureux.
SO^3	Anhydride sulfurique.
As^2O^3	Anhydride arsénieux.

Aux anhydrides carbonique et sulfureux, on peut joindre, comme le démontre la table ci-dessus, l'oxyde de carbone et l'anhydride sulfurique respectivement.

Les acides carbonique, silicique, stannique, sulfureux, et arsénieux, sont des corps instables, mal définis, qui se décomposent sous l'influence de l'eau et donnent leurs anhydrides correspondants.

(11) Nous nous servons du terme général sel, en parlant

des acides ou sels d'hydrogène, aussi bien qu'en parlant de ceux des vrais métaux, comme le sodium et des pseudo-métaux, comme l'ammonium. En employant le mot sel dans cette large acception, on peut dire que, toutes les fois que des sels de différents métaux ou pseudo-métaux se trouvent en dissolution, ils subissent une double décomposition plus ou moins complète selon les circonstances. Ainsi en mêlant à égale proportion une solution de chlorure d'hydrogène et d'azotate de sodium, nous obtenons du chlorure de sodium et de l'azotate d'hydrogène d'abord, puis, en plus, du chlorure d'hydrogène et de l'azotate de sodium inaltérés, ce qui revient à dire que de deux sels nous en formons quatre ainsi :

$$x\mathrm{HCl} + x\mathrm{NaAzO^3} = y\mathrm{NaCl} + y\,\mathrm{HAzO^3} + (x-y)\,\mathrm{HCl} + (x-y)\,\mathrm{NaAzO^3}.$$

Mais si l'un quelconque des sels nouveaux vient à se précipiter ou à se volatiliser, en sorte qu'il se trouve placé en dehors de la sphère d'action chimique, la décomposition n'est pas seulement partielle, mais bien complète. Ainsi :

$$x\mathrm{HCl} + x\mathrm{AgAzO^3} = x\mathrm{AgCl} + x\mathrm{HAzO^3}.$$

De là, nous déduisons cette règle générale : deux sels qui par l'échange de leurs bases respectives peuvent former un composé insoluble ou volatil, subissent une décomposition parfaitement double, par la précipitation ou l'évaporation de ce composé. Nous savons, par exemple, que l'oxalate de calcium est insoluble dans l'eau, et si nous faisons un mélange d'une solution de chlorure de calcium et d'une solution d'oxalate d'ammonium en excès, nous verrons tout le calcium se précipiter sous la forme d'oxalate de calcium :

$$\overset{''}{\mathrm{Ca}}\mathrm{Cl^2} + (\mathrm{AzH^4})^2\mathrm{C^2O^4} = 2\ \mathrm{AzH^4Cl} + \overset{''}{\mathrm{Ca}}\mathrm{C^2O^4}.$$

Autre exemple. L'acide acétique ou acétate d'hydrogène étant volatil à une température modérée, si nous chauffons de l'acétate de sodium et du sulfate d'hydrogène, nous obtiendrons une double décomposition, et l'acide acétique se dégagera :

$$C^2H^3NaO^2 + SH^2O^4 = C^2H^4O^2 + SO^4NaH.$$

Comme on le verra dans la suite, la méthode la plus générale pour déterminer dans l'analyse la présence de certains corps, est de tenir compte de certaines précipitations ou du dégagement de certains gaz caractéristiques.

§ II. — MANIPULATIONS CHIMIQUES.

(12) Pour la plupart des opérations chimiques, la lampe à alcool est d'une grande utilité, surtout si l'on désire une flamme vive, sans fumée et d'une moyenne chaleur. Dans un laboratoire muni du gaz, l'emploi du charbon est à peine nécessaire; sinon il est indispensable. Dans le fourneau figuré page 45, on peut à volonté, suivant la manière dont on attise le feu, obtenir une température plus ou moins élevée. On peut aussi brûler le charbon sur une grille de métal, reposant par ses bords sur un support quelconque.

Mais, de tous les moyens de chauffage, le gaz est de beaucoup le plus avantageux. Parmi les appareils de chauffage à gaz les plus employés, nous citerons le fourneau à bec de Manchester et à toile métallique (bat's-wing-gauze burner). Il consiste en un large bec de Manchester*, vissé dans le coude d'un tube de cuivre, reposant sur un large pied plat, en fer, et muni d'une espèce de galerie sur laquelle repose une cheminée de cuivre, surmontée d'une toile métal-

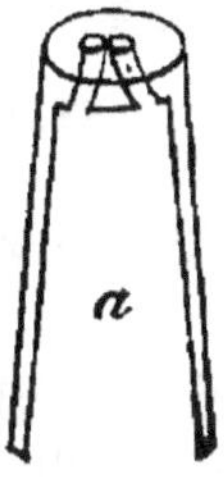

* Le bec de Manchester (en anglais, *Bat'swing nipple*) est un bec à deux trous obliques l'un sur l'autre. On leur donne, en anglais, le nom ci-dessus qui signifie « bec à ailes de chauves-souris, » parce qu'ils fournissent une flamme dont la forme étalée ressemble à l'aile d'une chauve-souris. Ce bec est représenté dans la figure ci-contre. (*Note du traducteur.*)

lique. Pour travailler le verre, on enlève la cheminée, et pour s'exercer au chalumeau, on réduit la flamme à une plus petite dimension (*fig.* 4).

Avec la cheminée, on obtient par le courant d'air et de gaz, au-dessus de la toile métallique, une large flamme sans fumée, parfaitement capable de chauffer les bains de sable, les fioles et les tubes, comme on le voit page 41. Un fourneau vissé sur un pied de fer et muni d'une cheminée de cuivre est très-commode, lorsqu'on a besoin d'une chaleur continue.

Pour chauffer les petits ballons, on doit concentrer la chaleur en plaçant au-dessus de la cheminée une rondelle de cuivre, percée d'un trou de la grandeur d'une pièce de un franc.

Un bec d'Argant, vissé dans un pied de fer plat et pourvu d'une courte cheminée de cuivre, est aussi très-convenable pour un grand nombre d'usages, spécialement lorsqu'on a besoin d'une forte chaleur longtemps continuée. Lorsqu'on a à chauffer de petits flacons, on peut placer sur la partie supérieure de la cheminée d'Argant un anneau de cuivre plat, portant à son centre une ouverture de la grandeur d'un shilling environ.

Fig. 1.

Dans la lampe Bunsen (*fig.* 1), le gaz sort d'un tube court placé dans l'intérieur d'un autre tube perpendiculaire ; celui-ci est percé dans le fond de petits trous, à travers lesquels l'air aspiré vient se mêler au gaz, qui brûle ensuite d'une manière beaucoup plus complète. Elle donne une flamme très-chaude et très-convenable pour chauffer sur une petite échelle.

Dans beaucoup de lampes de Bunsen, on peut à volonté, faire brûler le gaz, soit sous la forme d'une simple flamme droite, soit sous la forme de rosette plate formée par une masse de petits jets. Cette dernière méthode est plus convenable pour les évaporations, distillations, etc. (*Voy.* p. 43.)

Pour l'usage du chalumeau il faut modifier la lampe Bunsen, en y glissant un tube quelque peu plus étroit dont l'ouverture doit être large et plate. Pour travailler le verre et pour les fortes fusions, on emploie la lampe d'Herapath. Cette lampe consiste en un grand jet de chalumeau (*fig.* 2, *a*), joint à l'embouchure par un tube flexible, qui s'introduit dans un autre tube en cuivre *b* rempli de gaz. Le gaz arrive par un tube latéral *c*, fixé à une articulation, sur laquelle ce tube doit se mouvoir aisément, de sorte que la flamme puisse être à volonté dirigée dans un sens ou dans un autre.

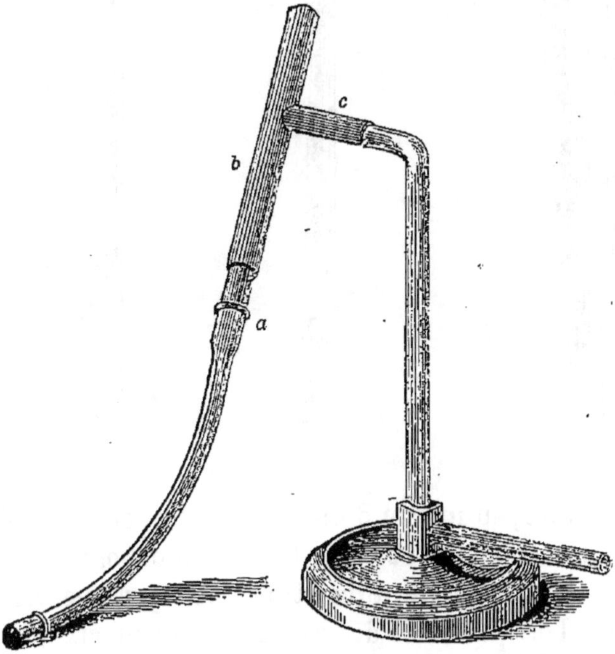

Fig. 2.

(13) L'usage du chalumeau quoique difficile à décrire est heureusement facile à apprendre. Le meilleur chalumeau pour l'usage ordinaire du laboratoire, est celui que décrit le docteur Black (*fig.* 3 *a*). Il consiste en un petit tube conique de cuivre

ou d'étain, fermé par son côté large, et ouvert par son côté étroit ; à l'extrémité ouverte est fixée une embouchure en os ou en ivoire. A la partie large du cône est adapté perpendiculairement un tube étroit de la longueur de 2 ou 3 centimètres ; ce second tube se termine par un bec à travers lequel se fait le courant d'air. Il est essentiel que ce bec soit

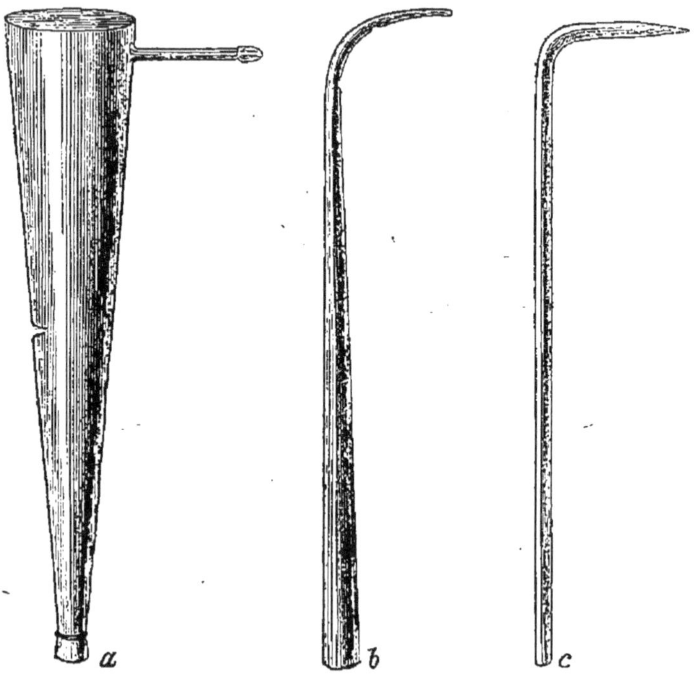

Fig. 3.

fabriqué au tour, au moyen d'un morceau de métal massif ; qu'il soit parfaitement conique en dedans et en dehors, et s'adapte à l'extrémité conique du tube étroit, non par une vis mais à frottement. Lorsqu'on fait des essais, il vaut mieux que le bec soit mince, mais pour travailler le verre et pour les chauffages, en général, on doit en avoir un de grande dimension, comme ceux dont se servent les ouvriers en cuivre. Un tube de verre recourbé, terminé par une petite ouverture, peut suffire dans les essais ordinaires. Pour s'essayer au chalumeau, on peut très-commodément se servir d'une lampe ordinaire à gaz, en y interceptant partiellement le cours du gaz, de sorte que la flamme soit à peu près égale à celle d'une chandelle.

A défaut de gaz, on peut employer une chandelle ou une lampe remplie d'une dissolution de térébenthine dans de l'esprit-de-vin. La mèche de la chandelle doit être de moyenne grandeur et dirigée dans le même sens que le jet du chalumeau. Lorsqu'on travaille au chalumeau, il faut souffler seulement par la bouche et non par la poitrine; on doit tenir sa bouche comme si l'on jouait de la trompette.

La respiration ne doit se renouveler que par le nez. Après une courte pratique, on s'habitue facilement à exercer une petite pression des joues et des lèvres qui ne se ressente en rien des mouvements respiratoires *.

L'étudiant doit s'exercer à obtenir facilement une flamme réductrice et une flamme oxydante.

Pour produire la flamme oxydante (*fig.* 4), il faut placer l'extrémité du bec au milieu de la flamme du gaz ou de la chandelle, et s'efforcer de maintenir un courant d'air continu et égal. On obtient ainsi une flamme continue sans bruit, latérale, et d'une forme légèrement conique.

Cette flamme est obscure à l'intérieur, où elle contient

* Il est difficile pour beaucoup de personnes de souffler exclusivement au moyen des joues de manière à produire un jet continu, qui ne s'interrompe pas même pendant l'aspiration. J'ai été de ce nombre et voici l'artifice par lequel j'y suis arrivé. Il est fort simple, et je le conseille à tous ceux qui veulent s'occuper d'essais au chalumeau.

On s'habitue d'abord à respirer par le nez la bouche ouverte, de manière à ce que le courant d'air traverse les voies respiratoires sans que la cavité buccale y participe. Puis on répète le même exercice avec la bouche fermée et pleine d'air au point que les joues soient gonflées. Quand on est suffisamment habitué à cela, on place l'embouchure du chalumeau entre les lèvres, la bouche étant pleine d'air. Celui-ci s'échappe sous la pression des joues pendant qu'on aspire par le nez. Comme l'ouverture du chalumeau est étroite, la bouche est loin d'être vide d'air quand on a fini d'aspirer. On expire alors et, en même temps que l'excès de l'air s'échappe par les fosses nasales, on en fait passer dans la bouche une quantité suffisante pour gonfler les joues de manière à pouvoir faire une seconde inspiration; sans cesser de souffler, et ainsi de suite. On arrive ainsi très-vite à bien souffler au chalumeau. (*Note du traducteur.*)

l'excédant d'air froid de la bouche. A l'extérieur, elle est d'un bleu clair. C'est le point le plus parfait de combustion et la partie la plus chaude de la flamme. Ce cône bleu paraît d'un

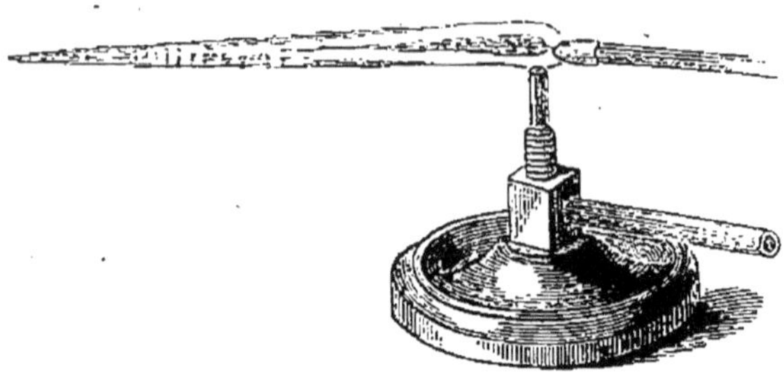

Fig. 4.

jaune légèrement lumineux à son extrémité. C'est là que l'air est à la température la plus élevée. Lorsqu'on expose un morceau d'étain métallique de la grosseur d'une tête d'épingle à cette partie de la flamme, celui-ci se réduit peu à peu en peroxyde d'étain pulvérulent.

Si on veut obtenir la flamme réductrice (*fig.* 5), on doit tenir le bec du chalumeau en dehors de la flamme du gaz ou de la chandelle, et souffler avec force.

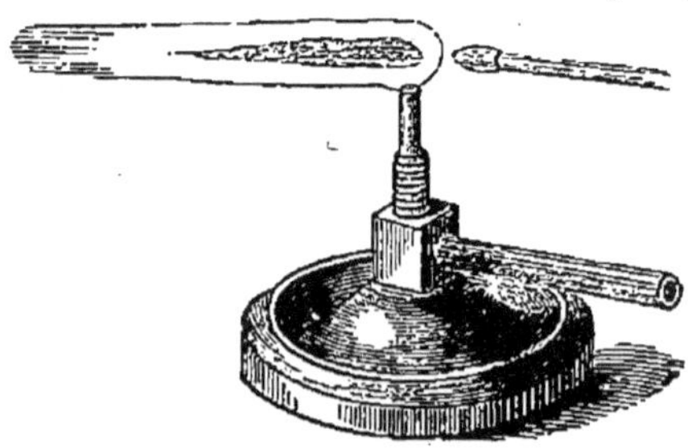

Fig. 5.

L'action réductrice de cette flamme est opérée par l'excès de carbone non brûlé qu'elle contient. En forme et en couleur, elle est moins bien définie que l'autre. C'est un large cône lumineux.

Une légère portion de peroxyde d'étain exposée à cette flamme sur un support de charbon, est presque instantanément ramenée à l'état métallique.

La puissance calorifique du chalumeau dépend de l'impulsion continue d'une matière gazeuse chaude que l'on dirige sur la substance à examiner, et qui est remplacée aussitôt qu'elle a cédé sa chaleur par le contact. En outre, la combustion y est plus parfaite en partie à cause de l'air qui est projeté dans le centre du jet, et en partie à cause de l'air extérieur qui entoure la flamme, et dont la direction coïncide avec celle du courant.

(14) L'étudiant doit s'appliquer à travailler le verre et à construire des appareils de verre pour son propre usage. Pour couper les tubes de la longueur voulue, il faut leur faire une entaille avec une lime triangulaire, puis les briser en les courbant fortement. Pour que la lime entame plus facilement le verre, on peut la mouiller avec de l'essence de térébenthine ou même avec de l'eau. On peut également percer le verre de la même manière, au moyen d'un foret ou d'un poinçon effilé et dur, trempé dans l'eau ou l'essence de térébenthine.

Si, dans un appareil chimique, on a quelque col de verre fendu qu'on veuille détacher, on n'a qu'à prendre un charbon incandescent, ou mieux encore une pastille enflammée; le seul contact de ces corps suffit pour briser dans quelque direction que ce soit la partie fendue de l'appareil, la fente suit le corps chaud ; pour maintenir le charbon incandescent, on souffle légèrement dessus. Les pastilles ne sont autre chose que du charbon pulvérisé mêlé avec de la gomme épaisse et un corps oxydant. On en forme des bâtons, puis après les avoir de nouveau saupoudrés de charbon, on les laisse sécher *.

Pour faire des baguettes ou agitateurs de verre, le mieux est de se servir d'un long morceau de verre massif. On le chauffe vers son milieu; dès que la chaleur est devenue assez intense pour le ramollir, on l'étire en sens opposé ; lorsqu'il est presque séparé en deux, on le laisse refroidir, et puis on le casse au moyen de la lime; on a alors deux baguettes, qu'on arrondit de chaque côté en promenant la flamme dessus.

La même opération sert à faire des tubes à essais ; seulement,

* Dans les laboratoires français, nous remplaçons généralement le charbon et les pastilles par une baguette de verre chauffée au rouge à une de ses extrémités. (*Note du traducteur.*)

alors on doit veiller à ne se servir que de verre transparent mince et de fusion difficile.

Pour courber des tubes de verre, à moins que ceux-ci ne soient fort minces, on peut employer le bec de Manchester ou la lampe Bunsen. Le tube doit être chauffé sur une grande partie de sa longueur, et courbé graduellement dans le sens qu'exige la forme que l'on désire obtenir.

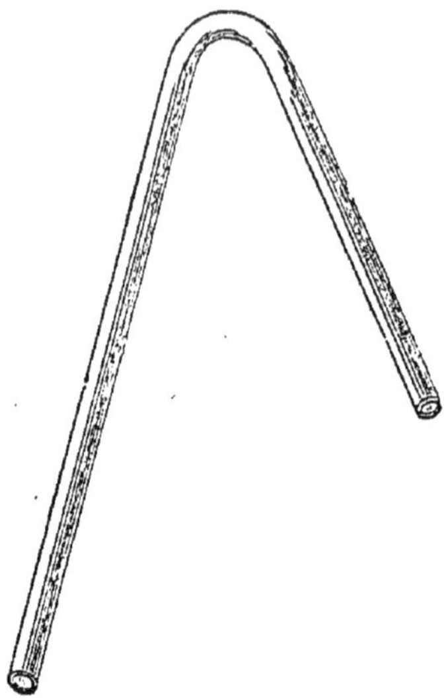

Fig. 6.

Pour éviter la cassure du tube, il ne faut pas faire d'angles, mais seulement des courbes bien arrondies, comme dans le siphon (*fig.* 6).

Si l'on veut rendre très-petite l'ouverture d'un tube comme dans les fioles à laver les précipités, ou les extrémités des pipettes, on n'a qu'à en chauffer le bout jusqu'à ce qu'il soit suffisamment ramolli ; alors on l'étire à la dimension voulue, puis on le casse avec une lime. On peut arrondir les bords en les exposant à la flamme quelques secondes au plus.

L'art de souffler le verre est fort utile dans la chimie ; mais l'étudiant n'a besoin d'apprendre qu'une ou deux petites opérations.

Fig. 7.

(15) Avant de faire lui-même les tubes dont il doit se servir, il doit être capable de refermer ceux qui par accident pourraient être brisés. Voici comment on s'y prend. On a un morceau de tube ou une baguette de verre quelconque, qu'on soude à la partie brisée, qui doit autant que possible correspondre avec l'axe du tube (*fig.* 7). On chauffe ensuite le tube

brisé à l'aide du chalumeau, et sur une longueur de quelques centimètres, puis tout en étirant le verre, de sorte qu'il s'amincisse graduellement, on promène la flamme sur ce qui doit former le fond du tube : ce fond sera arrondi, tandis que la partie qui doit s'enlever formera un cône irrégulier ; enfin le fil de verre, résultat de l'extension prolongée, finira par se fondre et se détacher entièrement. S'il reste encore au fond du tube un petit bouton de verre, on le fera disparaître en soufflant fortement dans le tube ou bien encore en appuyant un morceau de verre légèrement chauffé sur ce bouton, et en l'en retirant vivement. On peut évaser l'ouverture du tube avec une baguette de métal chauffée au rouge, qu'on promène sur les bords ; on peut aussi introduire un morceau de charbon dans l'ouverture ramollie.

Fig. 8.

Pour bien conserver les spécimens, soit liquides, soit soides, nous nous servons de tubes fermés par les deux bouts. On doit d'abord commencer par en sceller un comme il vient d'être dit, puis on étire l'autre plus ou moins finement, selon que le spécimen qui doit le traverser est lui-même en poudre plus ou moins ténue, et de façon à lui donner la forme d'un entonnoir (*fig.* 8). On réussit à introduire des liquides à travers le tube le plus étroit, si l'on a soin de chauffer le corps du tube avant l'opération. Lorsqu'on a introduit la substance, on complète la fermeture au moyen du chalumeau. Il faut être très-soigneux dans cette opération, surtout si le passage a été mouillé par le liquide. L'étudiant doit s'exercer à sceller des tubes contenant un pouce ou à peu près d'eau-de-vie, de sucre, de soufre, etc. Les extrémités du tube doivent offrir autant de résistance que le milieu, car il arrive que dans l'expérience on soumet le contenu à des pressions élevées.

Si l'on désire former un ballon au bout d'un tube, on commence par sceller et épaissir cette extrémité, en la roulant dans la flamme, et la comprimant avec du charbon, jusqu'à ce qu'on ait réussi à accumuler assez de verre. Ensuite après l'avoir fortement chauffée, on retire le tube de la flamme, et on y souffle légèrement par l'autre ouverture, en ayant soin de le soumettre à une rotation constante dans la bouche, pendant qu'on y souffle.

On peut également former un ballon dans le corps d'un tube (*fig.* 9). L'opération est à peu près la même que la précédente ; seulement au lieu d'épaissir le bout du tube, on se contente de fermer avec un bouchon l'extrémité la plus étroite ; puis, exposant à la flamme la partie qu'on veut souffler, on l'épaissit en pressant, comme si on voulait rapprocher les deux extrémités du tube ; on souffle ensuite pour former la boule, tout en soumettant le tube à la même rotation que plus haut.

Il n'y a que la pratique qui puisse rendre facile l'art de souffler le verre.

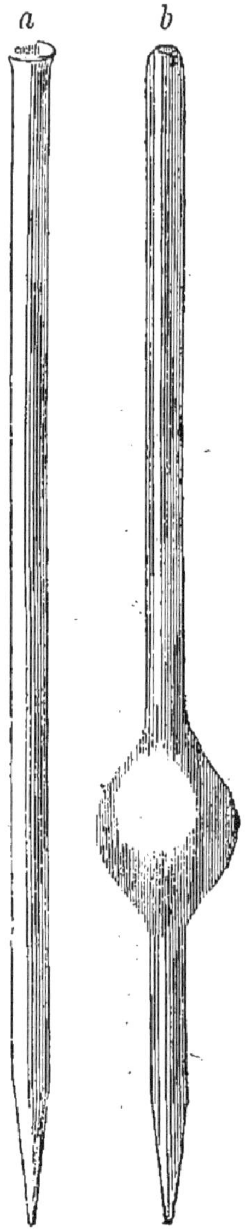

Fig. 9.

(16) Les soudures des tubes et des appareils peuvent se faire de différentes manières, mais il faut déjà avoir acquis une certaine habileté. Pour joindre ensemble deux tubes de la même grosseur, on doit légèrement en évaser les bouts, puis, après les avoir chauffés à la lampe de Bunsen ou au chalumeau, on les met en contact, et l'on prend soin que les bords coïncident parfaitement. On presse ensuite sur les deux autres bouts, de manière à les rapprocher ; l'une de ces extrémités doit êre ouverte et l'autre fermée. De temps à autre, on souffle par l'extrémité ouverte, afin de conserver au tube la largeur convenable.

Pour joindre deux tubes dont l'un est plus large que l'autre, il faut d'abord chauffer le plus large et l'étirer de sorte qu'il arrive à une largeur telle qu'il puisse coïncider avec l'autre. On le brise alors à ce point, et l'on opère comme ci-dessus. C'est ainsi qu'on fait les tubes-entonnoirs.

Pour unir des tubes d'un diamère plus ou moins semblable, il suffit d'un petit-tube de caoutchouc vulcanisé. Il faut qu'il soit plus étroit que le diamètre extérieur des tubes, de sorte qu'il les tienne réunis par la contraction, sans qu'il soit nécessaire de le lier. A défaut de caoutchouc vulcanisé, on se sert de petits tubes en caoutchouc non vulcanisé. Pour faire ces tubes de caoutchouc, on prend une feuille de cette substance, et on en entoure un morceau de verre du diamètre voulu. Puis on coupe les bords obliquement, on les chauffe un peu, et avec des tenailles on les presse l'un contre l'autre; ils s'adaptent alors parfaitement. Pour dégager le caoutchouc du morceau de verre, on plonge celui-ci dans l'eau si on n'a pas eu déjà le soin de le mouiller. On peut joindre très-souvent avec avantage deux tubes de verre par un tube de caoutchouc, d'une longueur considérable. On peut, en effet, fermer celui-ci dans tous les points de son étendue, soit en appuyant une brique dessus, soit en l'attachant avec un cordon. Pour joindre les tubes en ligne droite, on peut se servir du parchemin ou papier parchemin fraîchement mouillé. On en entoure plusieurs fois le bord des tubes que l'on veut réunir, et on le laisse sécher. On peut encore employer un tube de caoutchouc vulcanisé et de petits morceaux de bois, qu'on y lie fortement pour le maintenir; c'est là un excellent moyen pour convertir un grand entonnoir en un tube-entonnoir, et pour fabriquer instantanément un tube-entonnoir en adaptant un petit entonnoir dans l'orifice supérieur d'une pipette (*fig.* 29).

On se sert généralement de bouchons perforés pour joindre les tubes aux cols des fioles et des ballons, ou même pour joindre entre eux des tubes de diamètre différent. Les dimensions du bouchon doivent être réduites à la grandeur nécessaire au moyen de la râpe ou de la lime. Le bouchon doit être en parfait état, et on le ramollit entre les doigts ou en le roulant sous les pieds, de manière à pouvoir l'introduire facilement. On commence alors par y introduire une lime (queue de rat), jusqu'à moitié seulement, puis on achève la perforation par l'autre bout.

Si on a à percer plusieurs trous sur le même bouchon, il faut avoir bien soin que ces trous soient bien parallèles et qu'ils soient à égale distance l'un de l'autre et des parois extérieures du bouchon.

Au lieu de lime, les chimistes font souvent usage d'espèces de tubes de cuivre à bords tranchants, qu'on nomme perce-bouchons. Au moyen de perce-bouchons, on fait des bouchons en caoutchouc qui remplacent admirablement ceux de liége. Les trous pratiqués dans les bouchons au moyen de perce-bouchons doivent être plutôt trop étroits, on les agrandit ensuite avec une lime. Avant d'introduire un tube dans son bouchon, il faut d'abord en avoir arrondi les tranchants en les chauffant au rouge, afin qu'il ne coupe pas le bouchon, à travers lequel on l'introduit en le poussant doucement avec un mouvement de rotation. Si le tube a de la peine à entrer, on le graisse un tant soit peu.

Quand le bouchon est ainsi garni de ses tubes, on l'adapte au goulot de la fiole ou du ballon, en pressant seulement avec les doigts et en tournant légèrement. Le bouchon doit être plutôt trop large que trop étroit.

Pour s'assurer que cette fermeture est hermétique, on souffle dans l'appareil et on y aspire. S'il ferme bien, la langue étant placée sur le tube après qu'on a soufflé, il se produit un effet de ventouse persistant ; de même si l'on souffle, on n'entend aucun sifflement dû à la fuite de l'air. S'il ferme mal, l'effet de ventouse cesse bien vite de se faire sentir sur la langue, parce que l'air rentre dans l'appareil ; de plus il se produit des sifflements lorsqu'on souffle dedans, parce que l'air en sort. A l'occasion on peut se servir, pour joindre deux morceaux de tubes de diamètre différent, d'un long bouchon perforé, dans chaque extrémité duquel on introduit le tube. On se sert aussi de tubes de caoutchouc plus larges à un bout qu'à l'autre, et qui affectent les formes d'une bouteille ordinaire dont on aurait enlevé le fond.

(17) Au moyen de tubes de verre, de connecteurs de caoutchouc vulcanisé, et de bouchons perforés unis à des flacons, ballons ou tubes d'essais, l'étudiant peut se construire une variété de petits appareils utiles, comme la fiole à gouttes (*fig.* 10).

Fig. 10.

Lorsqu'on entoure cet appareil avec la main, de manière à en élever un peu la température, et qu'on le retourne brusquement, le liquide en sort par une succession de gouttes. Mais si on y souffle fortement dedans, et qu'on le retourne ensuite, le liquide en jaillit avec violence d'abord, puis avec plus de lenteur. Cette bouteille, qui ne doit jamais être remplie à plus de moitié, est utile pour humecter les substances, ainsi que pour détacher les matières qui adhèrent aux tubes ou aux récipients, et pour les faire passer dans les filtres et dans les cristallisoirs. La bouteille à lavage ou pissette est représentée par la figure 11. Quand elle est droite et qu'on souffle à travers son tube court, elle fournit un jet d'eau fort et mince qui est très-utile pour laver les précipités. Quand on la renverse simplement, on obtient à travers le gros tube un fort courant d'eau qui sert à faire les solutions, à remplir les tubes, etc. On peut faire l'embouchure du tube, par où l'on souffle, en caoutchouc vulcanisé, afin d'avoir plus de liberté de mouvement pendant qu'on s'en sert. L'extrémité du tube par où sort le jet du liquide peut être faite d'un petit morceau de tube détaché, uni au reste de l'appareil par un petit morceau de caoutchouc; il devient ainsi plus facile à diriger dans toutes les directions. Il est commode d'avoir plusieurs pissettes, une pour l'eau distillée froide, une qui n'est autre chose qu'une fiole à fond plat pour l'eau bouillante, et une de plus petite dimension pour l'alcool. Afin de pouvoir tenir en main le flacon d'eau bouillante, il faut avoir soin de l'entourer de lisières ou de toute autre substance isolante. Dans la pissette à alcool, pour éviter l'évaporation, on ferme le tube par où l'on souffle dans l'intervalle des opérations.

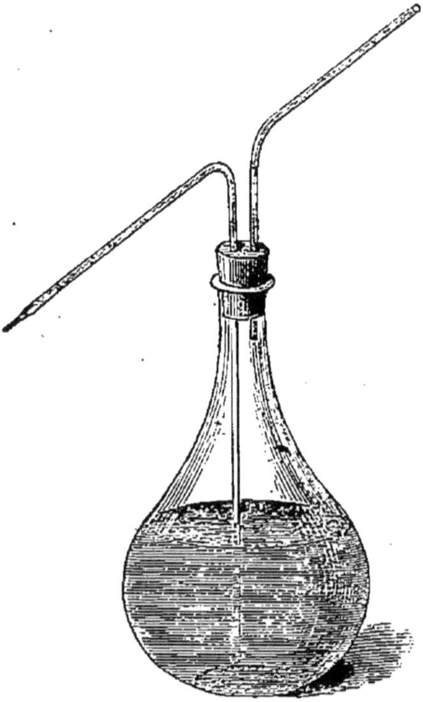

Fig. 11.

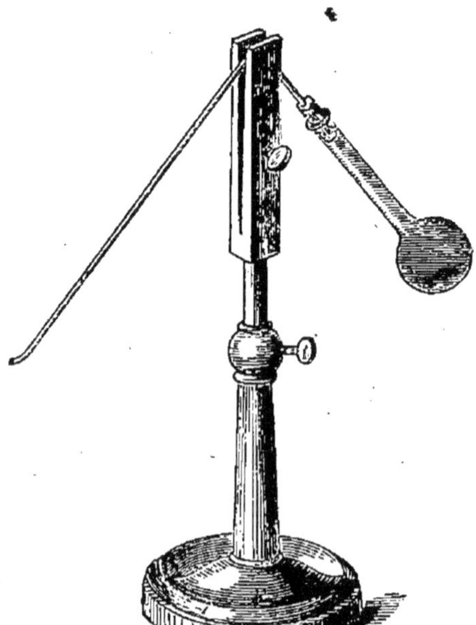

Fig. 12.

On se sert pour cela d'un petit morceau de tube de caoutchouc, dans l'une des extrémités duquel on introduit l'extrémité ouverte du tube, tandis que son autre extrémité est bouchée par une baguette de verre solide. On se fabrique aisément les cornues qui servent à la préparation des gaz, en adaptant, au moyen d'un bouchon, un tube recourbé à un ballon ou à un tube d'essai (*fig.* 12). Si le gaz peut être dégagé sans qu'il soit nécessaire d'appliquer la chaleur, on se sert de fioles de forme à pouvoir reposer solidement sur une table.

L'addition d'un tube-entonnoir est utile lorsqu'on se propose d'introduire dans la fiole un liquide nouveau, qui maintienne l'effervescence. Le fond de ce tube doit plonger dans le liquide au fond de la fiole. La disposition de la figure 13 est excellente pour examiner la nature d'un gaz engendré par l'action d'un liquide, un acide généralement, sur quelque substance inconnue.

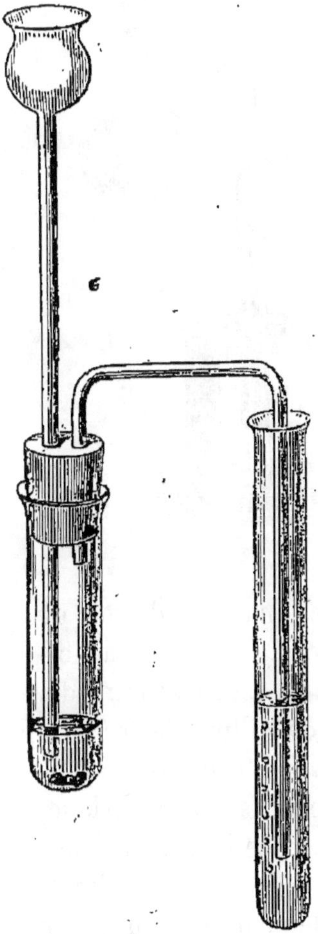

Fig. 13.

On fait arriver l'acide sur cette substance à travers le tube entonnoir, et l'on dirige le gaz par le tube recourbé, dans la solution sur laquelle on doit observer ses effets, s'il y en a.

Les gaz demandent souvent à être purifiés au moyen de réactifs liquides ou solides, capables de retenir leurs différentes impuretés, consistant le plus ordinairement en vapeurs aqueuses. Le réactif solide divisé en menues parties est généralement contenu dans un tube de verre, soit droit, soit en forme d'U. On interpose un peu de coton, de chanvre ou d'amiante entre le réactif et les bouchons qui ferment les tubes. Quant aux réactifs liquides, on en imbibe des morceaux de pierre-ponce ou de tout autre corps solide poreux dont on remplit un tube en U; on peut aussi les placer dans un flacon à deux tubulures ou à large goulot, ou dans un tube, selon les circonstances. On fait ensuite passer le gaz à travers ce liquide. Pour purifier la plupart des gaz insolubles, on commence par les laver en les faisant passer à travers de l'eau, puis on les dessèche, s'il est nécessaire, en les faisant passer sur du chlorure de calcium ou sur de la pierre ponce, imbibée d'acide sulfurique.

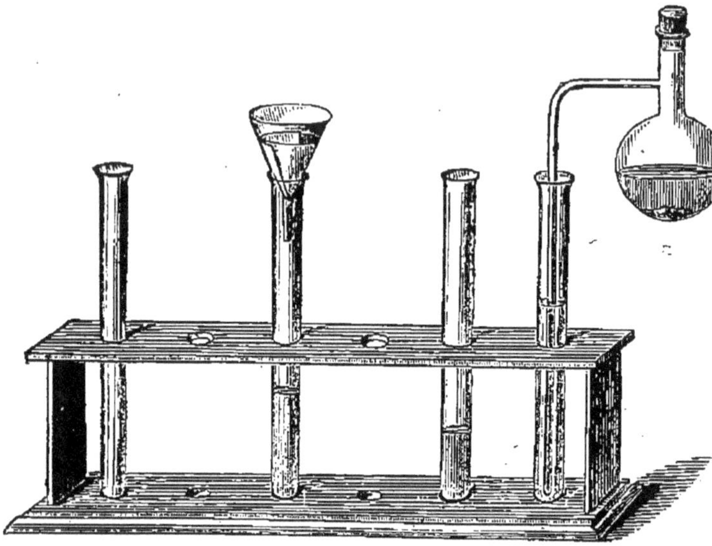

Fig. 14.

Il est indispensable à ceux qui font des analyses, d'avoir un appareil pour produire l'hydrogène sulfuré *. Pour les essais ordinaires, le ballon générateur de la figure 14 est très-commode. On y introduit quatre ou cinq morceaux de sulfure de fer de la grosseur d'un pois, puis on les recouvre d'eau jusqu'à une certaine hauteur. On ajoute alors peu à peu l'acide sulfurique, jusqu'à ce qu'il se produise une effervescence bien manifeste, ce qui arrive ordinairement lorsque la proportion de l'acide s'élève à un dixième de l'eau préalablement introduite. On ferme à ce moment l'ouverture supérieure du ballon par un bouchon ou même par le pouce, et le gaz se dégage et vient passer à travers la solution que l'on analyse. On peut également, en l'absence du ballon que nous venons de décrire, employer l'appareil de la page 30 (*fig.* 13).

* Récemment M. Zettnow a publié une méthode analytique qui permet d'éviter l'emploi de l'hydrogène sulfuré, lequel est toujours très-désagréable à employer. Nous résumons la méthode dans le tableau suivant. (*Note du traducteur.*)

HCl précipite.	HCl ne précipite pas, ou bien on a séparé le précipité par le filtre.											
	SH^2O^4 précipite.	SO^4H^2 ne précipite pas. S'il précipite on sépare la liqueur du précipité par filtration.										
		La liqueur est précipitée par Zn surtout en présence du platine. Le précipité peut contenir Sn — Sb — Hg (au max.) Bi — Cd — Cu — Au — Pt — Pd.				La solution séparée des métaux précipités par le zinc, est oxydée par $AzHO^3$.						
						Une faible portion se colore en rouge par le sulfocyanure de potassium, ou par le cyanoferrure de potassium en bleu Fe	La grande partie est neutralisée par AzH^3 et agitée avec Co^3Ba.					
							Il se forme un précipité qui renferme Cr et Al qu'on sépare par les moyens ordinaires. — En cas d'acide PH^3O^4 ou BH^3O^3 il faut chauffer la liqueur neutre avec Fe^2Cl^6 avant de précipiter par CO^3Ba	La liqueur filtrée après l'action de $BaCo^3$ est précipitée par le carbonate d'ammoniaque				
		Pendant la précipitation il se dégage AsH^3 ou SbH^3 qu'on reconnait comme dans l'appareil de Marsh As ou Sb.	Le précipité se dissout dans $AzHO^3$	Il ne s'y dissout pas.				Le précipité renferme l'excès de Ca et Mn. On reconnait Mn au chalumeau ou en l'oxydant par $PbO^2 + AzHO^3$ I Mn	On tr..ite la liqueur filtrée par PO^4Na^3.			
			Il peut contenir Hg — Bi — Cu — Cd et Pd. $SnCl^2$ précipite en blanc une petite portion : Hg(au max.). On précipite par NaHO bouillante on lave avec AzH^3+AzH^4Cl le précipité indique Bi ou Pd qu'on sépare comme à l'ordinaire. La liqueur ammoniacale retient Cu et Cd qu'on sépare conmme l'ordinaire.	HCl dissout	HCl ne dissout pas. Mais l'eau régale dissout.				Il se forme un précipité cristallin Mg.	La liqueur filtrée est évaporée à sec.		
Pb Ag HgAu minimum. — On les sépare comme d'ordinaire.	Ca Pb St Ba. — Le précipité lavé à l'eau, trouble les sels de Ba et St et l'oxalate d'ammonium le précipite Ca. Traité par le tartrate ammonique, il donne une solution que les chromates solubles précipitent en jaune Pb. On sépare Ba et St par les moyens ordinaires.			la solution peut contenir Sb Sn qu'on sépare comme à l'ordinaire.	La liqueur peut contenir Au et Pt que l'on sépare par la méthode ordinaire.					Dans le résidu on reconnait le cobalt et le nickel par les procédés ordinaires au chalumeau ou par voie humide Ni Co	Pour rechercher le zinc, on prend la liqueur qui a été précipitée par HCl et par SH^2O^4. On la traite par AzO^3 et par $(AzH^4)^2CO^3$; on chauffe jusqu'à expulsion de l'excès de AzH^3, on filtre et on précipite le zinc par le ferricyanure de potassium Zn.	On recherche également le potassium le sodium et l'ammoniaque, etc., sur une portion de la liqueur préalablement précipitée par HCl et SH^2O^4. On ajoute un excès d'eau de baryte à cette liqueur et l'on fait bouillir en examinant s'il se dégage AzH^3 après ébulition; on filtre, on précipite l'excès de baryte par le carbonate ammonique, on filtre de nouveau et on évapore à sec la liqueur filtrée. Dans le résidu, on recherche par les procédés ordinaires K Na Li

On peut purifier le gaz de l'un ou l'autre de ces appareils, s'il est nécessaire, en le faisant passer à travers un peu d'eau contenue dans un second ballon, ou dans un tube d'essai comme celui de la figure 42. Mais un appareil différent est préférable lorsqu'on a besoin de beaucoup d'hydrogène sulfuré, comme dans quelques expériences de toxicologie. On dégage alors le gaz dans un flacon de Wolf, dont l'une des tubulures livre passage à un tube à entonnoir, tandis qu'à l'autre se trouve adapté un tube abducteur courbé deux fois à angle droit. Ce tube plonge à travers un autre tube plus large, dans un second flacon rempli d'une solution de *potasse* très-étendue, et muni d'un nouveau tube abducteur, qui conduit le gaz dans la solution qu'il doit précipiter (*fig.* 15). Mais l'opérateur fait, suivant sa fantaisie, varier à l'infini la forme de cet appareil.

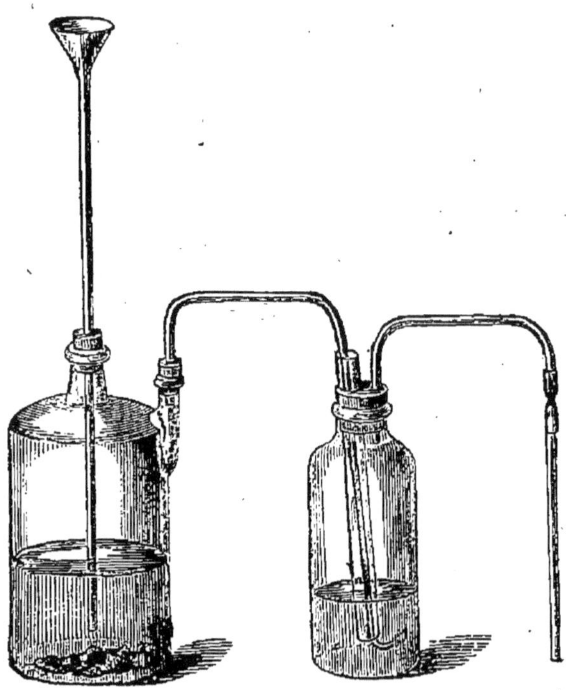

Fig. 15.

(18) *On opère la filtration* pour séparer un liquide d'un solide mécaniquement mêlés ensemble, soit qu'on se propose

d'obtenir le liquide clair qui passe au travers du filtre, soit qu'on ait pour but d'obtenir le solide qui y reste attaché, soit enfin qu'on veuille obtenir l'un et l'autre séparément. Pour filtrer on emploie généralement dans l'analyse un papier buvard mince et blanc. L'eau bouillante ne doit pouvoir en dissoudre aucune partie, et, brûlé, les cendres qu'il laisse doivent être à peine appréciables. On le vend, soit en feuilles, soit préférablement en cercles de différentes grandeurs. Un rond ou carré de papier peut être plié de deux manières en forme de cône, lequel, à moins qu'il soit très-petit, doit reposer sur un entonnoir de verre ou de porcelaine fine. Lorsque la filtration a pour objet de clarifier simplement le liquide, et surtout quand ce liquide est très-visqueux et qu'il doit être filtré promptement, comme il arrive souvent pour les solutions saturées à chaud, on emploie un filtre à plis. Il n'est pas facile de décrire la manière de plier ce filtre, mais il est très-facile de l'apprendre quand on le voit faire.

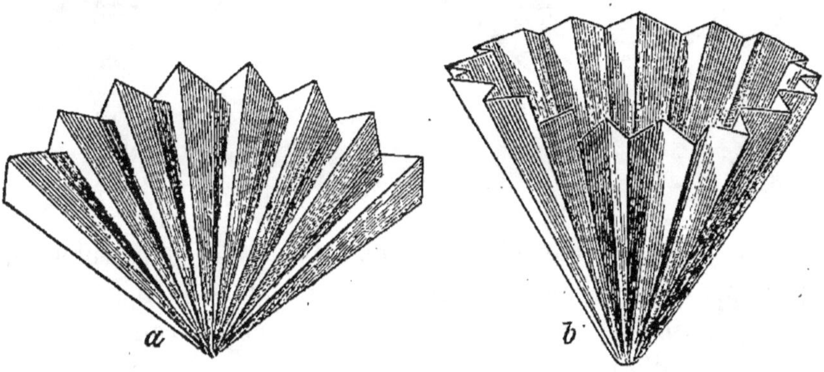

Fig. 16.

On plie d'abord un cercle ou un carré de papier par moitiés, ensuite par quarts, et chacun de ces deux doubles-quarts de nouveau par quarts, en ayant soin que tous les plis soient faits du même côté du papier double. Chaque secteur doit être ensuite divisé en deux par un pli au milieu fait sur le côté opposé du papier toujours doublé. A cet état, le filtre présente la forme d'un petit éventail (*fig.* 16 *a*), et, si l'on s'est servi d'un carré de papier, il présente des extrémités saillantes qu'il faut couper pour l'arrondir pendant que l'éventail est fermé. On sépare ensuite pour la première fois les deux moitiés, en soufflant entre elles pour rendre cette partie de l'opération plus facile. On obtient ainsi un cône à côtes profondes, consistant de toute part en une série d'angles alternativement rentrants et saillants, excepté sur deux points opposés, où deux angles saillants se suivent. Entre chacun de ces angles, on fait un pli pour produire un angle rentrant qui les sépare. Le filtre est alors terminé, et, légèrement ouvert, il présente la forme donnée par la figure 16 *b*. Les différents plis doivent être bien formés à la circonférence, mais moins distincts au centre qu'il ne faut pas affaiblir. Quand la filtration a pour but de recueillir la matière déposée, le plus généralement un précipité, il est préférable d'employer un filtre uni.

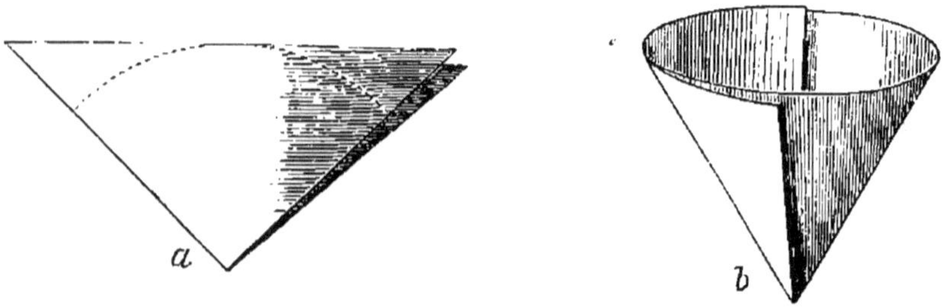

Fig. 17.

On commence par plier un morceau de papier par moitiés, puis par quarts; son extérieur présente alors la forme d'un triangle isocèle, avec deux côtés droits et un courbe, si on s'est servi d'un papier rond, ou avec trois côtés droits si on l'a plié diagonalement en se servant d'un carré de papier, auquel cas la base doit être coupée en rond, comme le montre la figure 17 *a*. On ouvre ensuite le filtre qui présente une épaisseur triple d'un côté et simple de l'autre, il forme un cône uni (*fig*. 17 *b*). On le place soigneusement dans un entonnoir de manière qu'il en soit supporté de tous côtés; la dimension de l'entonnoir doit être supérieure à celle du filtre pour pouvoir le dépasser, tandis que le filtre lui-même doit dépasser toujours le liquide qu'il contient. Lorsqu'il est nécessaire d'employer un double filtre, on doit plier les deux filtres séparément et les disposer l'un dans l'autre de manière à ce que la triple épaisseur de l'un corresponde à la simple épaisseur de l'autre. Le filtre extérieur est souvent très-petit, il suffit qu'il supporte le fond de l'autre. Un filtre doit toujours être mouillé avant de recevoir le mélange soumis à la filtration.

On fait cela dans le but de gonfler le papier et d'en rétrécir ainsi les pores, qui pourraient, sans cette précaution, se laisser pénétrer par le précipité, si même une portion de ce dernier n'était pas entraînée par la rapide imbibition du début. Quand, après la première filtration, le liquide obtenu est encore trouble, on le fait repasser une ou deux fois sur le filtre, après quoi on l'obtient généralement clair.

Il est généralement bon de laisser le mélange se reposer avant de commencer la filtration. Les portions supérieures du liquide qui sont comparativement claires, sont alors mises dans le filtre, et lorsqu'elles sont filtrées on y ajoute séparément la partie épaisse. L'intérieur du tube ou récipient qui contenait le mélange doit être ensuite rincé par un petit jet rapide de la bouteille à lavage, et le liquide doit être déposé sur ce qui était resté au fond du filtre. Enfin, au moyen de la bouteille à lavage, tout ce qui est resté déposé sur les bords du filtre doit être chassé vers son centre, de manière que le précipité entier puisse être recueilli sous le plus petit volume possible pour être ensuite soumis à un examen plus précis. En outre, il est souvent nécessaire de laver si parfaitement un précipité, qu'il n'y reste plus aucune trace de matières solubles. Pour cela, on y fait couler de l'eau plusieurs fois au moyen de la bouteille de lavage, en laissant l'eau ajoutée se filtrer avant d'en faire une addition nouvelle, et l'on continue ainsi jusqu'à ce qu'enfin l'évaporation de quelques gouttes de cette eau filtrée ne laisse aucun résidu lorsqu'on l'évapore sur un verre de montre ou sur une lame de platine. Le jet de la pissette ne doit pas être trop puissant, de crainte de percer le filtre ou de faire éclabousser le contenu. En outre, en remplissant un filtre vide, on doit diriger le liquide le long des parois et non immédiatement sur le fond qui est la partie la moins soutenue, et par là même la plus faible. En recevant le liquide filtré dans un récipient ou cristallisoir, on doit aussi le faire couler le long des bords pour éviter les éclaboussures. De même, lorsqu'on transvase un liquide d'un vase dans un autre, d'un récipient ou d'un flacon à large ouverture dans un entonnoir par exemple, il faut appliquer un morceau de verre massif à l'ouverture du flacon, comme l'indique la figure 18, non-seulement pour diriger le liquide dans l'entonnoir, mais aussi pour empêcher la moindre perte, en évitant qu'il ne suive les bords extérieurs du vase d'où on le verse. On peut encore empêcher cet accident en graissant le bord de l'ouverture qui laisse échapper le liquide, avec un peu de suif ou d'onguent spermaceti. Lorsqu'on a à enlever un précipité encore mouillé, du filtre sur lequel il a été recueilli, il faut bien égoutter le filtre, le retirer soigneusement de son entonnoir, l'étendre sur deux ou trois doubles de papier buvard, qui absorbe son humidité et enlever avec soin le précipité au moyen d'une spatule d'ivoire, de platine ou d'acier. On peut encore pencher le filtre d'un côté de son entonnoir et détacher promptement son contenu, au moyen d'un jet puissant de la bouteille à lavage; ou, à l'aide d'un morceau de verre massif, faire un trou au fond du filtre *in situ*, et faire passer le contenu par ce trou, au moyen d'un fort jet d'eau. On peut enfin dissoudre le précipité et l'entraîner ainsi hors du filtre, en y faisant passer, à plusieurs reprises, un dissolvant, généralement un acide, à la température de l'ébullition de préférence.

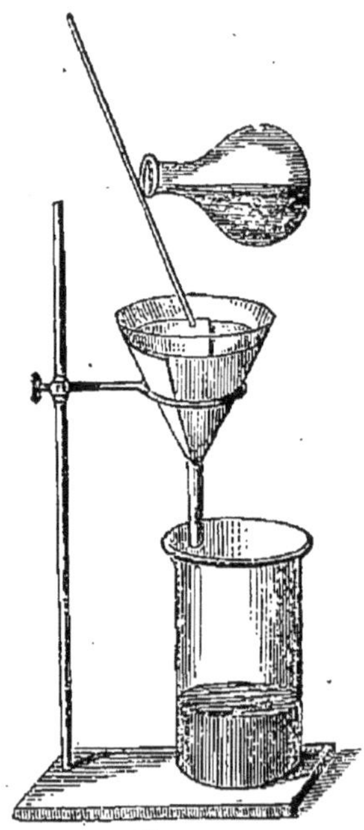

Fig. 18.

La décantation peut souvent remplacer avec avantage la filtration, quand la partie solide du mélange s'est déposée au fond du vase à précipitation. Pour obtenir le dépôt prompt et complet d'un précipité franchement formé, on secoue violemment le mélange pendant quelques minutes dans un vase clos, après quoi on le laisse quelque temps en repos, la liqueur claire surnage alors, et on peut l'enlever d'une main ferme ou l'aspirer avec le siphon ou la pipette. Lorsqu'on fait usage de la pipette, on doit avoir grand soin que le liquide une fois aspiré ne retombe pas sur le dépôt, et par là ne trouble la liqueur surnageante. Si l'on veut purifier un dépôt dont on a enlevé le liquide surnageant, par décantation, on y ajoute de l'eau, on l'agite, on le décante de nouveau après l'avoir laissé reposer, et ainsi de suite. Si, au-dessus du dépôt il reste encore une légère couche de liquide, on peut la faire disparaître très-complétement au moyen d'un morceau de papier joseph roulé, qu'on introduit avec soin pour ne pas produire de trouble.

Les siphons et pipettes sont utiles, non-seulement pour enlever le liquide qui surnage, un composé solide, mais encore pour séparer l'un de l'autre deux couches de liquides différents.

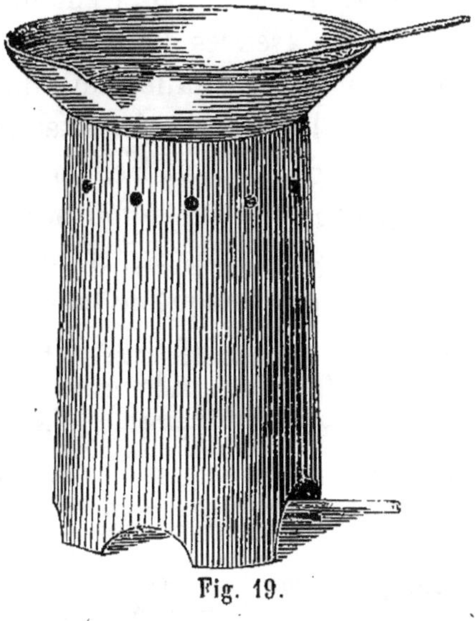

Fig. 19.

(19) Un appareil qu'on a à chauffer sur les divers fourneaux déjà décrits, peut selon sa nature être supporté de diverses manières. Il peut reposer sur un anneau, être maintenu par une pince ou par un support à potence; il peut être soutenu par un support vertical ou trépied. Le trépied peut souvent être remplacé avec avantage par une enveloppe d'argile ou de métal qui entoure le fourneau, de manière à prévenir les courants d'air, comme on le voit dans la figure 19. On a constamment besoin aussi de triangles de fer, pour reposer

sur le haut de l'enveloppe métallique. Un triangle de fils de fer entouré de trois morceaux de tuyaux de pipe, est très-utile pour supporter les petits creusets de porcelaine qu'on a à chauffer au rouge. Mais comme les tuyaux de pipe s'opposent à ce que la température s'élève très-haut, il vaut mieux se servir de triangles en fils de platine. On peut chauffer les fioles et les cornues sur la lampe d'Argant à une petite distance de la flamme, et sans intermédiaires; mais quand on se sert du fourneau métallique, et surtout d'une lampe Bunsen, il est bon de protéger le fond de l'appareil par un morceau de toile métallique. Il faut alors placer le vase sur une toile de fil de fer ou dans un bain de sable, et augmenter graduellement la chaleur. On peut à volonté, selon les circonstances, chauffer de différentes manières les capsules de porcelaine à évaporation, mais quand la flamme touche le fond de la capsule, il faut apporter quelque soin au début de l'opération, et lorsque celle-ci touche à sa fin, c'est-à-dire quand le liquide est presque entièrement évaporé.

Pour chauffer les verres de montre, de grandes précautions sont nécessaires. Quoiqu'on puisse les laisser reposer sur un support, il vaut pourtant mieux les tenir avec les doigts. Lorsqu'ils contiennent un liquide qui doit être chauffé dans un bain de sable, on ne doit pas enfoncer le verre, mais le tenir seulement à la superficie du bain chaud. On peut facilement chauffer les tubes soit à la lampe à alcool, soit sur le fourneau métallique. Il faut les tenir dans les doigts et les agiter constamment dans divers sens, spécialement lorsque le liquide bout; pour en éviter les projections, il ne faut remplir les tubes qu'à moitié. Lorsque le liquide doit bouillir pendant longtemps, il est bon d'entourer la partie supérieure du tube d'un morceau de linge ou de papier, pour protéger les doigts. Les supports sont rarement employés pour les tubes d'essai *.

* En France, nous employons souvent pour tenir les tubes d'essais de petites pinces en bois qui présentent à leur extrémité deux entailles demi-cylindriques entre lesquelles le tube est parfaitement tenu. (*Note du traducteur.*)

Les capsules ou creusets de platine ou de porcelaine de Berlin, de petites dimensions, peuvent être chauffés au rouge sur une flamme d'Argant (*fig.* 20), et au rouge blanc sur un fourneau Bunsen ou à la flamme du chalumeau. On peut les poser sur un trépied de fil de métal ou de tuyaux de pipes. Si l'on veut obtenir une température très-élevée, il faut les entourer d'une enveloppe de métal ou d'argile.

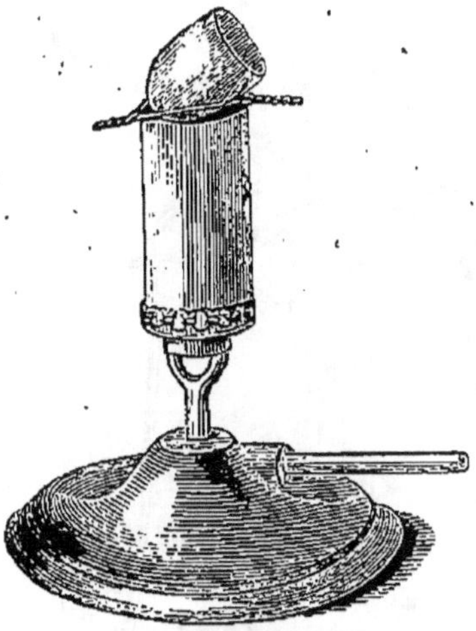

Fig. 20.

Les bains de sables consistent généralement en une plaque de fer. Quelques-uns sont profonds pour recevoir les cornues et les flacons, les autres sont presque plats pour les vases ordinaires. Le sable doit ne pas s'élever au-dessus du niveau du liquide, et ne pas être trop fin. On remplace quelquefois le bain de sable par une plaque de fer ou une toile métallique en fer.

Pour chauffer les corps à 100°, on se sert du bain-marie. Une casserole surmontée d'une capsule à évaporation est l'élément principal dont se compose le bain-marie. On peut remplacer le couvercle de la casserole par des plaques d'étain percées de trous de différentes dimensions, pour supporter les petites capsules (*fig.* 21), les verres de montres, etc. Les vases, cornues ou flacons qu'on veut chauffer au bain-marie ne doivent pas toucher le fond du bain ; il faut les appuyer sur du linge pour éviter le choc, et pour prévenir la température trop élevée que produirait le contact du métal chauffé.

(20) On applique la chaleur aux liquides pour les chauffer, les évaporer, ou les distiller. On se sert pour l'évaporation de vases plats, de verres de montre, ou de cristallisoirs. Pour reconnaître la forme cristalline d'un sel, on dissout 5 centigrammes environ de ce sel sur une plaque de verre dans une

ou deux gouttes d'eau, et on laisse évaporer jusqu'à ce que l'on voie apparaître un cristal ; on examine alors celui-ci à la loupe ou au microscope.

Pour une petite quantité de liquide, on peut faciliter l'évaporation, en soufflant légèrement dessus pendant un peu de temps, quand il s'agit, par exemple, d'un liquide déposé sur un verre de montre. Pendant l'évaporation (*fig.* 19), on peut couvrir le vase d'un papier à filtre fixé par deux baguettes de verre massif en croix. Il faut avoir soin que le liquide ne bouille pas.

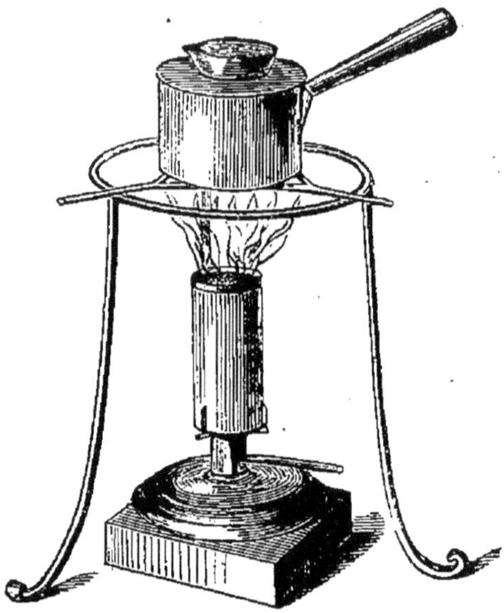

Fig. 21.

Pour évaporer à siccité, il faut abaisser la température à mesure que l'évaporation avance, et, si le résidu est considérable, l'agiter constamment quand l'opération touche à sa fin. On se sert de tubes d'essai pour les ébullitions sur une petite échelle ; mais pour opérer sur une plus grande échelle, on emploie généralement les fioles de Florence comme étant les plus solides et les moins chères. Une fiole remplie d'un liquide froid se couvre d'une légère vapeur lorsqu'on l'expose à la flamme nue, il est bon d'essuyer cette vapeur à différentes reprises.— L'ébullition se produit quelquefois d'une manière intermittente et d'autrefois brusquement et avec des soubresauts. Pour prévenir cet inconvénient, on peut introduire dans le ballon un fil de platine ou un tuyau de pipe, soit avant l'ébullition, soit après avoir laissé refroidir le liquide d'un degré ou deux. Si on l'introduisait pendant l'ébullition, il se produirait un fort dégagement de vapeur qui pourrait déterminer une explosion. Il est quelquefois utile d'adapter un long tube droit dans le goulot des ballons dans lesquels on chauffe des liquides (*fig.* 22), afin que les vapeurs se condensent dans ces tubes et retombent dans le ballon.

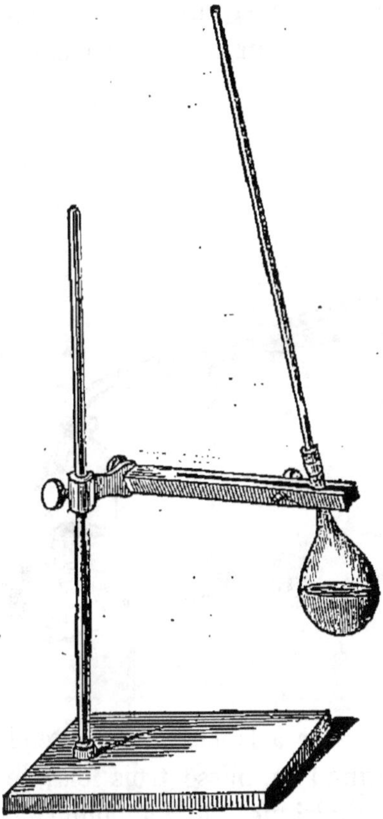

Fig. 22.

Les appareils distillatoires se composent généralement de trois parties : dans l'une, le bouilleur, se fait l'ébullition; dans l'autre, le condenseur, les vapeurs se condensent; la troisième enfin est un récipient destiné à recevoir les produits de la distillation; quand on n'a que très-peu de liquide à distiller, on emploie comme bouilleur une cornue de verre ou un ballon muni d'un tube recourbé; comme récipient, un tube d'essai, un ballon ou une fiole; et comme condenseur, un long tube de verre placé entre la cornue et le récipient, et entouré soit d'une couche d'eau qui se renouvelle constamment, comme dans le condenseur de Liebig, soit d'un morceau de papier à filtre humecté par de l'eau sans cesse renouvelée; le tube condenseur n'est pas toujours nécessaire, bien souvent le col de la cornue ou du récipient suffisent; la figure 23 représente l'appareil que nous venons de décrire. — On fait bouillir le liquide dans une cornue à long col, munie d'une allonge qui conduit les produits de la distillation dans une fiole droite. Lorsqu'on veut refroidir en entourant le tube condenseur d'un papier ou d'un linge sur lequel coule un filet d'eau continue, on attache solidement une corde ou une mèche de lampe mouillée autour du col de la cornue à 2 ou 3 centimètres de distance de l'endroit où celui-ci entre dans le bouchon de l'allonge ; on peut laisser pendre les bouts de la corde de 5 centimètres environ. Toute la partie du goulot comprise entre la corde et la courbure de la cornue est entourée d'un morceau de papier à filtre coupé de grandeur telle, qu'il embrasse la circonférence entière. Ce papier doit être imbibé d'eau pour adhérer parfaite-

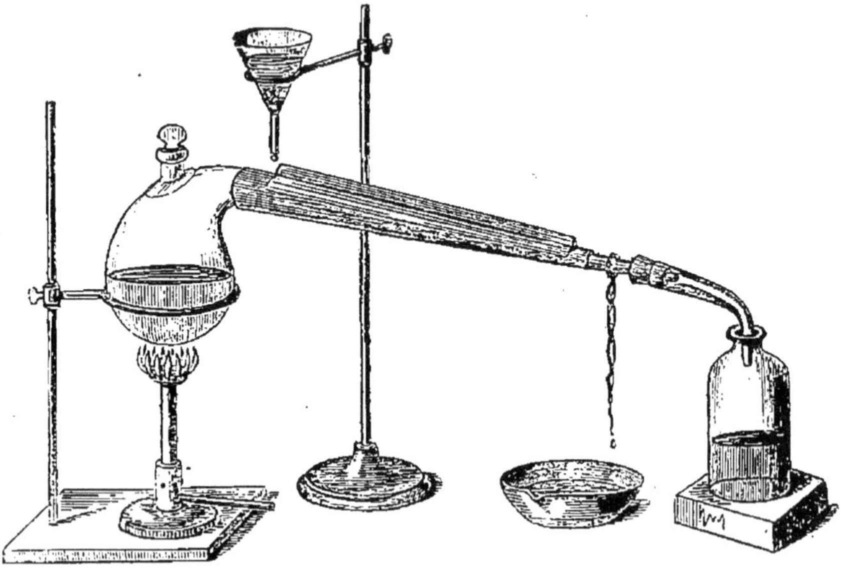

Fig. 23.

ment au verre, il doit presque arriver à la corde. On prend ensuite un second papier à filtrer que l'on plisse trois fois, de manière à lui donner une forme cylindrique. On l'applique de chaque côté sur le premier papier au-dessus duquel il forme ainsi un petit canal; sa longueur est environ d'un tiers moindre que celle du premier papier, et il n'arrive pas aussi haut. Par ce moyen, l'eau qui tombe goutte à goutte d'un entonnoir presque bouché, placé au-dessus à 1 centimètre de distance, rencontre le canal de papier, coule le long du col de la cornue, et s'égoutte par la corde qui est au bout. Si la petite étendue qui doit exister entre l'allonge et le point où est attachée la corde se conserve sèche dès le début de l'opération, elle se maintiendra ainsi jusqu'à la fin. Pour plus de sécurité, on peut l'enduire de suif. — Les allonges peuvent être de forme et de dimension diverses. Celle que représente notre gravure peut consister soit en un tube, soit en un col de cornue brisé. — La figure 24 représente les tubes qui peuvent plus ou moins être employés comme condenseurs. La figure 40 représente un autre appareil à distillation également commode ; le bouilleur consiste en un ballon, duquel part un long tube recourbé, qui va plonger à travers un bouchon percé dans un ballon de Florence reposant sur un verre d'eau. — Le bouchon ne doit pas être trop serré ou il doit être échancré de manière à laisser échapper les vapeurs non condensées. Le col du ballon doit être entouré de papier à filtrer, sur lequel tombe goutte à goutte l'eau d'un entonnoir. On peut, si l'on veut, pour retenir le ballon dans l'eau, y appliquer dessus un rond de plomb.

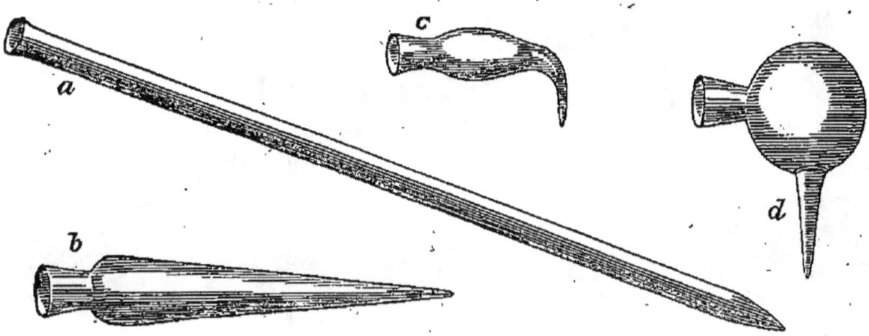

Fig. 24.

La figure 25 représente un des condenseurs de Liebig les plus simples. — Il consiste en un cylindre d'étain, percé de quatre ouvertures légèrement coniques, deux sur la même ligne aux deux bouts opposés du cylindre ; et deux opposées qui terminent les deux plans circulaires. — Un tube entonnoir d'étain ou de verre est introduit par le moyen d'un bouchon perforé dans l'ouverture inférieure horizontale, et un tube de sortie dans l'ouverture supérieure. Le tube à distillation passe à travers les deux ouvertures verticales du cylindre. Le liquide chaud passant par le tube distillatoire se refroidit de plus en plus en descendant, tandis que le filet d'eau froide entrant dans le condensateur à travers l'entonnoir, remonte vers le haut et devient de plus en plus chaud, jusqu'à ce qu'enfin il s'échappe par le tube de sortie. On peut maintenir le condenseur à l'aide d'un support auquel il est attaché, comme l'indique la figure 25. Les condenseurs de Liebig sont de toutes formes; on les fait tantôt en verre tantôt en métal. Quelques-uns sont munis de supports spéciaux, ce qui leur permet d'être élevés, abaissés ou changés de direction à volonté.

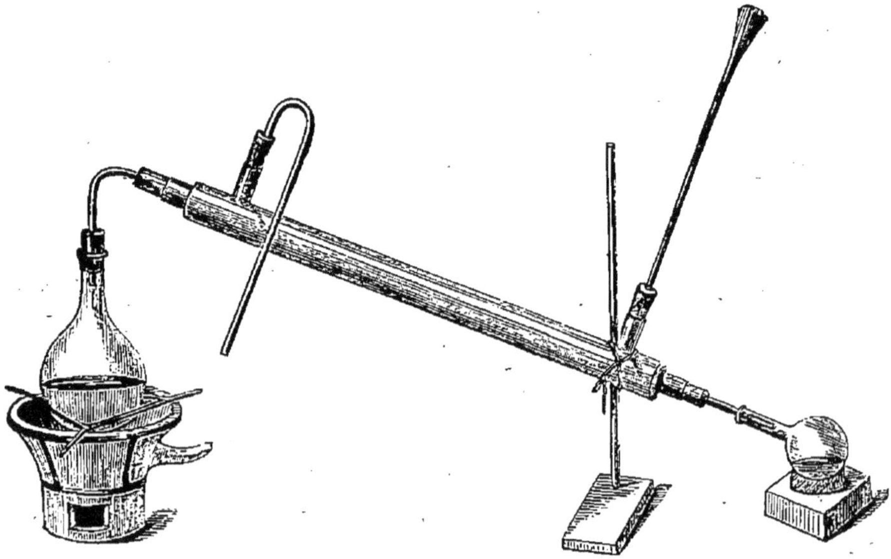

Fig. 25.

(21) On applique la chaleur aux corps solides, afin de les chauffer, sécher, calciner, liquéfier et volatiliser. Tout tube, cornue ou ballon doit, après lavage, être rincé avec de l'eau distillée à une ou plusieurs reprises, et mis à égoutter sur un support *. Il faut ensuite le chauffer au feu ou au gaz, et en

* On rencontre rarement de la difficulté à nettoyer les vases de laboratoire quand la saleté ne s'y est pas déposée depuis longtemps. On se sert d'eau chaude ou froide et d'acides ou d'alcalis purs ou étendus d'eau. On peut encore y introduire un morceau de bois entouré d'un linge humecté et enduit de sable. On nettoie souvent commodément les flacons et les cornues en y introduisant un peu d'eau et quelques petits morceaux de papier mou ou de chiffon. Le meilleur moyen pour nettoyer l'intérieur d'un tube étroit est d'y faire passer un morceau de papier à filtrer humide. (*Note de l'auteur.*)

retirer l'air chaud en l'aspirant au moyen d'un tube que l'on y introduit de presque toute sa longueur, comme on le voit dans la figure 26.

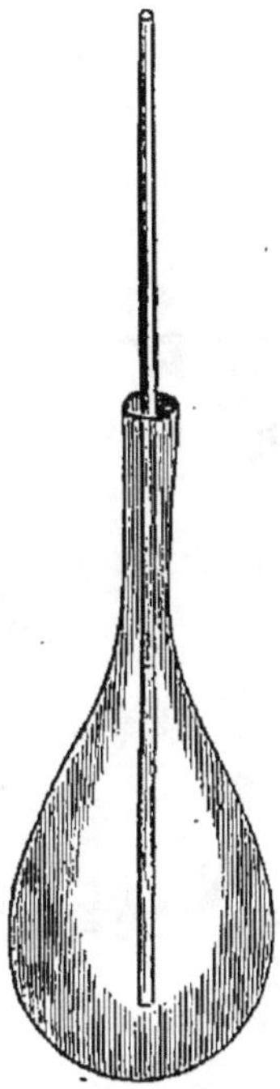

Fig. 26.

Pour sécher les tubes de verre étroits, on les chauffe au gaz ou à la lampe à alcool sur une certaine longueur, et en même temps on aspire l'air avec la bouche. En l'absence d'étuves à eau ou à air, on peut sécher les petites pièces d'appareil et les tubes à réduction, soit sur un bain de sable chauffé par un fourneau, soit encore sur une toile métallique qui peut aussi en bien des occasions remplacer le bain de sable, soit enfin par calcination sur une lampe d'Argant, suivant les circonstances.

Les précipités, lavés, retenus encore dans leur filtre et leur entonnoir peuvent être séchés promptement. Il suffit d'appuyer l'entonnoir sur un verre de lampe, qui repose lui-même sur une toile métallique, chauffée au gaz (*fig.* 27). On peut aussi placer l'entonnoir sur une plaque de fer chaud ou sur un trépied. Lorsque le précipité est presque sec, on enlève le filtre de l'entonnoir et on le met dans un bain-marie. — On peut également, après avoir retiré le filtre de l'entonnoir, sécher le précipité en le pressant entre les plis d'un papier à filtre et le mettant dans un bain-marie. — A une température modérée, on obtient une dessiccation rapide du précipité, en le plaçant sur l'acide sulfurique dans le récipient de la machine pneumatique. Pour sécher les corps et pour les maintenir secs, on les place sous le récipient d'une machine pneumatique. Le récipient doit être de peu de hauteur et reposer sur une plaque de verre dépolie, sur laquelle se trouve un vase rempli d'acide sulfurique ou de chaux vive.

On soumet à la calcination les corps solides qui appartiennent au règne animal, afin de détruire leurs matières organiques et de conserver leurs matières minérales. On carbonise d'abord le tissu par petites portions dans une capsule ou dans un creuset de Berlin sur une toile métallique; on pulvérise ensuite le charbon qui en résulte, et on fait chauffer cette poudre dans une capsule ou sur une lame de platine pendant plusieurs heures à la flamme d'Argant. Ce charbon brûle graduellement et laisse une légère cendre grise. La température ne doit jamais excéder celle du rouge sombre, sans quoi la cendre, à l'exception de celle du sang, fondrait sur le charbon et nuirait à la combustion. Pour éviter les courants d'air qui nuiraient à l'opération, et par là faciliter celle-ci, on couvre la capsule d'une feuille de platine, mais de manière à ce que cette feuille ne touche pas la capsule. Dans les expériences avec les carbonates de sodium et autre flux, on chauffe ces derniers au rouge sombre sur une flamme d'Argant immédiatement avant de s'en servir. Dans l'analyse quantitative, il faut brûler le filtre avec le précipité qu'il contient, afin de le débarrasser de son papier et de le rendre propre à être pesé. Nous allons maintenant décrire les calcinations faites au chalumeau sur un fil de platine ou sur du charbon.

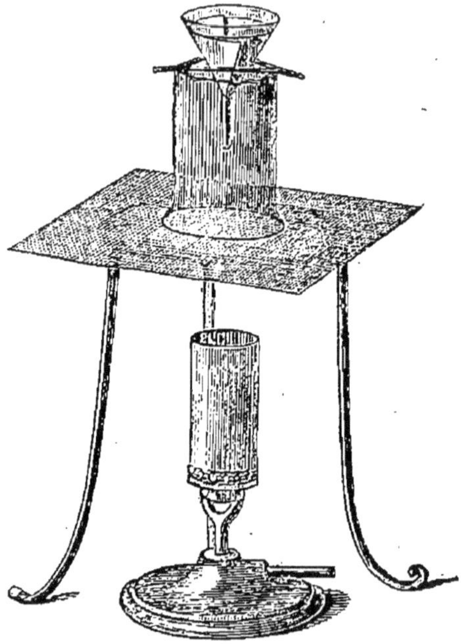

Fig. 27.

En dehors des fusions au chalumeau, l'étudiant doit encore faire d'autres expériences de fusion sur une échelle plus large, quoique encore petite; par exemple, certaines substances pour être amenées à l'état soluble, et par suite, pour être analysées par les procédés ordinaires, doivent être fondues avec le carbonate de potassium ou de sodium, soit seul, soit mêlé à d'autres réactifs.

On mêle la substance insoluble avec trois ou quatre fois son volume d'un mélange de carbonate de sodium et de carbonate de potassium, ou dans quelques cas, avec de l'azotate et du cyanure de potassium, et l'on fait chauffer ce mélange jusqu'à entière fusion, soit au chalumeau, soit à la flamme de Bunsen, dans une petite capsule de platine ou dans une petite cuillère de fer. — Pour opérer la fusion, il est important que la substance et le flux soient bien desséchés, mis en poudre et intimement mêlés. La capsule ou le creuset doit être graduellement chauffée jusqu'à la température la plus élevée.

Les seules volatilisations que l'étudiant soit appelé à faire se font dans des tubes de verres étroits, ouverts par les deux bouts lorsqu'il est nécessaire d'opérer la volatilisation dans un courant d'air, ouverts par un seul bout lorsqu'on veut obtenir une simple sublimation sans oxydation. Pour introduire les différentes substances en poudre dans les tubes étroits ouverts aux deux bouts, on place une petite quantité de la poudre dans une petite gouttière faite de papier glacé, on introduit celle-ci dans le tube en verre disposé horizontalement. On retourne ensuite ce dernier et on en retire la gouttière de papier. La même méthode peut être employée pour les tubes à sublimation, lorsqu'on veut éviter de salir leur intérieur; mais cela n'est pas nécessaire si les tubes et les substances sont parfaitement secs. Que les tubes soient ouverts des deux ou d'un seul côté, ils doivent être en verre très-dur et être chauffés à la lampe à alcool ou à la flamme de Bunsen.

(22) Quoique l'analyse quantitative n'entre pas dans les limites de cet ouvrage, quelques mots sur les poids et mesures ne seront pas déplacés à la suite des conseils que nous avons donnés sur les manipulations chimiques *. Il serait désirable

* L'étudiant peut se dispenser de lire ce qui suit jusqu'au point marqué d'un astérisque. Nous aurions pu nous-même le supprimer, nous avons préféré le laisser, cette étude des mesures anglaises pouvant être utile à ceux qui lisent des livres anglais. (*Note du traducteur.*)

que nous adoptions le système métrique français, dans lequel le gramme est l'unité de poids, et où le centimètre cube ou volume d'un gramme d'eau à son maximum de densité, est l'unité de mesure. Mais à défaut on peut employer le système décimal anglais, dans lequel le grain est l'unité de poids, et où le volume d'un grain d'eau à 62° F. est l'unité de mesure. Dans le laboratoire, nous avons supprimé les autres poids, et nous n'employons que les termes grammes et centimètres cubes, ou grains et grains-mesures. M. Griffen prend pour unité de mesure le volume de 7 grains d'eau; il appelle cela *septem*, de sorte que mille septems sont égaux à 1 décigallon ou au volume d'une livre d'eau. L'usage de cette division décimale du gallon est souvent commode et tout à fait compatible avec l'usage du grain-mesure, puisque le septem et le grain-mesure sont entre eux comme 7 est à 1. La table suivante en donne un exemple, *les figures marquées* d'un point sont inexactes.

	DÉCIGALLONS.	SEPTEMS.	GRAINS-MESURES.
Gallon.	. . . .	10,000	70,000
Décigallon ou livre. . .	. . . .	1,000	7,000
Quart.	2·50	2,500	17,500
Pinte	1·25	1,250	8,750
Once fluide.	0·0625	62·5	437·5
Pied cube.	62·32$\dot{1}$	62,32$\dot{1}$	436,247·$\dot{4}$
Pouce cube.	. . . .	36·06$\dot{5}$	252,458
Litre.	2·20$\dot{4}$	2,204·6	15,432·6
Centimètre cube . .	. . . .	2·$\dot{2}$	15·$\dot{4}$

1 litre ou kilogramme d'eau-mesure égale 1,76 pintes, ou 61,027 pouces cubes. 1 centimètre cube ou 1 gramme d'eau-mesure égale 0,061 pouces cubes.

1 décigallon ou livre d'eau-mesure égale 0,4535 litre, ou 453,5 centimètres cubes, ou 0,0160 pied cube, ou 27,727 pouces cubes, ou 16 onces fluide *.

Il est des mesures de capacité qui ne peuvent mesurer qu'une quantité de liquide déterminée ; d'autres sont graduées de manière à pouvoir mesurer une quantité indéfinie de liquide. Nous nous servons avec commodité, pour les mesures de la première espèce, d'une fiole à goulot quelque peu étroit, portant un trait horizontal pour marquer la hauteur à laquelle doit arriver le liquide (*fig.* 28).

Fig. 28.

Il est facile d'avoir deux de ces flacons mesurant un décigallon et un demi-décigallon, ou un litre et un demi-litre, etc. Une pipette de la forme de celle de la figure 29 est aussi un très-utile instrument de cette classe. On la remplit de liquide par aspiration jusqu'à un point placé quelque peu au-dessus du trait que porte la tige, on ferme ensuite hermétiquement avec le doigt l'orifice supérieur, puis on relâche la pression du doigt. Le liquide contenu s'écoule alors goutte à goutte jusqu'à ce que sa hauteur corresponde exactement avec le point de repère. Dès qu'on en est arrivé là, on rétablit la pression, et, après avoir transporté la pipette au-dessus du vase où l'on veut recueillir le liquide, on retire le doigt de l'orifice supérieur de l'instrument, et le liquide mesuré s'écoule. Ces pipettes sont construites de manière à ce que la quantité de liquide qui s'écoule soit exactement celle indiquée par leur graduation, sans que l'on soit obligé de tenir compte du liquide qui adhère à leurs parois intérieures. Tandis que la pipette repose encore sur le vase qui reçoit son contenu, on doit légèrement souffler dedans pour que la dernière goutte s'en détache. Il est bon d'avoir quelques-unes de ces pipettes, les unes contenant 100 septems et 10 septems, ou 50 et 5 centimètres cubes respectivement. Pour mesurer des quantités indéterminées de liquide, nous nous servons commodément d'un long cylindre étroit (*fig.* 30), gradué en divisions de 10 septems ou 5 centimètres cubes chacun. Les mesures ordinaires des pharmaciens sont des instruments très-inexacts. Il est difficile de voir exactement quelle est la quantité de liquide qu'on y met ou qu'on en retire, à cause de leur forme conique et allongée. S'il s'agit de noter le volume de plus petites quantités de liquide, on peut se servir de la burette de Bink ou d'une pipette droite et graduée. La burette (*fig.* 31 *a*) doit être tenue par son extrémité supérieure et être bouchée avec le pouce ou l'index. Son bec doit être incliné non pas directement mais obliquement en bas, et de manière à former presque un angle droit avec l'horizon ; enfin il faut que son orifice soit enduit de suif ou d'onguent spermaceti. Tout liquide qui peut rester dans cet orifice doit en être soigneusement chassé, tant au commencement qu'à la fin de l'expérience. En outre, on doit toujours laisser la burette reposer pendant une ou deux minutes avant de constater la hauteur du liquide ; les mesures sont marqués de haut en bas comme dans la gravure.

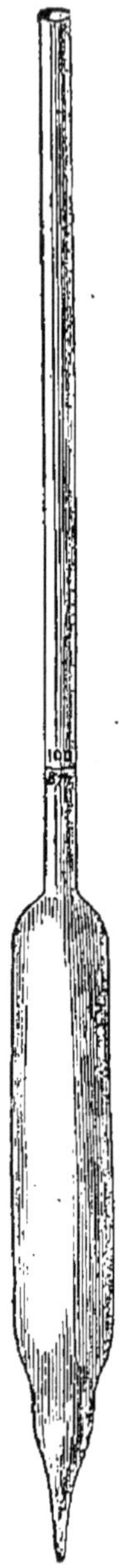

Fig. 29.

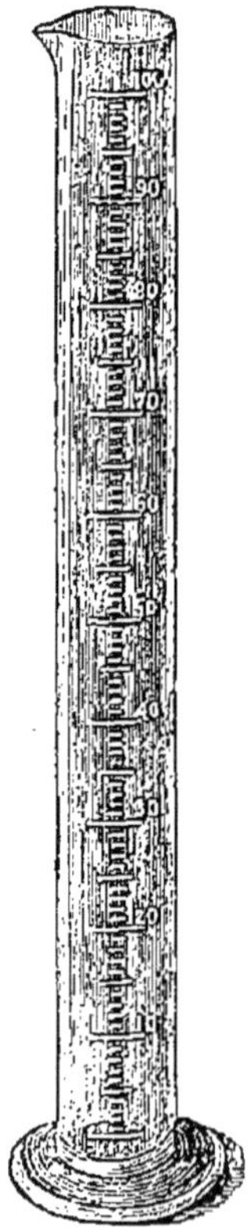

Fig. 30.

Il faut remplir la pipette graduée (*fig.* 31 *b*), jusqu'au trait supérieur, en aspirant le liquide, puis, après avoir laissé échapper la quantité voulue de ce dernier, on constate le niveau de celui qui y reste, la différence fait connaître le liquide employé; il est bon, dans la mesure, de ne tenir aucun compte de l'extrémité conique de la pipette, car le contenu qu'elle délivre est rarement exact. Il y a des pipettes graduées de haut en bas, et d'autres graduées de bas en haut. Mais cette différence est de peu d'importance, et nous employons tantôt les unes tantôt les autres, indistinctement.

a b

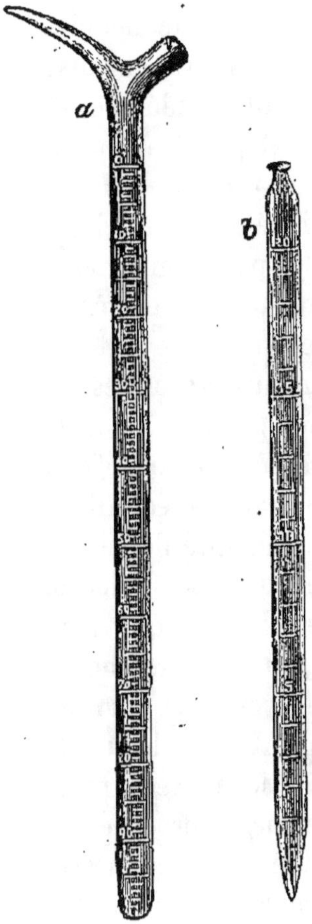

Fig. 31.

Avant de vérifier la hauteur du liquide, il faut élever sa surface supérieure aussi près que possible du niveau de l'œil. Pour bien des liquides contenus dans des vases de verre, cette surface est plus ou moins parfaitement concave, selon que le diamètre de la colonne est plus ou moins petit. Dans tous les cas, le véritable niveau est celui du fond de la courbe, et, si l'on mesure des quantités définies, c'est là ce qui doit coïncider exactement avec le trait de repère. Les mesures doivent se prendre à température moyenne, c'est-à-dire 15°,50 (60° F.). Mais les contractions et dilatations des liquides aqueux sont si imperceptibles dans les limites des températures ordinaires, qu'on peut très-bien n'en tenir aucun compte.

Dans le travail journalier notre balance consiste en une paire de petits plateaux suspendus à un support fixe. On doit se munir d'une série de poids exacts allant de 250 grammes à 1/4 de centigr. (L'édition anglaise porte de 1000 grains à 0,05 ou 0·1 grain). On doit de plus avoir un petit plateau pour prendre les poids spécifiques. La balance doit être assez sensible pour osciller sous l'action d'un poids de 5 milligr., les deux plateaux portant chacun une charge de 300 à 425 grammes. Les poids doivent toujours être pris avec des pinces et non avec les doigts. Ils doivent de préférence être placés dans le bassin droit, tandis que la substance à peser doit être placée dans le bassin gauche. Il est quelquefois nécessaire de peser des quantités définies de substance comme 5, 10, ou 25 grammes, mais il vaut mieux, dans la plupart des cas, en prendre une quantité indéfinie, et déterminer le poids exactement comme si on pesait un spécimen particulier, le résultat d'une expérience par exemple. Lorsqu'on recherche le poids d'une quantité indéfinie, on évitera une perte de temps en ne choisissant pas les poids au hasard, mais en prenant successivement ceux qui suivent de près la série de ceux qu'on a trouvés ne pas convenir.

A moins que les creusets, verres de montre, capsules, et autres objets servant à contenir la substance pendant qu'on la pèse, ne portent sur eux la marque de leurs poids respectifs, il est bon d'avoir des feuilles de plomb, afin d'équilibrer exactement ces divers objets. Lorsqu'une quantité définie de substance doit, après avoir été pesée, être transvasée dans un autre récipient, il faut avoir soin de détacher ce qui peut adhérer au premier vase, par un jet d'eau, ou avec un pinceau de poil de chameau, mais lorsqu'on a affaire à une quantité indéfinie, il vaut mieux repeser le récipient dans lequel la substance a été pesée d'abord, et soustraire le nouveau poids qu'on obtiendra du poids original. Par le même procédé, on peut prendre une partie d'une quantité de matière déjà pesée, et connaître son poids, en pesant de nouveau une seconde fois après cette constatation, et voyant de combien le nouveau poids est inférieur au poids primitif. Pour obtenir le poids exact d'une substance, il faut préalablement amener cette dernière à un état uniforme de sécheresse, car un degré plus ou moins grand d'humidité peut être cause d'une variation de poids considérable. On peut sécher la substance dans le vide, sur de l'acide sulfurique ou sur un bain-marie ; on la pèse de temps à autre, jusqu'à ce que son poids devienne constant. Dans quelques circonstances, on chauffe la substance au rouge sombre, puis on la pèse, non toutefois sans l'avoir laissée refroidir, en mettant le creuset sur une feuille de métal. Si on ne la laissait pas refroidir, il s'établirait un courant ascendant d'air chaud, qui empêcherait la pesée d'être exacte. Les substances hygrométriques demandent à être pesées dans des creusets fermés, ou entre deux verres de montre réunis par une embrasse, ou même dans des flacons fermés *ad hoc*. Pour les refroidir, on les place sous une cloche de verre reposant elle-même sur une glace dépolie sur laquelle se trouve un vase plein d'acide sulfurique.

(23) Nous appelons poids spécifique le poids d'une unité de volume, ce qui arrive à dire les poids comparatifs d'un égal volume de corps différents. On rapporte généralement les poids spécifiques, au poids spécifique de l'eau à 4°. Les Anglais prennent pour terme de comparaison l'eau à 15,50 c. (60° F.). Dans ce qui va suivre, nous modifierons le texte anglais, en vertu de cette différence entre les habitudes des physiciens anglais et les nôtres. Il nous paraît préférable de prendre l'eau à 4° qu'à 15°,5, parce que 4° représente le maximum de densité de ce liquide. Suivant les circonstances, on exprime la densité de l'eau par 1 ou par 1000. Lorsqu'on veut déterminer le poids spécifique d'un liquide, on choisit un petit flacon, dont on détermine le poids quand il est vide, et dont on connaît également le poids, quand il est rempli jusqu'à un certain point avec de l'eau distillée à 4° *. On y met le liquide dont on cherche le poids spécifique, on pèse, et,

* Comme il est difficile d'avoir de l'eau à 4°, on prend généralement de l'eau à 0°, ce qui est facile en maintenant le flacon dans de la glace fondante pendant quelque temps, et en en retirant ensuite de l'eau au moyen d'une baguette de papier à filtre roulé, jusqu'à ce que ce liquide affleure au point de repère que porte la tige creuse qui surmonte le bouchon. On laisse ensuite le flacon dans la glace pendant quelque temps encore pour s'assurer que la température du flacon est réellement égale à celle de la glace qui l'entoure. On le retire enfin, on le pèse et on ramène le poids de l'eau à 4° par le calcul d'après la formule $p = p' (1 + dt)$, dans laquelle t est égal à 4°, et dans laquelle p' représente le poids trouvé, p le poids que l'on cherche, et d le coefficient de dilatation de l'eau entre 4° et 0°. (*Note du traducteur.*)

après avoir retranché du poids que l'on obtient le poids connu du flacon seul, on a le poids du liquide; on compare ce poids au poids connu du même volume d'eau d'après la proportion suivante :

$$P - p : P' - p :: D' . D$$

d'où

$$D' = \frac{P-pD}{P'-p} = \frac{P-p}{P'-p}, \text{ puisque } D = 1$$

où P représente le poids du flacon plein d'eau, p, celui du flacon vide, P', celui du flacon plein du liquide, D', la densité du liquide, et D celle de l'eau, c'est-à-dire 1. Ainsi si nous supposons que le flacon pèse 2 grammes, lorsqu'il est vide; $6^{gr},598$, lorsqu'il est plein d'alcool, et $6^{gr},997$ quand il est plein d'eau à 4°, ce qui donnera 4,997 pour le poids de l'eau et 4,598 pour celui de l'alcool; le poids spécifique de l'alcool sera $\frac{4,598}{4,997} = 0,920$.

Une des fioles à poids spécifiques les plus commodes est celle qu'emploie M. Regnault (*fig.* 32 *a*). On peut la remplacer par toute fiole à fond plat et à col étroit. Quand le liquide à peser est très-volatil, le flacon qui le contient doit être muni d'un bouchon solide. La figure 32 *b* représente la forme de ce genre de flacons. On y introduit le liquide qui a été préalablement refroidi dans de la glace, et on le remplit jusqu'aux bords; on insère ensuite le bouchon qui porte un petit trou central d'où s'échappe l'excès de liquide. Avant d'insérer le bouchon, il faut toutefois laisser séjourner pendant quelque temps le flacon dans la glace. Après avoir bouché le flacon, on le retire de la glace, on l'essuie au moyen d'un linge, en ayant bien soin d'éviter la communication de toute chaleur, soit par le contact de la main, soit par tout autre contact. Règle générale, tout flacon à densité doit, avant d'être rempli, être bien sec, et avoir été rincé de préférence avec le même liquide que celui avec lequel on opère.

Dans les recherches de poids spécifiques qui demandent à être plutôt promptes qu'exactes, on emploie l'aréomètre (*fig.* 33). C'est un simple flotteur droit lesté en bas, et terminé en haut par une tige graduée, qui, selon la densité des liquides, plonge plus ou moins profondément. Le volume de tout liquide déplacé par un corps flottant est égal au poids de ce corps. Il en résulte clairement que des poids égaux de liquides divers présenteront des volumes d'autant moindres que l'aréomètre s'enfoncera moins profondément. En d'autres termes, la hauteur à laquelle les liquides s'élèveront sur la tige sera en raison inverse de leurs poids spécifiques.

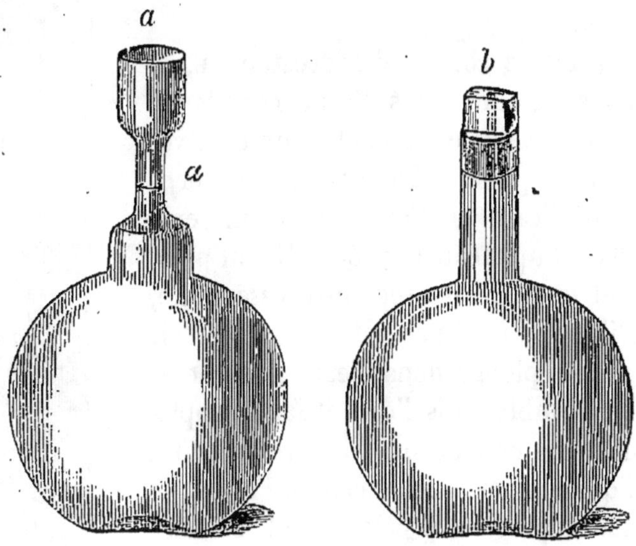

Fig. 32.

Plusieurs aréomètres, ceux employés à l'examen des urines, par exemple, sont gradués de manière à donner directement la densité.

Dans le commerce on emploie des échelles artificielles; en Angleterre, on se sert en particulier de celle de Twaddell.

Il faut multiplier par 5 les degrés marqués sur cette échelle et ajouter au produit le nombre 1000 pour obtenir enfin le véritable poids spécifique.

La méthode la plus générale pour obtenir le poids spécifique d'un corps solide plus dense que l'eau, consiste à le peser d'abord dans l'air, ou théoriquement dans le vide, et ensuite dans l'eau pure à 4°.

Le rapport du poids dans l'air à la différence entre les deux pesées, donnera le poids spécifique du corps suivant la proportion :

$$P - p' : P : D : D'$$

d'où

$$D' = \frac{P \times D}{P - p'} = \frac{P}{P - p'}, \text{ puisque } D = 1.$$

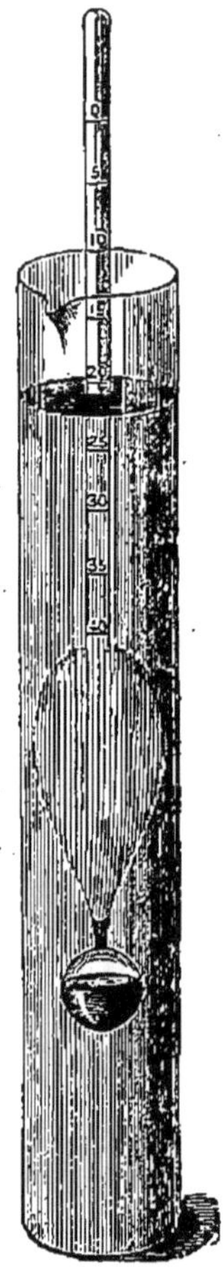
Fig. 33.

Par un principe connu d'hydrostatique, la perte apparente du poids d'un corps plongé dans l'eau, est égale au poids d'un égal volume de ce liquide *. Pour peser un corps solide dans l'eau, on l'attache par un crin au crochet du plateau (*fig.* 34). Il faut préalablement le mouiller avec une brosse molle, afin qu'il ne se produise aucune bulle d'air quand on le plonge dans l'eau. Lorsque le corps est soluble dans l'eau, il faut remplacer celle-ci par de l'alcool, du pétrole ou tout autre liquide dont on détermine avant le poids spécifique, et le calcul doit se faire comme nous venons de le dire plus haut, avec cette différence qu'on substitue le poids spécifique du liquide employé au poids spécifique de l'eau. Si le corps solide est plus léger que l'eau, on doit, après la pesée

* D'après ce principe, on peut déterminer les densités de différents liquides en plongeant dans chacun d'eux un solide d'un poids connu et en comparant la perte de poids que ce solide éprouve dans les différents liquides, par l'effet de la poussée verticale. Ce poids étant égal dans chaque expérience à celui du volume déplacé, représente les poids d'un même volume des divers liquides, et il suffit de prendre le rapport entre ces poids pour avoir la densité cherchée. (*Note de l'auteur.*)

dans l'air, l'attacher à quelque corps assez dense pour le maintenir dans l'eau, à un morceau de plomb par exemple, on recherche d'abord le poids des deux corps réunis dans l'eau, et ensuite le poids du plomb tout seul.

Fig. 34.

Le poids du volume d'eau déplacé par le corps léger égale le poids P de ce même corps dans l'air, augmenté de la perte de poids qu'il a fait subir au plomb immergé avec lui, perte de poids facile à connaître, puisqu'on a pesé dans l'eau successivement le plomb seul et le plomb réuni au corps dont on cherche la densité. Si nous appelons P le poids du corps dans l'air, P′ le poids du plomb seul dans l'eau, p' le poids des deux corps dans l'eau, D la densité du corps, 1 la densité de l'eau, on aura la proportion :

$$P : P' - p' :: 1 : D$$

d'où

$$D = \frac{P}{P + (P' - p')}.$$

Pour reconnaître le poids spécifique d'une substance en poudre, on se sert d'un flacon à densité. On commence d'abord par y introduire une certaine quantité de cette poudre, et l'on pèse; on mouille ensuite parfaitement la poudre avec de l'eau ou avec quelque autre liquide, dont on emplit après cela le flacon jusqu'au trait gravé sur le col. La différence entre le poids du liquide que le flacon contient ordinairement et le poids de celui qu'il renferme lorsqu'une partie de son volume est occupée par la poudre, donne le poids du volume de liquide déplacé par cette poudre, c'est-à-dire son poids spécifique.

CHAPITRE II

CHIMIE ANALYTIQUE

(24) Cette partie de notre Cours a pour objet de familiariser l'étudiant avec les propriétés des corps les plus importants, ou de ceux avec lesquels il est le plus souvent en rapport. Parmi tous les composés chimiques, les sels sont ceux auxquels on a le plus souvent affaire. Le sulfate de fer et le chlorure de sodium peuvent être donnés comme modèles de sels simples. L'acide sulfurique et le chlore sont appelés les constituants électro-négatifs, ou acides, ou plus brièvement les acides; le fer et le sodium sont appelés les constituants électro-positifs, ou basiques, ou, plus brièvement, les bases. Les substances que nous offrons à l'étudiant pour l'analyse contiennent seulement une base et un acide constituants. On fera bien de se borner d'abord aux bases; plus tard on recherchera à la fois l'acide et la base.

Les diverses opérations que l'on doit faire pour analyser un corps, sont les suivantes :

I. Examiner l'action du chalumeau sur la substance sèche (n°s 25 et 26) :

II. Dissoudre la substance dans l'eau ou dans un acide (n°s 27, 28);

III. Rechercher à quel groupe appartient la base de la substance donnée (nos 30, 35, 41) ;

IV. Reconnaître le membre particulier du groupe auquel on a affaire (tab. I, II, III) ;

V. Réaliser les réactions spéciales décrites sous la rubrique de cette base spéciale ;

VI. Reconnaître l'acide constituant de la substance (tab. IV et V) ;

VII. Réaliser les réactions spéciales décrites sous la rubrique de cet acide particulier.

Pour ce qui regarde V et VII, l'étudiant doit se rappeler que la simple découverte de la base et de l'acide de son sel est beaucoup moins importante que la parfaite vérification de toutes les propriétés qui sont décrites à leur sujet.

§ I. — EXAMEN AU CHALUMEAU.

(25) Quand on veut examiner une substance au chalumeau, il faut d'abord pratiquer un trou dans un morceau de charbon, et y mettre une petite quantité de cette substance. Il faut ensuite chauffer au chalumeau et observer les effets produits. Lorsque la substance est en poudre, il est utile de l'humecter avec de l'eau, avant de la soumettre à l'action de la flamme, afin qu'elle adhère mieux au charbon. On peut aussi se servir, pour chauffer les substances, d'un tube à sublimation ouvert à ses deux extrémités ; on détermine ainsi plus facilement leur composition, surtout s'il arrive qu'elles soient volatiles en totalité ou en partie. Ainsi, on reconnaît à leur odeur les gaz anhydride sulfureux et ammoniac ; on constate si les résidus sont acides ou alcalins, en les humectant avec de l'eau et en les essayant avec les papiers réactifs. On reconnaît les sublimés de soufre, d'arsenic, de mercure, et de sels ammoniacaux, par leur apparence et la manière dont ils se comportent. Nous allons indiquer les effets généraux les plus importants qui se produisent lorsqu'on chauffe les corps sur un charbon au chalumeau. Tous

les sels hydratés perdent leur eau de cristallisation, quelques-uns en se boursouflant, comme le borax ; d'autres en décrépitant, comme le gypse. Beaucoup de sels anhydres, comme le chlorure de sodium, décrépitent par l'explosion de l'eau qui est interposée mécaniquement entre leurs cristaux.

La plupart des sels hydratés entrent en fusion dans leur eau de cristallisation et se solidifient ensuite, qu'ils soient ou non fusibles de nouveau à une plus haute température (*voy*. n° 26).

La plupart des composés des métaux prennent à la chaleur une teinte sombre, soit pendant tout le temps de leur décomposition, soit temporairement lorsque quelque altération survient dans la flamme. Les composés de zinc acquièrent, sous l'action de la chaleur, une couleur d'un jaune vert foncé, et le peroxyde d'étain devient d'un jaune pâle, donnant sur le brun.

Certains composés métalliques, et surtout ceux d'argent, de plomb ou de bismuth, sont promptement amenés à l'état métallique lorsqu'on les chauffe sur le charbon à la flamme réductrice du chalumeau (*voy*. n° 26).

Certaines substances inflammables ou non laissent un résidu noir charbonneux, qui peut disparaître par la combustion ; ce caractère indique une matière organique qui peut être un acide ou une base, soit libre, soit à l'état de combinaison *. Beaucoup de corps dégagent sous l'influence de la chaleur une odeur caractéristique. Beaucoup de sulfures perdent de l'anhydride sulfureux. Les acides tartrique et benzoïque, ainsi que leurs sels respectifs, répandent une odeur *empyreumatique*. Les bases organiques fixes et quelques sels d'ammoniaque ou

* Il est cependant certains corps organiques qui ne se charbonnent pas quand on les chauffe. Tels sont l'acide oxalique et les oxalates. Mais on peut toujours constater la présence de l'acide oxalique en chauffant une portion de la matière dans un tube à essais avec de l'oxyde de cuivre, et en recueillant le gaz dans de l'eau de chaux. Toute substance organique donne lieu, dans ces conditions, à un dégagement d'anhydride carbonique qui blanchit l'eau de chaux. Il est bien évident que, avant de faire cet essai, il faut s'assurer que la substance ne renferme pas de carbonates, et qu'il faudrait commencer par les décomposer au moyen d'un acide si elle en contenait. (*Note du traducteur*.)

de bases organiques perdent de l'ammoniaque, tandis que les composés d'arsenic, placés sur du charbon allumé, laissent échapper une forte odeur d'ail.

Quelquefois la substance chauffée se volatilise entièrement en grande partie, en produisant de la fumée (*voy.* n° 26).

Dans un petit nombre de cas, le charbon incandescent se consume rapidement au contact de la substance qu'on chauffe; cette déflagration indique la présence probable d'un azotate ou d'un chlorate.

(26) D'après la manière dont se comportent au chalumeau les composés métalliques, on peut établir entre eux la division suivante : (α) ceux qui sont volatils ; (β) ceux qui laissent un résidu blanc fusible ; (γ) ceux qui laissent un résidu blanc infusible ; (δ) ceux qu'on peut réduire à l'état métallique ; (ε) ceux qui colorent une perle de borax. Le tableau suivant contient les principaux métaux groupés d'après cette classification.

EXAMEN AU CHALUMEAU.

α. VOLATIL	β. RÉSIDU BLANC FUSIBLE	γ. RÉSIDU BLANC INFUSIBLE	δ. RÉDUCTIBLE	ε. COLORE UNE PERLE DE BORAX
AMMONIUM MERCURE Sels ARSENIC Oxydes Sulfures ANTIMOINE Trioxyde ACIDE OXALIQUE	SODIUM POTASSIUM Sels CALCIUM STRONTIUM BARYUM Chlorures *Couleur de la flamme du chalumeau*	ZINC ALUMINIUM MAGNÉSIUM STRONTIUM CALCIUM BARYUM Sels SILICIQUE STANNIQUE ANTIMONIQUE Oxydes	ARGENT ÉTAIN PLOMB BISMUTH ANTIMOINE CADMIUM *Donnent des incrustations* ZINC γ MERCURE α ARSENIC α CUIVRE ε	CHROME *Vert* MANGANÈSE *Améthyste* FER *Jaune brun* COBALT *Bleu foncé* NICKEL *Rougeâtre* CUIVRE *Bleu pâle* *Dans la flamme oxydante*

α. Les composés ordinaires d'ammonium ou de mercure sont très-volatils. Le phosphate d'ammonium cependant laisse un résidu fondu d'acide phosphorique, qui demande une forte chaleur pour disparaître.

Les oxydes et sulfures d'arsenic sont aussi très-volatils. Le trioxyde d'antimoine l'est un peu moins. L'acide oxalique fond et fait effervescence pendant sa volatilisation, sans laisser de résidu. Les composés d'antimoine, de mercure, d'arsenic et de beaucoup de sels d'ammonium laissent des incrustations ou sublimés sur la partie froide de charbon. On peut obtenir des sublimés semblables, en chauffant ces corps dans un tube à sublimation ouvert ou fermé. La nature des divers corps qui se volatilisent lorsqu'on les chauffe sur le charbon peut souvent être déterminée par des essais peu compliqués, tels que les suivants :

Les sels d'ammonium chauffés légèrement avec de la potasse, dégagent de l'ammoniaque, reconnaissable à son odeur et à ses réactions alcalines. Les sels de mercure, excepté le sulfure, qu'il soit dans la variété rouge ou dans la variété noire, noircissent lorsqu'on les traite par le sulfure d'ammonium ; mêlés à un fort excès de carbonate de sodium, et chauffés dans un tube à réduction, ils donnent un sublimé où l'on aperçoit distinctement à l'œil nu ou à la lampe des globules de mercure.

Les oxydes (blancs) et les sulfures (orangés ou jaunes) d'arsenic, se dissolvent dans le sulfure d'ammonium pour former un liquide jaunâtre, qui laisse après l'évaporation un résidu jaune clair; mélangés avec un fondant de soude, et chauffés dans un tube à réduction, ils donnent un sublimé d'arsenic métallique. Le trioxyde d'antimoine se dissout dans le sulfure d'ammonium, et le liquide laisse à l'évaporation un résidu orangé foncé. Il est facilement réductible au chalumeau (*δ*). L'acide oxalique humecté avec de l'eau présente une forte réaction acide, et il fait effervescence avec le peroxyde de manganèse.

β. Les sels ordinaires de sodium et de potassium

fondent lorsqu'on les chauffe au rouge, et plusieurs forment un liquide aqueux qui est absorbé par les pores du charbon. Les sels de soude, pendant la calcination, jaunissent la flamme du chalumeau, tandis que les sels de potassium lui communiquent une couleur violette. Pour rendre ces couleurs plus distinctes, on prend une petite quantité de sel au bout d'un fil de platine, et on l'expose à la flamme du chalumeau. Lorsqu'un sel de sodium est mêlé à un sel de potassium, même en très-petite proportion, la couleur violette produite par le potassium disparaît sous la couleur jaune produite par le sel de sodium. Pour apercevoir la couleur du potassium, on regarde alors la flamme à travers un verre coloré par du smalt qui intercepte les rayons jaunes du sodium.

Contrairement à la plupart des sels des métaux alcalins, les chlorures de calcium, de strontium et de baryum sont fusibles au chalumeau. Le chlorure de calcium fond facilement, mais ceux de strontium et de baryum fondent moins facilement que la majorité de ceux de potassium et de sodium; le chlorure de baryum, fortement chauffé sur un fil de platine, communique à la flamme du chalumeau une couleur vert pomme; le chlorure de strontium une couleur cramoisie, et le chlorure de calcium une couleur rouge orange. Le fil de platine doit être assez fin pour qu'il puisse s'élever à une forte chaleur. On peut le tenir avec les doigts, le platine étant mauvais conducteur du calorique. Si le fil dont on se sert colore la flamme d'une lampe quelconque, par suite d'une trace de soude laissée par les doigts ou restant comme résidu d'une ancienne expérience, il faut le plonger dans l'acide chlorhydrique, et le chauffer fortement à la flamme du chalumeau jusqu'à ce que toute coloration ait disparu. Les chlorures alcalino-terreux et la plupart des sels des métaux alcalins fondent en un liquide transparent incolore. On les distingue ainsi des composés fusibles des métaux lourds qui donnent de petites perles opaques et colorées. Il ne faut pas confondre la fusion accidentelle des sels hydratés dans leur eau de cristallisation avec la fusion permanente à la chaleur rouge, qui caractérise les classes de sels ci-dessus mentionnés.

γ. Les composés de zinc, d'aluminium et de magnésium, et presque tous les sels de calcium, de strontium et de baryum, qu'ils aient subi ou non une fusion aqueuse préliminaire, laissent après une forte calcination un résidu blanc fusible, tandis que les acides stannique, silicique et antimonique, sont dès l'abord infusibles. Soumis à une forte calcination, le résidu d'aluminium devient incandescent et produit une lumière blanche; le résidu de zinc donne une lumière d'un vert jaune prononcé. Les oxydes stanniques et les oxydes antimoniques donnent une couleur jaune pâle tirant sur le brun. On peut, dans tous les cas, humecter le résidu infusible ou jaunâtre avec une solution d'azotate de cobalt, et chauffer de nouveau fortement. Au moyen de cette opération, les composés de zinc, d'aluminium et de magnésium produisent une forte coloration très-caractéristique, tandis que les composés de calcium, de strontium et de baryum produisent une coloration beaucoup moins définie. Le résidu de zinc est vert, celui de l'aluminium bleu clair, et celui de magnésium rose pâle. Quand le résidu est en poudre, on peut l'humecter avec de l'acide sulfurique, et le calciner de nouveau avant de le chauffer avec l'azotate de cobalt. On fait cela spécialement pour faire apparaître la couleur du magnésium. Il faut savoir aussi que l'azotate de cobalt donne une couleur bleue à beaucoup de phosphates, borates et silicates fondus. Mais on ne doit pas confondre ce bleu avec celui qui se produit avec le résidu infusible d'aluminium.

Les autres résidus infusibles prennent une couleur moins distincte par leur calcination avec l'azotate de cobalt; ceux de calcium et de strontium deviennent gris; ceux de baryum, gris rouge; ceux des anhydrides stannique et silicique, gris bleu, et ceux d'antimoine, gris vert. Mais ces substances peuvent encore être distinguées entre elles par d'autres moyens. Le strontium, le calcium et le baryum colorent la flamme du chalumeau. L'antimoine et l'étain sont réductibles, le premier avec et le second sans incrustations (δ). La silice se comporte d'une façon caractéristique avec le carbonate de sodium fondu. Pour découvrir le calcium, le baryum, et le strontium dans les combinaisons infusibles de ces métaux autres que leurs sulfates, on en prend une petite quantité au bout d'un fil de platine, on l'humecte avec de l'acide chlorhydrique, et on le soumet à l'action de la partie la plus chaude de la flamme du chalumeau, jusqu'à ce qu'on aperçoive clairement les couleurs particulières dues à la volatilisation de chacun de ces différents métaux. Pour identifier la silice, on pratique une boucle à l'extrémité d'un fil de platine, on y place une petite quantité de carbonate de sodium qui, en fondant, forme une perle transparente à chaud, et opaque à froid. La silice fortement chauffée avec cette perle fondue s'y dissout avec effervescence, et, si elle est en quantité suffisante, lui communique une transparence permanente.

δ. Les composés d'argent, d'étain, de plomb, de bismuth, d'antimoine et de cadmium passent à l'état métallique, ou produisent des incrustations caractéristiques, lorsqu'on les chauffe simplement sur le charbon à la flamme réductrice du chalumeau. Mais ils se comportent différemment lorsqu'on les chauffe avec un flux de carbonate de sodium mêlé ou non avec du cyanure de potassium. Le carbonate de sodium employé seul peut répondre au but; mais on facilite de beaucoup l'opération en ajoutant à ce sel le quart de son poids de cyanure de potassium; dans tous les cas, cette addition n'est jamais nuisible, excepté toutefois lorsque le spécimen déflagre sur le charbon par suite de la présence d'un azotate ou d'un chlorate. Dans ce cas-là, le cyanure de potassium donne lieu à une légère explosion en réagissant sur l'oxysel.

On doit intimement mêler le spécimen avec cinq ou six fois son volume d'un flux de carbonate de sodium, et on humecte quelquefois avec de l'eau une petite portion de la poudre qui en résulte, de manière à ce qu'elle adhère au charbon sur laquel on la chauffe.

Le mélange chauffé au chalumeau doit fondre de manière à ce que les plus légères parcelles du métal se réunissent en un globule unique. Si le métal n'est pas fusible, il faut faire un nouveau mélange avec une plus grande proportion du flux. Lorsque le métal réduit se volatilise à la température employée, ses vapeurs s'oxydent en dehors de la flamme et se déposent sur le charbon en incrustations plus ou moins abondantes, blanches ou colorées. L'argent ne laisse pas d'incrustations, et l'étain en laisse à peine. Les incrustations fournies par le plomb sont jaunes, et celles fournies par le bismuth jaune foncé. Celles de l'antimoine sont d'un blanc bleuâtre et facilement volatiles; celles du cadmium sont rouge foncé et moins volatiles que les précédentes. L'antimoine métallique se vaporise rapidement; le cadmium est si volatil que sa vaporisation et sa réduction ont lieu simultanément, de sorte qu'il ne se produit ni globules ni parcelles, mais seulement des incrustations. Les composés de zinc chauffés avec un flux réducteur se comportent comme ceux de cadmium; ils ne fournissent aucun globule de métal, mais seulement une incrustation jaune lorsqu'elle est chaude, et blanche lorsqu'elle est froide; le zinc doit avoir été préalablement découvert par sa réaction avec l'azotate de cobalt (γ). L'arsenic et le mercure réduits sont si volatils, qu'on ne peut les obtenir que sous forme de sublimés, en faisant l'opération dans des tubes à réduction, ainsi que nous l'avons déjà décrit (α).

Les différents métaux analysés au moyen de leur réduction sur le charbon, présentent les caractères suivants. L'argent produit sans incrustations un petit granule blanc, d'un métal malléable et d'une dureté assez faible; l'étain, moins réductible, donne un petit globule blanc d'un métal beaucoup plus malléable que l'argent; s'il se produit quelque incrustation, elle est très-légère. Le plomb donne un petit grain blanc, bleuâtre, avec incrustation jaune; le bismuth fournit un grain blanc jaunâtre, d'un métal cassant, avec incrustation jaune foncée. L'antimoine donne un petit grain d'un métal cassant, blanc, bleuâtre, avec une abondante incrustation de la même couleur, et le cadmium ne donne pas de grain métallique, mais seulement une incrustation brune rougeâtre. De plus, le cuivre, le fer, le nickel et le cobalt sont réductibles, quoique ne laissant pas d'incrustation. Il est vrai qu'on ne peut guère les obtenir sous forme de globules, mais en pilant leur masse fondue dans un mortier, et en en séparant les parties brillantes par lixiviation, on reconnaît le cuivre, qui se présente alors sous la forme de paillettes rouges, ainsi que le fer, le nickel et le cobalt, qui forment une poudre pesante, attirable à l'aimant.

ε. Les composés de ces métaux qui colorent les perles de borax, laissent généralement un résidu de couleur foncée, infusible lorsqu'on le chauffe seul sur le charbon. Dans les expériences avec le borax, on recourbe un fil de platine en une ganse simple ou double, comme on voit dans la figure 35. On trempe cette ganse dans de la poudre de borax, et on la chauffe au rouge. Le borax qui y adhère se boursoufle d'abord, puis, sous l'influence d'une plus forte chaleur, il donne une perle fondue, transparente et incolore. On attache alors à cette perle de borax une petite quantité de la substance qu'on veut examiner, et on chauffe fortement le tout au chalumeau. Dans certains cas, le spécimen se dissout et acquiert une couleur plus ou moins définie que l'on peut accentuer encore davantage en ajoutant une nouvelle quantité de la substance, et en chauffant de nouveau fortement.

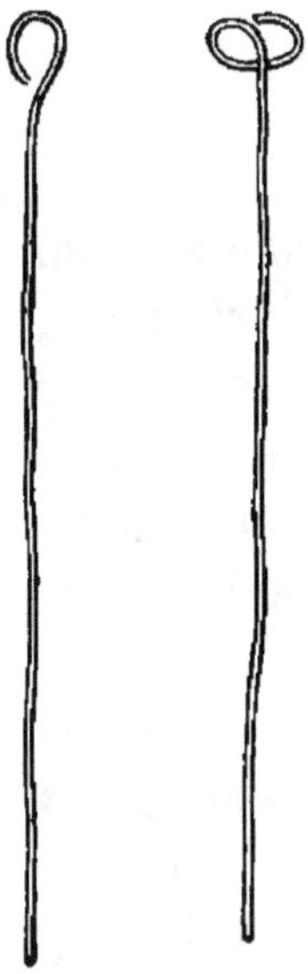

Fig. 35.

Le fer et le cuivre, qui forment deux classes de sels, forment aussi deux classes de perles de couleurs différentes. — Ainsi, à la flamme oxydante, on obtient une perle cuprique bleue et une perle ferrique jaune foncé; tandis qu'à la flamme réductrice, on obtient une perle cuivreuse, d'aspect rougeâtre opaque et quelquefois incolore, et une perle ferreuse couleur vert de mer. La perle de chrome est vert émeraude, et celle de cobalt bleu de saphir. Le manganèse employé sans mélange de fer donne une teinte améthyste ; le **nickel**, une couleur de vin de Xérès qui devient améthyste si on chauffe la perle avec un morceau de nitre. On peut remplacer le borax par un morceau de sel microcosmique, ou même par un morceau de verre ordinaire. Après la calcination, ces divers réactifs renferment un excès d'anhydride borique, phosphorique ou silicique fondu, qui, à la température de la flamme du chalumeau, se combine avec les différents oxydes métalliques pour former des sels fusibles colorés.

§ II. — SOLUTION ET PRÉCIPITATION.

(27) Après avoir examiné une substance par la voie sèche au moyen du chalumeau, l'étudiant doit, par un moyen quelconque, l'amener à l'état de solution, pour qu'il puisse la soumettre ensuite à l'action des réactifs liquides. Comme règle générale, avant de dissoudre la substance, on doit la diviser très-finement ; c'est surtout nécessaire quand les corps sont difficiles à dissoudre comme la plupart des oxydes natifs, des sulfures, etc. Toutes les fois que la substance a une couleur décidée, qu'elle est dure et d'un aspect opaque avec ou sans éclat, on doit toujours la pulvériser très-finement avant de la traiter par les dissolvants. L'eau doit être employée de préférence pour effectuer la solution ; si l'on ne réussit pas, on peut employer l'acide chlorhydrique, l'eau régale ou l'acide azotique.

On place une petite portion de la poudre dans un tube à réaction, on y ajoute une certaine quantité d'**eau** *, et on chauffe le tout sur la flamme de l'alcool ou du gaz, en secouant le tube de temps à autre afin de faciliter le mélange et d'éviter le dégagement subit de la vapeur. Si la substance se dissout complétement ou qu'elle laisse à peine quelque impureté comme partie insoluble, on la filtre s'il y a lieu, et on la soumet à

* Le mot eau signifie toujours eau pure ou eau distillée ; mais l'eau de pluie peut quelquefois remplir le même but. (*Note de l'auteur.*)

l'action des réactifs. Si la substance ne se dissout pas entièrement, on en fait filtrer sur une lame de verre quelques gouttes qu'on évapore. Lorsque après l'évaporation il reste un résidu sur la lame, cela indique que la substance renferme des parties solubles, et le mélange entier doit être traité par l'eau et filtré. On sépare ainsi la partie soluble de la partie insoluble, et l'on applique directement les réactifs à la portion dissoute, après que la filtration est effectuée. Il existe quelques substances peu solubles qui, à moins d'être prises en très-petite quantité, ne disparaissent pas complétement lorsqu'elles ne sont traitées que par l'eau, mais qui pourtant fournissent une solution aqueuse qu'on peut avantageusement soumettre à l'expérience. Lorsque, en évaporant une faible quantité de la liqueur sur une lame de verre, on obtient un résidu très-faible ou même pas de résidu du tout, on sépare aussi complétement que possible l'eau de la substance insoluble, et on traite celle-ci peu à peu par de l'acide chlorhydrique, en ayant soin de chauffer à chaque nouvelle addition de liquide. Si l'acide chlorhydrique agit, on peut en ajouter encore jusqu'à ce qu'enfin on obtienne une solution. S'il n'agit pas, on doit y ajouter un quart de son volume d'acide azotique et chauffer de nouveau. Par l'un de ces moyens, il est rare qu'on n'obtienne pas de solution. Il y a bien en réalité quelques substances qui se dissolvent dans l'acide azotique, et qui ne se dissolvent ni dans l'acide chlorhydrique, ni dans l'eau régale ; il y en a même sur lesquelles ces dissolvants sont sans action. Mais pour le moment nous n'entrerons pas dans ces considérations. Les solutions, soit simplement aqueuses, soit acides, sur lesquelles on n'a fait agir encore aucun réactif, sont appelées, dans les tables et ailleurs, *solution originale*. Quand la solution s'est effectuée par le moyen d'un acide, on l'étend de beaucoup d'eau pendant qu'elle est encore récente, et on la filtre s'il est nécessaire. C'est au moyen du papier réactif que l'on détermine l'acidité, la neutralité ou l'alcalinité d'une solution aqueuse.

(28) Différents réactifs doivent être ensuite ajoutés à la solution originale dans l'ordre et de la manière décrits aux

nos 30, 35 et 41, et dans les tables I, II, III et V. Ces réactifs produisent dans la solution divers effets qui caractérisent les substances dissoutes. Un réactif liquide produit le plus généralement un précipité, c'est-à-dire un dépôt solide d'une certaine partie insoluble de la substance qu'on examine. Il en résulte que la formation ou la non-formation d'un précipité particulier prouve généralement la présence ou l'absence dans cette solution d'un acide ou d'une base particulière. Les précipités diffèrent beaucoup entre eux par leur couleur, leur consistance, la rapidité avec laquelle ils se forment, et leur solubilité dans les divers liquides. C'est pourquoi l'étudiant doit se familiariser avec leur aspect et leur mode de formation. En ce qui concerne l'aspect, il faut remarquer si le précipité est dense, cristallin, grumeleux, gélatineux, opaque, transparent, coloré ou non coloré. En ce qui regarde le mode de formation, il faut remarquer que les précipités cristallins, à moins qu'ils ne proviennent d'une solution concentrée, ne se forment pas dès l'abord, mais seulement après un moment. Leur formation cependant peut souvent être rendue immédiate, en frottant le liquide contre les parois du vase qui le contient avec une baguette de verre massif. De même un grand nombre de précipités se caractérisent par leur solubilité, dans un excès de précipitant ou dans quelque autre réactif.

On doit toujours ajouter par gradation les réactifs et dissolvants, sauf les cas où il est formellement indiqué d'agir autrement. Cette règle est de la première importance, et s'applique à la fois à la formation et à la dissolution des précipités. Dans le dernier cas, le mélange doit être agité avant chaque nouvelle addition de dissolvants ; faute de suivre cette règle, il arrive quelquefois qu'on laisse passer inaperçus bien des effets caractéristiques.

L'étudiant doit aussi se rappeler, lorsqu'il a à employer un excès de certain réactif ou dissolvant, que toute quantité de réactif, si petite qu'elle soit, qui dépasse celle nécessaire pour produire l'effet désiré, constitue un excès.

Le mot *dissoutes*, écrit dans les tables en tête d'une colonne, signifie soit que les substances placées dans cette colonne, n'ont pas été précipitées du tout, soit qu'après l'avoir été, elles ont été redissoutes par un excès du réactif, et qu'elles sont, en tous cas, en état de solution.

EXAMEN DES GROUPES BASIQUES.

(29) Les bases forment trois groupes principaux, comme on le voit dans la table suivante :

I	II	III
Étain,	Nickel,	Baryum,
Arsenic,	Cobalt,	Strontium,
Antimoine,	Manganèse,	Calcium,
Bismuth,	Fer,	Magnésium,
Mercure,	Chrome,	Potassium,
Plomb,	Aluminium,	Sodium,
Argent,	Zinc.	Ammonium.
Cuivre,		
Cadmium *.		

Le premier but de l'étudiant doit être de rechercher à quel groupe se rattache la base du sel qu'il examine.

Les membres du premier groupe sont précipités de leurs solutions acides au moyen de l'acide sulfhydrique. Les membres du second groupe ne sont pas précipités de leurs solutions acides par l'acide sulfhydrique, mais le sont de leurs solutions neutres par le sulfure d'ammonium. Les membres du troisième groupe ne sont précipités ni par l'acide sulfhydrique ni par le sulfure d'ammonium.

Lorsqu'il saura à quel groupe spécial se rattache la base de son sel, l'étudiant devra procéder d'après la direction que lui donnera la table propre à ce groupe. Et il trouvera la base qu'il cherche. En conséquence, l'acide sulfhydrique produit-il un précipité dans une solution acide, l'étudiant devra procéder

* Il faut ajouter à la colonne I l'or et le platine, qui se rencontrent assez fréquemment dans les analyses. (*Note du traducteur.*)

selon la table I. Aucun précipité visible ne se produit-il, il devra neutraliser la solution par de l'ammoniaque, puis ajouter du sulfure d'ammonium. Ce réactif produit-il un précipité, il devra procéder selon la table II. Enfin, les réactifs nommés ci-dessus ne fournissent-ils aucun précipité, l'étudiant devra procéder selon la table III.

§ II. — EXAMEN DES BASES DU GROUPE I.

(30) Pour rechercher un métal de ce groupe, il faut acidifier modérément la liqueur avant de la soumettre à l'action de l'hydrogène sulfuré ou acide sulfhydrique. Dans les solutions trop acides, l'hydrogène sulfuré ne produit aucun précipité quand bien même s'y trouve la base qu'on recherche, et dans les solutions qui sont neutres ou alcalines, il peut donner un précipité en l'absence même de tous les membres du groupe, attendu que l'hydrogène sulfuré précipite certaines bases du second groupe de leurs solutions neutres et alcalines.

SOLUTIONS AQUEUSES. On doit, en conséquence, aciduler celles-ci avant de les traiter par l'hydrogène sulfuré. On peut employer soit l'acide azotique, soit l'acide chlorhydrique, à la dose de quelques gouttes, mais l'usage de ce dernier est préférable. Son addition produit quelquefois un précipité blanc et permanent, auquel on reconnaît la présence de l'argent, du plomb ou du mercure. Au moyen de l'acide chlorhydrique, les solutions d'argent fournissent toujours un précipité. Les solutions de plomb et de mercure n'en donnent un que dans certaines conditions. Mais au cas où l'acide chlorhydrique produit un précipité, il suffira à l'étudiant de chercher entre les trois métaux déjà nommés, sans qu'il lui soit nécessaire de recourir aux indications données à la table générale de ce groupe (p. 77).

Le précipité d'ARGENT est soluble dans un excès d'ammoniaque.

Le précipité de MERCURE devient noir par un excès d'ammoniaque.

Le précipité de PLOMB n'est pas attaquable par l'ammoniaque, mais il se dissout dans l'eau bouillante et s'y dépose par le refroidissement en aiguilles cristallines.

Ces trois précipités sont noircis par l'hydrogène sulfuré, et ne se produisent pas par l'action de l'acide azotique; ces propriétés les distinguent de tous les autres précipités, que l'acide chlorhydrique peut accidentellement produire.

En acidifiant une solution de tartre émétique avec de l'acide chlorhydrique ou azotique, il se produit un précipité blanc, qui cependant disparaît, dès qu'on chauffe légèrement le liquide, en y ajoutant un peu plus d'acide. En outre, certaines solutions alcalines, acidifiées par de l'acide azotique ou chlorhydrique, peuvent donner lieu à un précipité blanchâtre, qui se redissout quelquefois dans un excès d'acide, et d'autres fois ne se redissout pas. Parmi les précipités qui sont permanents, les principaux sont les suivants : le soufre, résultant de la décomposition d'un persulfure alcalin, etc. ; la silice qui résulte de la décomposition d'un silicate alcalin, et l'acide borique qui provient de la décomposition d'un borate alcalin. Ce dernier est promptement soluble dans l'eau bouillante.

SOLUTIONS ACIDES. Il est important de se débarrasser de tout grand excès de l'acide qui a servi à faire la dissolution de la substance originale, ou à tout prix d'en modérer l'action. On arrive à ce résultat :

α. Par une simple addition d'eau. Il est généralement bon d'étendre quelque peu les solutions faites au moyen d'un acide.

β. Par évaporation. La solution peut être évaporée jusqu'à un petit volume, et être alors étendue d'eau. C'est surtout nécessaire, si on s'est servi d'eau régale ou d'acide azotique.

γ. Par la neutralisation au moyen de l'ammoniaque. Quand, pour effectuer la solution on a employé une grande quantité d'acide, il est quelquefois utile d'en neutraliser l'excès avec de l'ammoniaque.

La solution acide d'une substance, qu'elle ait été ou non évaporée, doit, après qu'elle a été étendue d'eau être parfaitement claire. Si elle ne l'est pas, il faut la soumettre à la filtration.

L'addition de l'eau dans une solution acide, produit quelquefois un précipité blanc, on doit alors modérer la dilution ou même s'en dispenser entièrement. La formation d'un précipité blanc par l'addition de l'eau, indique la présence de l'ANTIMOINE ou du BISMUTH. Le précipité produit dans les solutions du premier de ces deux métaux, peut être dissous par l'acide tartrique, et prend la couleur orange, sous l'influence de l'hydrogène sulfuré, tandis que celui que fournit le dernier de ces métaux, n'est pas dissous par l'acide tartrique, et devient noir sous l'influence de l'hydrogène sulfuré. L'eau ne produit pas toujours un précipité dans les solutions d'antimoine ou de bismuth, mais en supposant que ce cas se présente, il sera suffisant pour l'étudiant de distinguer entre ces deux métaux, sans recourir à la table du groupe (p. 77).

On traite par l'hydrogène sulfuré la solution acide et étendue d'eau de la substance. La solution aqueuse d'hydrogène sulfuré peut remplir le même but, mais il est toujours plus commode de faire usage du gaz lui-même*. La présence d'un membre du premier groupe est signalée par la production d'un précipité coloré. Si ce précipité se produit, on fait passer le gaz au travers du liquide, jusqu'à ce qu'il lui communique une odeur même après agitation. Il faut alors ajouter un peu d'eau, et bien secouer le tout. Le précipité se dépose au fond du tube, après un moment de repos. On peut extraire

* L'hydrogène sulfuré est, en effet, très-peu soluble dans l'eau, et il faut employer des masses de liqueur pour opérer par ce moyen une précipitation complète, ce qui donne alors, pour la suite des recherches, des liqueurs démesurément étendues. (*Note du traducteur.*)

le liquide et traiter le précipité d'après les indications de la table I β.

Ajouté à certaines solutions, ne contenant aucun des membres du premier groupe, l'hydrogène sulfuré produit quelquefois un trouble d'un blanc jaune plus ou moins considérable; ce trouble est dû au dépôt de menues parcelles de soufre produit par quelque composé peroxydé et perchloré, ainsi:

$$H^2S + Cl^2 = 2HCl + S.$$

Dans une solution de couleur jaune ce trouble blanc paraît souvent jaune à cause de la couleur du liquide à travers lequel on l'aperçoit. On peut généralement reconnaître la présence d'un persel de fer, à ce caractère qu'au moment de la précipitation par l'hydrogène sulfuré, du soufre se dépose, tandis que la solution perd sa couleur jaune pour devenir plus pâle et quelquefois incolore. Si elle prend une teinte verte caractéristique, on peut en déduire la présence de l'acide chromique.

TABLE I.

(31) Examen d'une solution contenant un des membres du 1er groupe, savoir :

ÉTAIN, ARSENIC, ANTIMOINE, BISMUTH, ARGENT, MERCURE, PLOMB, CUIVRE OU CADMIUM *.

Tous ces métaux sont précipités de leurs solutions acides ou de leurs solutions aqueuses moyen du gaz hydrogène sulfuré (α).

* Auxquels il faut ajouter l'or et le PLATINE. (*Note du traducteur.*)

β. Après avoir traité la solution modérément acidulée de la substance par un excès d'hydrogène sulfuré et avoir séparé le liquide du précipité, il faut chauffer ce dernier avec une solution de sulfure d'ammonium.

Si le sulfure précipité provient de :

ÉTAIN (*protosel*), brun,
ÉTAIN (*persel*), jaune,
ARSENIC, jaune,
ANTIMOINE, orange,

il se dissout entièrement et il se reforme par une addition d'acide chlorhydrique à cette nouvelle solution. Toujours :

ÉTAIN, jaune,
ARSENIC, jaune,
ANTIMOINE, orange.

γ. Faire bouillir, avec de l'acide chlorhydrique concentré, le précipité occasionné par l'hydrogène sulfuré.

Non dissous	Dissous
ARSENIC.*	ÉTAIN, ANTIMOINE.

Si le sulfure précipité provient du :

BISMUTH, ARGENT, MERCURE, PLOMB, CUIVRE } noirs ou bruns foncés,
CADMIUM, jaune,

il ne se dissoudra pas.

δ. Ajouter de la potasse à une partie de la solution originale; dans tous les cas, il se produira un précipité présentant les caractères suivants :

PLOMB blanc, soluble dans un excès du réactif, inattaqué par l'ammoniaque.

MERCURE (*protosel*), noir, inattaqué par l'ammoniaque.

MERCURE (*persel*), jaune, devient blanc par l'ammoniaque.

BISMUTH, blanc, inattaqué par l'ammoniaque.

CUIVRE, bleu, CADMIUM, blanc, ARGENT, brun } solubles dans l'ammoniaque.

Insoluble dans un excès de potasse.

* Le précipité peut encore renfermer de l'or ou du platine. S'il se dissout entièrement dans l'acide azotique, après avoir été épuisé par l'acide chlorhydrique, il ne renferme que de l'arsenic. S'il laisse un résidu insoluble, il peut contenir *Or* ou *Platine*, on le dissout alors dans l'eau régale.

Le protochlorure d'étain donne un précipité pourpre : OR.

Le chlorydrate d'ammoniaque précipite en jaune : PLATINE.

(*Note du traducteur.*)

(32) α. *L'acide sulfhydrique ou hydrogène sulfuré* forme des sulfures métalliques par sa réaction sur les sels des métaux de ce groupe. Nous donnons un modèle d'équation dans laquelle la lettre M représente un atome de métal :

$$2\overset{\prime}{M}Cl + H^2S = 2HCl + \overset{\prime}{M}{}^2S$$
$$2\overset{\prime\prime\prime}{M}Cl^3 + 3H^2S = 6HCl + \overset{\prime\prime\prime}{M}{}^2S^3.$$

C'est de cette manière que les sels de métaux d'atomicité impaire, tels que l'argent $\overset{\prime}{Ag}$, l'arsenic $\overset{\prime\prime\prime}{As}$, l'antimoine $\overset{\prime\prime\prime}{Sb}$ et le bismuth $\overset{\prime\prime\prime}{Bi}$ sont décomposés par l'hydrogène sulfuré.

$$\overset{\prime\prime\prime\prime}{M}Cl^4 + 2H^2S = 4HCl + \overset{\prime\prime\prime\prime}{M}S^2$$
$$\overset{\prime\prime}{M}Cl^2 + H^2S = 2HCl + \overset{\prime\prime}{M}S.$$

C'est ainsi que les métaux d'atomicité paire, tels que le plomb $\overset{\prime\prime}{Pb}$, le mercure $\overset{\prime\prime}{Hg}$, le cuivre $\overset{\prime\prime}{Cu}$, le cadmium $\overset{\prime\prime}{Cd}$, l'étain (stannosum) $\overset{\prime\prime}{Sn}$ et l'étain (stannicum) $\overset{\prime\prime\prime\prime}{Sn}$ sont décomposés par l'hydrogène sulfuré.

Les sulfures ainsi produits diffèrent beaucoup les uns des autres par leur solubilité dans les acides minéraux. Ils se dissolvent tous complétement sous l'influence de l'eau régale, excepté celui d'argent qui se convertit, en chlorure d'argent insoluble, et celui de plomb qui se convertit en partie, en chlorure légèrement soluble, et en partie, en un sulfate de plomb insoluble. Le sulfate est dû à une oxydation du soufre qui entre dans la composition du sulfure de plomb.

L'acide azotique chaud, dissout les sulfures d'arsenic, de bismuth, d'argent, de cuivre et de cadmium ; mais son action n'est pas appréciable sur les sulfures de mercure. Il convertit les sulfures d'étain et d'antimoine en leurs oxydes ou anhydrides respectifs insolubles, SnO^2 et Sb^2O^4. Légèrement étendu d'eau, il dissout complétement le sulfure de plomb; concentré, il convertit, comme on l'a vu, une partie de ce sulfure en sulfate de plomb insoluble. L'action de l'acide azotique sur les sulfures est généralement suivie d'une séparation de soufre qui, par l'ébullition, finit par prendre la forme de globules fondus.

A la température de l'ébullition l'acide chlorhydrique concentré n'a aucune action sur les sulfures d'arsenic et de mercure. Il convertit les sulfures d'argent et de plomb en chlorures insolubles ou faiblement solubles, et dissout plus ou moins facilement les autres sulfures du groupe I.

(33) β. Le bisulfure d'étain et les trisulfures d'arsenic et d'antimoine s'unissent avec les sulfures des métaux alcalins pour former des sulfosels solubles, correspondant aux oxysels bien connus.

Sulfosels d'ammonium.

$$(AzH^4)^2S.SnS^2 = (AzH^4)^2SnS^3$$
$$3(AzH^4)^2S.Sb^2S^3 = 2(AzH^4)^3SbS^3.$$

On voit par là que ces sulfures se distinguent des autres par leur solubilité dans le sulfure d'ammonium *. Le protosulfure d'étain est insoluble dans le sulfure ou le sulfhydrate d'ammonium pur et incolore; mais il devient soluble dans la solution jaune du persulfure, et il s'y convertit dans le composé ci-dessus décrit, de bisulfure d'étain et de sulfure ammonique.

$$(AzH^4)^2S^2 + \overset{''}{Sn}S = (AzH^4)^2S.\overset{''''}{Sn}S^2 \text{ ou } (AzH^4)^2SnS^3.$$

Une addition d'acide chlorhydrique à la solution de ces sulfosels, les décompose avec reprécipitation de leurs sulfures respectifs, ainsi :

$$(AzH^4)^2S.SnS^2 + 2HCl = H^2S + SnS^2 + 2AzH^4Cl$$
$$3(AzH^4)^2S.As^2S^3 + 6HCl = 3H^2S + As^2S^3 + 6AzH^4Cl.$$

* Le sulfure de cuivre est tout à fait insoluble dans les sulfures de sodium et de potassium; mais il est un peu soluble dans le sulfure d'ammonium surtout quand ce dernier renferme de l'ammoniaque libre, comme c'est ordinairement le cas. (*Note de l'auteur.*)

Il est bon de ne pas employer une trop grande quantité de sulfure jaune d'ammonium pour dissoudre les sulfures de la section précédente, de peur qu'ensuite l'addition d'acide chlorhydrique ne donne un dépôt blanchâtre de soufre assez grand pour masquer la couleur des sulfures reprécipités.

γ. On distingue le sulfure d'arsenic des sulfures d'étain et d'antimoine, en ce qu'il est insoluble dans l'acide chlorhydrique même bouillant, et en ce qu'il est soluble, dans une solution tiède de sesquicarbonate d'ammonium.

Le sulfure d'antimoine et le persulfure d'étain se distinguent l'un de l'autre par la différence de leur couleur. Quand ils sont purs ils se dissolvent complétement dans l'acide chlorhydrique; mais on les obtient généralement avec un excès de soufre insoluble. En faisant évaporer jusqu'à un petit volume leur solution dans l'acide chlorhydrique, on obtient respectivement des chlorures stannique et antimonieux. La transparence de la solution du premier de ces chlorures n'est pas troublée par l'eau, et cette solution étendue sur une surface brillante d'étain, n'y fait naître aucun précipité, aucune tache noire; si l'on y fait dissoudre un petit morceau de zinc pour la ramener au minimum d'oxydation, elle donne avec le sublimé corrosif un précipité blanc de calomel qui devient gris par suite de sa transformation en mercure métallique. (*Voy.* n° 34.)

Le chlorure d'antimoine devient généralement opaque lorsqu'on étend d'eau sa solution, une addition d'acide tartrique lui rend sa transparence première; le liquide dilué produit sur une surface d'étain métallique un dépôt noir et abondant d'antimoine pulvérulent. En outre ce chlorure donne des réactions caractéristiques lorsqu'on le traite d'après les procédés de Marsh ou de Reinch.

Le meilleur moyen pour reconnaître les composés solides d'arsenic consiste à les réduire par un moyen quelconque. (*Voy.* n° 66.)

(34) δ. La potasse réagit sur les sels de la seconde section de

ce groupe et en précipite les oxydes hydratés des métaux respectifs, ainsi :

$$2AgCl + 2KHO = 2KCl + Ag^2O.H^2O$$
$$2\overset{'''}{Bi}Cl^3 + 6KHO = 6KCl + \overset{'''}{Bi}{}^2O^3.3H^2O.$$

Les oxydes hydratés de plomb, de mercure, de cuivre et de cadmium, se produisent d'après l'équation générale suivante :

$$\overset{''}{M}Cl^2 + 2KHO = 2KCl + \overset{''}{M}O.H^2O.$$

L'hydrate de plomb est soluble dans un excès de potasse, les hydrates d'argent, de cuivre et de cadmium sont solubles dans un excès d'ammoniaque, tandis que ceux de bismuth et de mercure restent insolubles dans ces deux réactifs. Indépendamment de leur manière d'être avec l'hydrogène sulfuré et les alcalis caustiques, les métaux de la subdivision précédente du premier groupe se caractérisent par les réactions suivantes :

Les solutions de bismuth, à moins qu'elles ne soient trop acides — et alors on doit les faire évaporer — donnent, lorsqu'on y ajoute de l'*eau*, un précipité opaque et blanc dû à la formation d'un sel basique insoluble, ainsi :

$$\overset{'''}{Bi}Cl^3 + H^2O = 2HCl + \overset{'''}{Bi}OCl$$
$$Bi(AzO^3)^3 + H^2O = 2HAzO^3 + BiO.AzO^3 \text{ ou } \tfrac{1}{2}\,(Bi^2O^3.Az^2O^5).$$

Ces sels basiques de bismuth sont insolubles dans l'acide tartrique et noircissent par l'hydrogène sulfuré et le sulfure d'ammonium.

Les solutions de mercure donnent avec le *protochlorure d'étain* un précipité blanc qui devient gris, soit spontanément, soit plus rapidement sous l'influence de la chaleur.

Ce précipité blanc est du calomel qui se forme par double décomposition aux dépens du sel mercureux.

$$2HgAzO^3 + \overset{''}{Sn}Cl^2 = 2HgCl + \overset{''}{Sn}(AzO^3)^2 \text{ ou } SnO.Az^2O^5.$$

Mais il peut se former aussi par la réduction d'un sel mercurique, ainsi :

$$2HgCl^2 + \overset{''}{Sn}Cl^2 = 2HgCl + \overset{''''}{Sn}Cl^4.$$

Le dépôt gris consiste en de petites parcelles de mercure métallique, produites par la réduction du calomel précipité, d'abord :

$$2HgCl + \overset{''}{Sn}Cl^2 = Hg^2 + \overset{''''}{Sn}Cl^4.$$

Ce même dépôt bouilli avec de l'acide chlorhydrique, acquiert l'aspect particulier aux globules de mercure.

Avec l'*acide sulfurique* et les sulfates solubles, les solutions de plomb donnent un précipité blanc de sulfate de plomb, insoluble dans l'acide azotique ou chlorhydrique froid.

$$\overset{''}{Pb}(AzO^3)^2 + H^2SO^4 = 2HAzO^3 + \overset{''}{Pb}SO^4 \text{ ou } PbO.SO^3.$$

Ce précipité diffère des précipités semblables que donnent les sels de baryum et de strontium, en ce qu'il est soluble dans un excès de potasse, dans l'acide chlorhydrique bouillant, et en ce qu'il devient noir sous l'influence de l'hydrogène sulfuré ou du sulfure d'ammonium.

Avec l'*acide chlorhydrique* ou les chlorures solubles, les solutions d'argent donnent un précipité de chlorure d'argent blanc et caillebotté.

$$AgAzO^3 + HCl = HAzO^3 + AgCl.$$

Ce précipité est soluble dans l'ammoniaque, mais insoluble dans l'acide azotique quelle que soit sa concentration, même à la température de l'ébullition; sous l'influence de la lumière il devient violet.

Les solutions de cuivre même très-diluées donnent, sous l'action du *ferrocyanure de potassium*, un précipité de ferrocyanure de cuivre ou de ferrocyanure de cuivre et de potassium. Sa couleur est rouge chocolat, ainsi :

$$2\overset{''}{Cu}SO^4 + K^4FeCy^6 = 2K^2SO^4 + \overset{''}{Cu}{}^2FeCy^6.$$

La potasse communique à ce précipité une couleur bleu pâle et la faculté de se dissoudre dans l'ammoniaque en formant un liquide de couleur pourpre foncé. C'est à ces caractères qu'on distingue le ferrocyanure de cuivre du ferrocyanure d'uranium dont la couleur est la même.

On reconnaît les solutions de cadmium à la couleur jaune clair et à l'insolubilité dans le sulfure d'ammonium du précipité de sulfure de cadmium, CdS, produit par l'hydrogène sulfuré ou par le sulfure d'ammonium.

Le sulfure de cadmium, est de tous les sulfures du premier groupe de métaux, celui qui se dissout le plus immédiatement dans les acides. En outre, on reconnaît rapidement les sels de cadmium à la manière dont ils se comportent au chalumeau.

§ IV. — EXAMEN DES BASES DU GROUPE II.

(35) Les membres de ce groupe sont précipités par le *sulfure* ou le *sulfhydrate d'ammonium* et non par l'hydrogène sulfuré. Le sulfure d'ammonium précipitant aussi la plupart des métaux du premier groupe, on ne peut s'assurer de leur absence qu'en essayant d'abord la liqueur au moyen de l'hydrogène sulfuré, et en s'assurant qu'il ne se produit pas de précipité. Cet essai doit toujours précéder l'emploi du sulfure d'ammonium. Avant de traiter la solution par le sulfure d'ammonium, il faut préalablement la neutraliser quoiqu'elle puisse être, sans désavantage, légèrement alcaline ou légèrement acide. Si elle était trop acide, non-seulement il pourrait ne se former aucun précipité, alors même qu'un membre du groupe y existerait, mais encore le réactif étant généralement impur, il en résulterait un précipité de soufre, même en l'absence de tous les

membres du groupe. Ce soufre résulterait de la décomposition mutuelle de l'acide et du réactif; décomposition parfaitement indépendante de la présence de tout métal. Le sulfure ou le sulfhydrate d'ammonium pur et incolore n'est pas précipité par une simple solution acide, mais il se convertit en persulfure jaune d'ammonium, au contact de l'air, et ce persulfure se décompose avec précipitation de soufre dans tous les liquides acides, ainsi :

$$2HCl + (AzH^4)^2S^2 = 2AzH^4Cl + H^2S + S.$$

Pour examiner la solution dans l'eau d'un sel renfermant une base du second groupe, on peut y ajouter immédiatement du sulfure d'ammonium, mais une solution acide du sel doit avoir été, au préalable, neutralisée par de l'ammoniaque. On peut même sans désavantage y ajouter un excès d'ammoniaque. Cela pourra, il est vrai, occasionner quelquefois un précipité, mais, bien que quand ce précipité ne se produit pas on ne puisse pas en conclure l'absence de tout métal du second groupe, la formation de ce précipité indique la présence d'un de ces métaux, aussi bien que la formation d'un précipité par le sulfure d'ammonium. Celui que produit l'ammoniaque diffère, il est vrai, généralement en caractères et en apparence de celui que produit le sulfure d'ammonium, mais la formation d'un précipité par l'ammoniaque n'empêche pas l'action du sulfure ammonique.

On peut rechercher un membre du second groupe dans une solution acide en la traitant par l'ammoniaque, lorsque cette solution déjà essayée par l'hydrogène sulfuré, n'a donné aucun précipité. Dans ce cas, une portion de l'ammoniaque neutralise l'excès d'acide, tandis que l'autre portion se combine avec l'hydrogène sulfuré pour former du sulfure ou du sulfhydrate d'ammonium qui sert à précipiter tous les membres de ce groupe, ainsi :

$$H^2S + 2AzH^3 = (AzH^4)^2S.$$

Il y a certains sels de baryum, de strontium, de calcium et de magnésium que l'eau ne dissout pas, mais qui sont aisément solubles dans une solution étendue d'acides minéraux, tels que les acides azotique ou chlorhydrique, et cela sans subir en même temps aucune décomposition apparente. Il en résulte que, lorsque une pareille solution acide est neutralisée par l'ammoniaque ou par le sulfure d'ammonium, ces sels sont reprécipités dans leurs conditions originales, de sorte que, quoique les terres alcalines appartiennent strictement au troisième groupe, elles peuvent accidentellement se précipiter avec les membres du second groupe; les principaux de ces sels sont le fluorure de calcium, les oxalates de calcium, de strontium et de baryum, et les phosphates de magnésium, de calcium, de strontium et de baryum. Dans la table II, ils sont désignés par le terme de sels terreux et la manière de les distinguer entre eux, est décrite au n° 59.

TABLE II.

(36) Examen d'une solution contenant un des membres du second groupe de bases, savoir : NICKEL, COBALT, MANGANÈSE, FER, CHROME, ALUMINIUM ou ZINC ; tous ces corps sont précipités par le *sulfure d'ammonium* de leurs solutions neutres ou presque neutres *.

* Pour travailler avec succès l'étudiant doit suppléer aux indications trop brèves de ces différentes tables, et surtout de celle-ci, par les explications qu'il trouvera dans les pages suivantes.

<table>
<tr><td colspan="5">β. Ajouter peu à peu un excès considérable de potasse aqueuse à une portion de la solution originale. Dans tous les cas, il se forme un précipité soit soluble, soit insoluble dans un excès de réactif.</td></tr>
<tr><td colspan="2">Insoluble
Nickel, vert pâle.
Cobalt, bleu pâle.
Manganèse, blanc, susceptible de brunir.
Fer, vert olive, noir ou rouge.
Sels terreux, blanc.
γ. Ajouter, à une nouvelle portion de la solution originale, un peu de chlorure d'ammonium et un excès d'ammoniaque.</td><td colspan="3">Soluble
Chrome, vert.
Aluminium, blanc.
Zinc, blanc.
δ. Faire bouillir la solution potassique pendant quelque temps.</td></tr>
<tr><td rowspan="2">Précipité
Fer, rouge.
Sels terreux, blanc.</td><td rowspan="2">Dissous
Nickel, bleu.
Cobalt, rose brun.
Manganèse, incolore ; la liqueur passe rapidement au brun et se trouble.</td><td rowspan="2">Précipité
Chome, vert.</td><td colspan="2">Dissous
Aluminium.
Zinc.
Dans une solution de potasse.</td></tr>
<tr><td>ε. Ajouter quelques gouttes de sulfure d'ammonium.
Précipité
Zinc.</td><td>ς. ajouter un excès de chlorure d'ammonium.
Précipité
Aluminium.</td></tr>
</table>

(37) α. La réaction du *sulfure d'ammonium* sur les sels de ce groupe détermine des précipités de caractère et d'aspect divers. Le précipité est blanc dans les solutions de zinc, d'aluminium et des sels terreux, noir dans les solutions de fer, de nickel et de cobalt, verdâtre dans les solutions de chrome, et couleur de buffle dans celles de manganèse. L'étudiant cependant ne doit

pas attacher trop d'importance à la couleur d'un précipité, car elle peut être modifiée par des circonstances accidentelles. Par exemple, la présence d'une trace de fer peut agir comme impureté, et, dans ce cas, altérer grandement l'apparence caractéristique des précipités du chrome, du manganèse, du zinc, de l'aluminium, ou des sels terreux, en leur communiquant une couleur noire, grise ou verte; la transparence du précipité d'alumine qui se produit dans une solution d'aluminium est cause que souvent on ne l'aperçoit pas.

Les sels de nickel, de cobalt, de manganèse, de fer et de zinc sont précipités sous la forme de sulfures, par le *sulfure d'ammonium*, d'après l'équation suivante :

$$\overset{''}{M}Cl^2 + (AzH^4)^2S = 2AzH^4Cl + \overset{''}{M}S.$$

Ces métaux ne sont précipités que très-imparfaitement de leur solution neutre par l'hydrogène sulfuré. Cela provient de ce que l'acide, mis en liberté dans cette réaction, redissout le sulfure qui se précipite par une réaction inverse ; ainsi :

$$\overset{''}{M}Cl^2 + H^2S = 2HCl + \overset{''}{M}S.$$

Mais les sulfures de nickel, de cobalt et de zinc peuvent se précipiter complétement des solutions acidulées seulement par de l'acide acétique, et dans lesquelles on a ajouté un acétate alcalin, afin qu'aucun acide plus fort que l'acide acétique ne puisse agir librement pendant la réaction. Quant au sulfure de fer, il ne peut se précipiter qu'en partie même dans ces conditions, et le sulfure de manganèse ne se précipite pas du tout.

Quoique la présence de l'acide chlorhydrique empêche la précipitation des sulfures de nickel et de cobalt, ils ne peuvent cependant se dissoudre qu'avec une difficulté considérable dans cet acide, quand une fois ils sont produits. L'acide azotique les dissout au contraire facilement. Les sulfures de zinc, de fer et de manganèse sont facilement dissous par l'acide chlorhydrique froid, et celui de manganèse par l'acide acétique.

Les sulfures d'aluminium et de chrome, ne peuvent pas être obtenus par voie humide. Il en résulte que les sels de ces métaux sont précipités par le sulfure d'ammonium, sous la forme non de sulfures, mais de sesquioxydes hydratés, avec dégagement d'hydrogène sulfuré. Ainsi :

$$^{*}Al^2Cl^6 + 3(AzH^4)^2S + 6H^2O = 6AzH^4Cl + 3H^2S + Al^2O^3.3H^2O.$$

Les sels terreux se précipitent tels quels par une simple neutralisation de l'acide, dans lequel ils ont été dissous. (*Voy*. p. 85.) Ainsi :

$$Ca^3(PO^4)^2.4HCl + 2(AzH^4)^2S = Ca^3(Po^4)^2 + 4AzH^4Cl + 2H^2S.$$

(38) β. La *potasse* précipite les protohydrates respectifs des protosels de nickel, de cobalt, de manganèse, de fer et de zinc, exactement de la même manière qu'elle précipite les protohydrates des métaux du premier groupe :

$$\overset{''}{M}Cl^2 + 2KHO = 2KCl + \overset{''}{M}O.H^2O.$$

Elle précipite les sesquihydrates respectifs des sesquisels de fer, de chrome et d'aluminium. Ainsi :

$$M^2Cl^6 + 6KHO = 6KCl + M^2O^3.3H^2O^{**}.$$

Les sels terreux sont précipités tels quels par la neutralisation de l'acide, dans lesquels ils ont été dissous.

L'aspect du précipité de manganèse est très-caractéristique; il absorbe l'oxygène atmosphérique, et, de tout à fait blanc

* Nous écrivons le chlorure aluminique Al^2Cl^6 et non $AlCl^3$ comme M. Odling, parce que la densité de vapeur prise par M. Deville correspond à la première de ces formules. (*Note du traducteur.*)

** Nous écrivons M^2Cl^6 et non MCl^3 par les raisons développées dans la note qui précède. (*Note du traducteur.*)

qu'il était, il devient rapidement brun; le précipité que la potasse détermine dans les sels de fer au minimum complétement purs est d'un blanc verdâtre, mais le précipité obtenu est ordinairement de couleur vert olive foncé; exposé à l'air, il devient rouge d'ocre. Le précipité obtenu avec les mélanges de proto et de sesquisels, est noir, et celui qu'on obtient avec un sesquisel parfaitement pur est rouge brun. Les hydrates de chrome, d'aluminium et de zinc sont solubles dans un excès de potasse, tandis que les autres précipités y restent insolubles. Si l'excès de potasse produit une solution visible du précipité préalablement formé, mais qu'en même temps le liquide ne soit pas parfaitement clair, on doit le filtrer, pour en extraire l'oxyde de fer ou autre impureté insoluble, et y rechercher ensuite le chrome, l'aluminium et le zinc (δ).

(39) γ. Les précipités que l'*ammoniaque* détermine dans les solutions des sels de nickel, de cobalt, de manganèse, de fer et des métaux terreux, ont la même composition que ceux que la potasse y fait naître. Les précipités produits dans les solutions des sels terreux, et dans les sesquisels de fer, sont insolubles dans un excès d'ammoniaque, aussi bien que dans un excès de potasse. Mais les protohydrates de nickel, de cobalt et de manganèse, y sont facilement solubles, en présence d'un excès de chlorure d'ammonium ou d'un autre sel ammonique, et celui de fer l est aussi, mais à un degré moindre; il en résulte que lorsque l'emploi de la potasse a indiqué la présence probable d'un protosel de fer, il est nécessaire, avant d'ajouter l'ammoniaque, de faire bouillir la solution pendant quelques minutes avec un peu d'acide azotique, pour convertir le protosel en sesquisel. C'est ainsi que le fer peut être précipité à l'état de sesquihydrate rouge brun, complétement insoluble dans un excès d'ammoniaque.

On peut se dispenser de faire bouillir le précipité avec de l'acide azotique, lorsque par sa couleur ou par quelque autre réaction, on a reconnu l'absence d'un protosel de fer. Pour reconnaître la présence d'un protosel de fer dans la solution primitive, il est mieux de faire une addition de *ferricyanure de potassium ;* on obtiendra par là un abondant précipité bleu foncé de ferricyanure de fer ou bleu de turnbull :

$$3\overset{''}{Fe}Cl^2 + K^6(Fe^2Cy^{12}) = Fe^3(Fe^2Cy^{12}) + 6KCl^*.$$

Le meilleur moyen pour démontrer la présence d'un sesquisel de fer consiste à ajouter du *sulfo-cyanate de potassium,* ce réactif produit un liquide rouge de sang dû à la formation du sesquisulfocyanate de fer :

$$Fe^2Cl^6 + 3KCyS = 3KCl + Fe^2(CyS)^6.$$

La manière de rechercher les sels terreux est décrite au n° 59.

Lorsqu'on ajoute un excès d'ammoniaque à une solution fortement acide, ou du chlorure d'ammonium et un excès d'ammoniaque, à une solution presque neutre de nickel, de cobalt, ou de manganèse, le précipité produit d'abord, se redissout immédiatement.

La solution ammoniacale de nickel est de couleur bleu pourpre foncé. Elle ressemble beaucoup à la solution ammoniacale de cuivre. Lorsqu'on y ajoute de la potasse, on obtient un précipité vert pomme d'hydrate de nickel. On peut au contraire ajouter une grande quantité de potasse à une solution ammoniacale de cuivre, sans troubler sa transparence, et le précipité qu'on obtient à la fin est généralement bleu. En outre le ferrocyanure de potassium donne un précipité vert pomme avec les sels ordinaires de nickel, et couleur rouge chocolat, avec les sels de cuivre ; ces deux métaux sont d'ailleurs bien caractérisés.

La solution ammoniacale de cobalt est de couleur rose brun; exposée à l'air, elle devient plus foncée jusqu'à ce qu'il se pro-

* Dans toutes ses réactions les ferricyanures se comportent comme ayant une formule double de celle que M. Odling leur assigne. (*Note du traducteur.*)

duise définitivement un précipité de sesquioxyde de cobalt hydraté. Mais si l'ammoniaque de cette solution de cobalt contenait du carbonate d'ammonium, ou même si celui-ci était employé seul, la couleur de la solution serait d'un beau rose, suffisamment stable.

La meilleure manière de déterminer les composés de cobalt, est de les fondre avec une perle de borax à laquelle ils communiquent une couleur bleu pourpre foncé.

La solution ammoniacale de manganèse est d'abord incolore, mais, en l'exposant à l'air, elle devient rapidement brune et opaque. Cela provient de ce que le protohydrate soluble blanc se convertit en sesquihydrate brun insoluble. Les composés de manganèse contiennent très-fréquemment du fer comme impureté, d'où il résulte que, lorsqu'un excès d'ammoniaque produit un précipité brun, il est souvent nécessaire de filtrer le mélange et de traiter la liqueur par le sulfure d'ammonium. Le manganèse, quand il existe, se précipite alors sous la forme d'un sulfure couleur de chair. Chauffés au chalumeau, les composés de manganèse se reconnaissent très-facilement de la manière suivante : On fait fondre sur une feuille de platine, du carbonate de sodium auquel on peut ajouter un peu de nitre, puis on y ajoute une petite portion du composé de manganèse. Il se produit alors une masse fusible vert clair de manganate de sodium. Na^2MnO^4.

(40) δ. La solution de chrome dans la potasse est de couleur verte, et, quand elle a bouilli pendant un temps plus ou moins long, selon les proportions de potasse et de chrome, ce dernier se dépose en totalité sous la forme d'un précipité vert. Les composés de chrome sont surtout faciles à reconnaître par la couleur vert émeraude qu'ils communiquent à la perle de borax, et par la masse jaune clair de chromate alcalin, qui se produit quand on les chauffe au chalumeau sur une feuille de platine avec du nitre et du carbonate de sodium.

ε. La solution de zinc dans la potasse, si elle contient un excès considérable de cet alcali, ne s'altère pas même par une ébullition prolongée; mais si elle n'en contient qu'un faible excès, il se forme bientôt un précipité blanc opaque. Si l'on ajoute quelques gouttes de *sulfure d'ammonium* à la solution du zinc dans la potasse, il se forme un sulfure de zinc qui, étant à l'inverse de l'hydrate de zinc, insoluble dans la potasse, se dépose sous la forme d'un précipité blanc. Dans la potasse qui sert de réactif, il y a quelquefois une trace de plomb ; dans ce cas, le précipité prend une teinte grisâtre.

Les composés de zinc fortement chauffés laissent un résidu infusible, complétement blanc quand il est froid, mais qui, par la chaleur, acquiert une teinte jaune verdâtre foncé ; humecté avec une solution d'azotate de cobalt et calciné de nouveau, ce résidu prend une couleur stable, vert de chrome.

ζ. La solution potassique d'alumine n'est attaquée, ni par l'ébullition, ni par l'addition de quelques gouttes de sulfure d'ammonium, à moins, toutefois, que la potasse ne contienne une quantité appréciable de plomb, auquel cas il se forme un précipité noir de sulfure de plomb.

Avec les sels d'aluminium et de zinc, l'ammoniaque ou le carbonate d'ammonium donne un semblable précipité blanc. Mais le précipité aluminique est insoluble dans un excès du réactif, tandis que le précipité de zinc y est parfaitement soluble; d'où il résulte que, l'addition du *chlorure d'ammonium* à une solution de zinc dans la potasse, ne donne aucun précipité; tandis que ce réactif ajouté en quantité suffisante à une solution d'alumine dans la potasse, détermine un précipité blanc gélatineux d'hydrate d'aluminium, dû à la substitution de l'ammoniaque libre à la potasse.

$$AzH^4Cl + KHO = KCl + AzH^4HO \text{ ou } AzH^3.H^2O.$$

Les composés d'aluminium chauffés fortement à la flamme du chalumeau, laissent un résidu très-incandescent, blanc, infusible et qui, humecté avec une solution d'azotate de cobalt, et chauffé de nouveau, prend une couleur bleu tendre stable.

§ V. — EXAMEN DES BASES DU GROUPE III.

(41) Ce groupe comprend les bases qui ne sont précipitées, ni par l'hydrogène sulfuré, ni par le sulfure d'ammonium. On examine soit la solution primitive du sel dans l'eau, selon la direction de la table III, soit la même solution préalablement traitée par l'hydrogène sulfuré d'abord et par le sulfure d'ammonium ensuite, sans qu'il se soit formé de précipité. On peut y chercher tous les membres de ce groupe, excepté le potassium, le sodium et l'ammonium. Si la substance première ne peut se dissoudre sans acide, sa base ne peut être aucun de ces trois derniers métaux, puisque tous les sels simples de potassium, de sodium et d'ammonium sont solubles dans l'eau chaude.

Table III.

(42) Examen d'une solution contenant quelqu'un des membres du troisième groupe de bases, savoir : **barYum, strontium, calcium, magnésium, potassium, sodium et ammonium**. Les sulfures ou sulfhydrates de ces métaux étant solubles dans l'eau, les solutions de leurs sels ne sont précipitées ni par l'hydrogène sulfuré, ni par le sulfure ou le sulfhydrate d'ammonium.

<table>
<tr><td colspan="6">α. Ajouter du chlorure et du carbonate d'ammonium à la solution première et chauffer légèrement.</td></tr>
<tr><td colspan="3">Précipité
Baryum
Strontium
Calcium.

β. Ajouter du sulfate de potassium ou de l'acide sulfurique étendu à la solution première.</td><td colspan="3">Dissous
Magnésium
Potassium
Sodium
Ammonium.

γ. Ajouter du phosphate d'ammonium à la solution ci-dessus contenant déjà les sels ammoniacaux et agiter ensuite.</td></tr>
<tr><td colspan="2">Précipité
Baryum (promptement).
Strontium (lentement).

Ajouter du chromate de potassium à la solution première.</td><td rowspan="2">Dissous
Calcium.</td><td rowspan="2">Précipité
Magnésium.</td><td colspan="2">Dissous
Potassium
Sodium
Ammonium.

δ. Ajouter un excès d'acide tartrique à la liqueur primitive et agiter.</td></tr>
<tr><td>Précipité
Baryum.</td><td>Dissous
Strontium.</td><td>Précipité
Potassium.</td><td>Dissous
Sodium.
Ammonium ?</td></tr>
</table>

(43) *α*. Dans les solutions contenant du baryum, du strontium et du calcium, le *carbonate d'ammonium* fournit un précipité blanc. Les carbonates de ces trois métaux étant insolubles :

$$\overset{''}{Ca}Cl^2 + (AzH^4)^2CO^3 = 2AzH^4Cl + \overset{''}{Ca}CO^3 \text{ ou } CaO.CO^2.$$

Lorsqu'on ajoute du carbonate d'ammonium à la solution acide du composé qu'on examine, on doit avoir soin qu'il y en ait une quantité plus que suffisante pour neutraliser l'acide, ou, en d'autres termes, assez pour rendre la solution alcaline. Comme le gaz carbonique, développé par l'addition du carbonate d'ammonium à un liquide acide, retient les carbonates des métaux alcalino-terreux en dissolution, on doit le chasser en chauffant légèrement. Le carbonate de magnésium est insoluble dans l'eau, quoiqu'il se dissolve aisément dans les liquides contenant du chlorure d'ammonium, ou autres sels ammoniacaux. Il en résulte qu'il est nécessaire d'ajouter du chlorure, en même temps que du carbonate d'ammonium, à la solution aqueuse de la substance qu'on examine, afin de prévenir la formation d'un précipité de carbonate de magnésium, qu'on pourrait confondre avec celui des autres carbonates précipitables. Mais quand la substance a été dissoute dans un acide, le carbonate d'ammonium employé à neutraliser cet acide forme une quantité suffisante de sel ammoniacal neutre, pour prévenir la précipitation du carbonate de magnésium, et il n'est plus nécessaire d'ajouter séparément le chlorure d'ammonium. On peut également s'en dispenser quand le carbonate est ajouté à une portion de solution qui, traitée successivement par l'hydrogène sulfuré et le sulfure d'ammonium, a donné un résultat négatif. Le carbonate d'ammonium précipite aussi la plupart des métaux du 1er et du 2me groupe, de sorte qu'on ne peut tirer une conclusion exacte de sa réaction sur les métaux alcalino-terreux que lorsqu'on aura constaté l'absence de tous les métaux précipitables par l'hydrogène sulfuré et par le sulfure d'ammonium.

β. Le sulfate de calcium est très-peu soluble dans l'eau, le sulfate de strontium, encore moins, et le sulfate de baryum pas du tout; d'où il résulte que l'acide sulfurique et la plupart des sulfates solubles fournissent des précipités dans les solutions de ces trois métaux. Mais à cause du peu de solubilité du *sulfate de potassium* dans l'eau, et quoique ce corps précipite aisément les sels de strontium et de baryum, sa solution ne précipite pas en général les sels de calcium, à moins qu'elle ne soit très-concentrée.

$$\overset{''}{Ba}Cl^2 + K^2SO^4 = 2KCl + \overset{''}{Ba}SO^4 \text{ ou } BaO.SO^3.$$

En outre, une solution de sulfate de calcium ne précipite dans aucune circonstance les sels de calcium, mais précipite néanmoins ceux de strontium et de baryum, le premier lentement, le dernier immédiatement.

L'*oxalate d'ammonium* est le réactif généralement employé pour démontrer la présence du calcium dans les solutions neutres ou alcalines, il détermine un précipité blanc d'oxalate de calcium, soluble dans l'acide azotique et chlorhydrique, mais insoluble dans les acides acétique et oxalique :

$$\overset{''}{Ca}Cl^2 + (AzH^4)^2C^2O^4 = 2AzH^4Cl + \overset{''}{Ca}C^2O^4 \text{ ou } CaO.C^2O^3.$$

L'oxalate d'ammonium produit des précipités parfaitement semblables dans les sels neutres de strontium et de baryum, les oxalates de ces deux métaux étant également insolubles dans l'eau; celui de baryum est soluble dans un excès d'acide oxalique tiède. En outre, l'acide oxalique libre précipite les solutions neutres de calcium et de strontium, mais non celles de baryum, à moins qu'elles ne soient très-concentrées.

Dans les solutions acidulées avec l'acide acétique, le *chromate de potassium* n'a aucune action sur les sels de strontium et de calcium, mais agit sur ceux de baryum, en y faisant naître un précipité jaune de chromate de baryum soluble, dans les acides azotique et chlorhydrique.

$$\overset{''}{Ba}(AzO^3)^2 + K^2CrO^4 = 2\dot{K}AzO^3 + \overset{''}{Ba}CrO^4.$$

L'*acide hydrofluosilicique* sert aussi à distinguer les sels de baryum de ceux de strontium et de calcium. Avec le premier seul, il produit un précipité, le fluosilicate de baryum étant seul insoluble. Cette réaction a lieu, même en présence des acides azotique et chlorhydrique.

$$\overset{''}{Ba}Cl^2 + H^2SiFl^6 = 2HCl + \overset{''}{Ba}SiFl^6 \text{ ou } \overset{''}{Ba}Fl^2.SiFl^4.$$

La plupart des sels de baryum, surtout lorsqu'ils sont humectés avec de l'acide chlorhydrique, communiquent une couleur vert pomme à la flamme du chalumeau, les sels de strontium une couleur écarlate, et les sels de calcium une couleur rouge orange.

(44) γ. Le *phosphate d'ammonium* ou *de sodium* donne avec les solutions de magnésie, contenant du carbonate d'ammonium ou de l'ammoniaque libre, un précipité cristallin blanc de phosphate de magnésium et d'ammonium, fréquemment connu sous le nom de triple phosphate :

$$\overset{''}{Mg}Cl^2 + (AzH^4)^2HPO^4 + AzH^3 = 2AzH^4Cl + \overset{''}{Mg}(AzH^4)PO^4.$$

Ce précipité ne se forme pas généralement dans les solutions tièdes, et d'ordinaire, il ne se produit qu'après qu'on a vivement agité le liquide ou frotté les parois intérieures du tube avec une baguette de verre massif. On doit se rappeler que le phosphate d'ammonium donne des précipités avec les sels de baryum, de strontium, de calcium et de la plupart des métaux appartenant au premier et au second groupe. De sorte qu'il ne doit être employé comme réactif du magnésium, que lorsqu'on s'est assuré, préalablement, de l'absence de tous les autres métaux qu'il peut précipiter.

δ. L'*acide tartrique* donne, avec les solutions neutres de sels de potassium, un précipité blanc cristallin de tartrate acide de potassium ou crème de tartre.

$$KCl + H^6C^4O^6 = HCl + KH^5C^4O^6.$$

Le précipité ne se forme pas généralement dans un liquide chaud. Il se produit très-lentement dans les solutions des sels les moins solubles, et dans les solutions étendues des sels les plus solubles de potassium. Le mieux pour l'obtenir dans de telles solutions consiste à laisser refroidir le mélange en le secouant, à l'étendre ensuite avec un peu d'alcool, et à l'agiter vivement avec une baguette de verre, qu'on doit frotter contre les parois intérieures du tube. Lorsqu'on essaye les solutions alcalines pour y déceler la présence du potassium, on doit prendre soin d'y ajouter un grand excès d'acide tartrique. Le précipité de crème de tartre ne se forme pas dans les solutions des sels de potassium, si ces solutions ont une réaction acide déterminée par la présence de l'acide oxalique, ou d'un des forts acides minéraux ; mais si on neutralise ces solutions avec de la soude caustique, ou du carbonate de sodium, et qu'on y ajoute ensuite de l'acide tartrique, on obtient facilement le précipité caractéristique.

Le *perchlorure de platine* produit aussi dans les solutions des sels de potassium, un précipité cristallin jaune de chloroplatinate de potassium, $2KCl.PtCl^4$. La solution doit avoir été acidulée d'abord avec de l'acide chlorhydrique. On facilite le dépôt en l'agitant et en y ajoutant de l'alcool.

Les solutions des sels d'ammonium, modérément concentrées, se rapprochent des solutions des sels de potassium par la manière dont elles se comportent avec l'acide tartrique. Elles produisent, en effet, avec lui un précipité cristallin de tartrate acide d'ammonium $(AzH^4)H^5C^4O^6$. D'où il résulte qu'on ne doit pas employer l'ammoniaque pour neutraliser les solutions acides dans lesquelles on recherche le potassium au moyen de l'acide tartrique. En outre les solutions modérément concentrées des sels d'ammonium donnent avec le bichlorure de platine un précipité cristallin jaune de chloroplatinate d'ammonium $2AzH^4.PtCl^4$, très-semblable au composé analogue de potassium. Les solutions étendues des sels ammoniacaux se comportent comme les solutions des sels de sodium, en ce qu'elles ne fournissent aucun précipité avec l'acide tartrique ou le bichlorure de platine. Mais les sels d'ammonium peuvent être facilement distingués de ceux de potassium et de sodium par leur volatilité partielle ou complète, et en ce que leurs solutions dégagent de l'ammoniaque, quand elles sont bouillies avec de la potasse ou de la chaux.

$$AzH^4Cl + KHO = KCl + AzH^3 + H^2O.$$

Les sels de sodium communiquent à la flamme une coloration jaune intense, et ceux de potassium une couleur violette marquée.

§ VI. — RECHERCHE DES ACIDES.

(45) L'étudiant doit toujours déterminer la nature du constituant basique ou métallique de sa substance avant de rechercher son constituant acide ou chloroïde. Il sera aidé dans cette dernière recherche par la connaissance des caractères spéciaux des sels particuliers, et par celle des caractères généraux des diverses classes de sels. Sachant, par exemple, qu'aucun dissolvant ne peut agir sur le sulfate de baryum, il n'a pas besoin de rechercher l'acide sulfurique dans un sel soluble de baryum. D'un autre côté si un sel est insoluble dans l'eau apparemment, ce n'est ni un chlorate ni un azotate. En général, les sels suivants sont solubles dans l'eau : les azotates excepté quelques sels superbasiques ; les acétates, excepté l'acétate d'argent qui n'est que faiblement soluble ; les chlorures, excepté le chlorure d'argent qui est insoluble dans l'acide azotique bouillant, et le chlorure de mercure ou calomel, qui se convertit en sel mercurique, et se dissout lorsqu'on le fait bouillir avec l'acide azotique. Le chlorure de plomb est modérément soluble dans l'eau bouillante, quoique très-peu soluble dans l'eau froide ; les sulfates excepté ceux de baryum, de strontium et de plomb ; ce dernier est soluble dans l'acide chlorhydrique bouillant. Les sulfates d'argent et de calcium sont aussi peu solubles. En général les genres salins suivants sont insolubles dans l'eau : les oxydes ou hydrates et les sulfures ou sulfhydrates, excepté ceux des métaux alcalins et alcalino-terreux, et le sulfhydrate de magnésium ; les carbonates, phosphates et oxalates en général, excepté ceux des métaux alcalins, et beaucoup de sels hyperacides.

On peut déterminer plus ou moins absolument la présence de tout acide particulier, par la manière dont se comporte la substance, quand on la chauffe légèrement à l'état solide avec 3 ou 4 fois son volume d'acide sulfurique concentré, et aussi pendant qu'on l'examine pour y découvrir son constituant métallique.

La décomposition la plus fréquente qui ait lieu entre l'acide sulfurique et le sel d'un acide plus ou moins volatil ou plus ou moins faible, consiste dans un échange de l'hydrogène de l'acide sulfurique contre le métal du sel, ainsi :

$$H^2SO^4 + NaCl = NaHSO^4 + HCl$$
$$H^2SO^4 + KAzO^3 = KHSO^4 + HAzO^3.$$

Des réactions semblables à celles-ci ont lieu avec les sels de presque tous les acides, pourvu que l'acide sulfurique employé ne soit pas trop concentré et la chaleur pas trop grande. Mais avec l'acide sulfurique ordinaire, surtout à une température quelque peu haute, les acides dégagés subissent souvent eux-mêmes une décomposition complète ou partielle.

Les acides tartrique et citrique, par exemple, se détruisent en laissant plus ou moins de résidu charbonneux ; les acides azotique et chlorique fournissent les peroxydes d'azote et de chlore, ainsi :

$$2HAzO^3 = H^2O + Az^2O^4 + O$$
$$2HClO^3 = H^2O + Cl^2O^4 + O^*.$$

Dans le premier cas la décomposition n'est que légère, tandis que dans le second l'oxygène séparé convertit en acide perchlorique une autre portion d'acide chlorique.

L'acide oxalique se dédouble en eau, oxyde de carbone et anhydride carbonique, ainsi :

$$H^2C^2O^4 = H^2O + CO + CO^2.$$

* La densité de vapeur du peroxyde d'azote démontre que ce corps répond à la formule AzO^2 et non à la formule Az^2O^4 qu'adopte M. Odling, il est probable que, de même, le peroxyde de chlore doit s'écrire ClO^2 et non Cl^2O^4. (*Note du traducteur.*)

Les acide bromhydrique, iodhydrique et sulfhydrique se décomposent avec mise en liberté de brome, d'iode et de soufre, respectivement, ainsi :

$$2HBr + H^2SO^4 = 2H^2O + SO^2 + Br^2$$
$$2HI + H^2SO^4 = 2H^2O + SO^2 + I^2$$
$$H^2S + H^2SO^4 = 2H^2O + SO^2 + S$$

L'acide cyanhydrique se convertit en sulfate acide d'ammonium et en oxyde de carbone, ainsi :

$$HCAz + H^2O + H^2SO^4 = CO + AzH^3H^2SO^4.$$

(46) Dans la table suivante, nous classons les principaux acides selon la manière dont se comportent leurs sels pendant l'examen des bases, et pendant qu'on les chauffe avec l'acide sulfurique concentré.

Table IV. — Réactions préliminaires pour la recherche des acides.

α. Indiqué pendant l'examen précédent.	β. Confirmé par l'acide sulfurique.	γ. Réagit aussi avec l'acide sulfurique.	δ. Aucun effet visible avec l'acide sulfurique.
Arséniates Chromates } Ils réagissent avec H^2S.	Azotates. Vapeurs acides brunes avec le cuivre.	Chlorures. Vapeurs irritantes acides; avec MnO^2, dégagent du chlore.	Borates. Produisent avec l'alcool une flamme verte
Azotates Chlorates } Ils déflagrent.	Chlorates. Détonation, pétillement et dégagement de gaz jaune.	Bromures. Vapeurs brunes qui blanchissent le papier de tournesol et jaunissent l'amidon.	Oxalates Cyanures } Ils font effervescence?
Tartrates Citrates } Ils se carbonisent.	Tartrates Citrates } Ils se carbonisent.	Iodures. Vapeurs violettes qui rendent pourpre le papier d'amidon.	Phosphates Arséniates Sulfates Silicates Oxydes
Carbonates Sulfures Sulfites Peroxides } Ils font effervescence avec HCl.	Carbonates Sulfures Sulfites } Ils font effervescence.	Fluorures. Vapeurs acides irritantes qui attaquent le verre.	
Persulfures Silicates Borates Benzoates } Ils donnent des précipités avec HCl.		Acétates. Vapeurs acides. Avec l'alcool produisent l'éther acétique.	

(47) *α*. La déflagration de la substance chauffée sur un charbon à la flamme du chalumeau, démontre la présence probable d'une azotate ou d'un chlorate.

La carbonisation de la substance lorsqu'elle est chauffée sur une feuille de platine ou sur du charbon, indique généralement la présence d'un tartrate ou d'un citrate.

L'effervescence de la substance, quand la solution s'est faite dans l'acide chlorhydrique, se produit avec plusieurs classes de sels.

Il y a un dégagement d'anhydride carbonique avec presque tous les **carbonates**, ainsi :

$$2HCl + \overset{''}{Ca}CO^{3} = \overset{''}{Ca}Cl^{2} + H^{2}O + CO^{2}.$$

Le gaz n'a aucune odeur marquée et rend laiteuse l'eau de chaux. (*Voy.* n° 84.)

Avec beaucoup de **sulfures**, il y a dégagement d'acide sulfhydrique ou hydrogène sulfuré, ainsi :

$$2HCl + \overset{''}{Fe}S = \overset{''}{Fe}Cl^{2} + H^{2}S$$
$$6HCl + \overset{'''}{Sb^{2}}S^{3} = 2\overset{'''}{Sb}Cl^{3} + 3H^{2}S.$$

L'odeur du gaz est très-délétère et rend le papier de plomb noir ou brun.

Avec les **sulfites** et les **hyposulfites**, il y a dégagement d'anhydride sulfureux, ainsi :

$$2HCl + Na^{2}SO^{3} = 2NaCl + H^{2}O + SO^{2}.$$

Le gaz a l'odeur suffocante particulière du soufre brûlé, et produit une coloration pourpre sur le papier d'amidon humecté avec une solution d'acide iodique.

Avec les peroxydes il y a dégagement de chlore, ainsi :

$$4HCl + MnO^{2} = 2H^{2}O + \overset{''}{Mn}Cl^{2} + Cl^{2}.$$

Le gaz a une couleur verdâtre et une odeur irritante particulière ; il produit une coloration pourpre sur le papier d'amidon humecté avec de l'iodure de potassium.

On peut observer de semblables effets, si l'on acidule avec de l'acide chlorhydrique les solutions aqueuses concentrées des carbonates, sulfures ou sulfhydrates, sulfites ou hyposulfites solubles. Mais, dans ces circonstances, le dégagement de chlore serait probablement dû à la présence d'un hypochlorite. En outre, la plupart des cyanures simples, et les solutions aqueuses concentrées de ceux de ces sels qui sont solubles, entrent en effervescence quand on les chauffe avec l'acide chlorhydrique. Cette effervescence est due à un dégagement de vapeurs d'acide cyanhydrique, reconnaissable à son odeur caractéristique et à la manière dont il se comporte avec le sulfure d'ammonium. (*Voy.* n° 99.)

$$HCl + KCAz = KCl + HCAz.$$

Les solutions aqueuses de certains sels, quand on les a rendues acides avec l'acide chlorhydrique, produisent un précipité provenant non de l'argent, du plomb et du mercure, mais des acides des sels respectifs.

Il se forme avec les persulfures un trouble blanc jaunâtre dû au soufre qui est mis en liberté. Ce précipité est toujours accompagné d'un dégagement d'hydrogène sulfuré :

$$2HCl + K^2S^2 = 2KCl + H^2S + S.$$

Avec les hyposulfites ils se produit graduellement un précipité plus jaunâtre de soufre et un dégagement d'anhydre sulfureux, ainsi :

$$2HCl + Na^2S^2O^3 = 2NaCl + H^2O + SO^2 + S.$$

Il se produit avec les silicates solubles un précipité gélatineux de silice, qui, soumis à l'évaporation, se sépare complétement et devient granuleux.

$$2HCl + K^2SiO^3 = 2KCl + H^2O + SiO^2.$$

S'ils sont suffisamment concentrés, les borates et les

benzoates donnent des précipités cristallins d'acides borique et benzoïque respectivement, qui se disssolvent dans l'eau bouillante et cristallisent de nouveau en se refroidissant

$$HCl + NaH^5(BO^3)^2 = NaCl + 2H^3BO^3$$
$$HCl + C^7KH^5O^2 = KCl + C^7H^6O^2.$$

On peut aussi mettre en évidence la présence des arsénites et des chromates, quand, pour découvrir les bases du premier groupe, on traite la solution acide de la substance par l'hydrogène sulfuré. Les solutions acides d'arséniates produisent lentement un précipité jaune qui est un mélange de trisulfure d'arsenic et de soufre, ainsi :

$$5H^2S + 2HCl + 2KH^2AsO^4 = 8H^2O + 2KCl + As^2S^3 + S^2$$

Les solutions acidulées des chromates laissent un dépôt blanc jaunâtre de soufre, tandis que la couleur rouge orange du liquide devient verte par la conversion de l'acide chromique en sel de chrome, ainsi :

$$3H^2S + 6HCl + 2CrO^3 = 6H^2O + Cr^2Cl^6 + S^3.$$

(48) β. Les azotates chauffés avec l'acide sulfurique laissent échapper des vapeurs acides, colorées quelquefois en brun par la présence du peroxyde d'azote. Si l'on ajoute un peu de tournure de cuivre au mélange, la couleur brune devient très-nette par suite d'un dégagement de bioxyde d'azote Az^2O^2 * incolore, qui se convertit immédiatement en peroxyde d'azote brun Az^2O^4 par une absorption de l'oxygène atmosphérique.

$$3H^2SO^4 + 3Cu + 2HAzO^3 = 3\overset{\prime\prime}{Cu}SO^4 + 4H^2O + Az^2O^2.$$

La vapeur soit avant, soit après l'addition du cuivre, a une

* Ce n'est probablement point Az^2O^2 mais AzO qui est la vraie formule du bioxyde d'azote. (*Note du traducteur.*)

odeur nitreuse caractéristique, rougit le papier de tournesol et colore en pourpre le papier d'amidon humecté d'iodure de potassium.

$$2KI + Az^2O^4 = 2KAzO^2 + I^2.$$

Les chlorates réagissent quelque peu violemment avec l'acide sulfurique. Ils produisent immédiatement une couleur brune; et, soit dès l'abord, soit sous l'influence de la plus légère chaleur, il se produit un craquement ou même une détonation tantôt sourde tantôt bruyante, occasionnée par la décomposition du peroxyde de chlore, préalablement mis en liberté.

Les tartrates et les citrates se carbonisent plus ou moins, les premiers en noircissant, les derniers simplement en brunissant.

Les carbonates, les sulfites et les sulfures entrent en effervescence avec l'acide sulfurique comme avec l'acide chlorhydrique, excepté qu'une partie de l'acide sulfhydrique, qui se dégage, réagit sur l'excès d'acide sulfurique pour former du soufre, de l'eau, et de l'anhydride sulfureux comme nous avons déjà décrit. (*Voy.* n° 45.)

γ. La plupart des chlorures chauffés avec l'acide sulfurique dégagent du gaz acide chlorhydrique qui rougit le papier de tournesol, et qui a une odeur piquante caractéristique. Par l'addition d'un peu de peroxyde de manganèse, du chlore se dégage reconnaissable à son odeur piquante particulière.

$$H^2SO^4 + MnO^2 + 2HCl = \overset{''}{Mn}SO^4 + 2H^2O + Cl^2.$$

Il blanchit le papier de tournesol et colore en pourpre le papier d'amidon, humecté avec une solution d'iodure de potassium.

Les bromures dégagent un mélange d'acide bromhydrique et de vapeur de brome; cette dernière est reconnaissable à sa couleur brune, à son odeur irritante et à sa faculté de blanchir le tournesol.

Les iodures donnent des vapeurs d'iode reconnaissables à leur couleur violette et à leur propriété de colorer en pourpre le papier d'amidon.

Les fluorures produisent des vapeurs piquantes d'acide fluorhydrique qui rougissent le papier de tournesol, et entament le verre. (*Voy.* n° 106.)

Les acétates dégagent des vapeurs d'acide acétique qui rougissent le papier de tournesol. Par l'addition d'un peu d'alcool, l'odeur piquante première de l'acide se change en une odeur de fruit due à l'éther acétique.

δ. Les borates ne sont pas visiblement attaqués par l'acide sulfurique, mais si l'on y ajoute de l'alcool et puis qu'on mette le feu au mélange dans une capsule, la flamme présente une couleur verte marquée.

Les oxalates et les cyanures se décomposent lorsqu'on les chauffe avec l'acide sulfurique ; ils dégagent du gaz oxyde carbonique, lequel est accompagné d'anhydride carbonique dans le cas des oxalates. Mais comme le dégagement du gaz peut facilement passer inaperçu, et que le gaz lui-même ne présente aucune propriété frappante, les oxalates et les cyanures sont compris parmi les sels qui ne produisent aucun effet visible avec l'acide sulfurique.

Les phosphates, les arséniates, les sulfates, les silicates et les oxydes, ne réagissent pas visiblement sur l'acide sulfurique. Avec certains peroxydes, il se produit cependant un dégagement d'oxygène qu'on peut convertir en chlore, si on ajoute du chlorure de sodium ou de l'acide chlorhydrique au mélange.

(49) Les divers réactifs liquides des acides doivent être appliqués de préférence à une solution aqueuse de la substance première; mais si celle-ci est insoluble dans l'eau, et n'est par conséquent ni un azotate ni un chlorure, on peut la dissoudre dans l'acide azotique ou chlorhydrique étendu d'eau, et appliquer ensuite les réactifs à la solution ainsi formée

La présence de certains métaux basiques empêche à l'occasion les réactions déjà décrites de plusieurs des acides ; ainsi, la solution d'acide chlorhydrique ou de tout chlorure, quand on l'essaye par l'azotate d'argent, donne un précipité blanc de chlorure d'argent, qu'on dit être promptement soluble dans l'ammoniaque. Mais si l'on ajoute de l'azotate d'argent à une solution de chlorure mercurique, et qu'on traite par l'ammoniaque le précipité blanc qui en résulte, il ne se produira aucune solution visible, parce que, quoique le chlorure d'argent précipité se dissolve alors complétement, il se forme simultanément par la réaction de l'ammoniaque sur le sel mercurique un composé blanc et insoluble de mercurammonium.

En se rappelant cependant que la présence du métal particulier, qu'on a déjà reconnu, doit probablement mettre obstacle à la réaction, on obtiendra des résultats satisfaisants de l'emploi de l'acide sulfurique, de l'acide chlorhydrique et de l'acide azotique.

Mais lorsqu'on veut rechercher l'acide phosphorique, oxalique ou tartrique ou d'autres acides encore, et qu'on rencontre quelque difficulté, il est important que la base du sel soit un des métaux alcalins : potassium, sodium, ou ammonium.

On peut se débarrasser des bases du premier groupe, en saturant la solution avec du gaz hydrogène sulfuré ; on la filtre, on laisse évaporer le liquide filtré jusqu'à ce qu'il n'ait plus aucune odeur, et on le neutralise avec du carbonate de sodium ou de potassium.

Pour séparer les bases du second groupe en même temps que le baryum, le strontium et le magnésium, on ajoute à la solution acide, ou même simplement aqueuse de la substance, un excès de carbonate de sodium ou de potassium, en faisant bouillir pendant quelque temps et l'on filtre. On peut ensuite neutraliser le liquide filtré, en y ajoutant goutte à goutte, au moyen d'une pipette, de l'acide azotique ou chlorhydrique.

(50) La table abrégée suivante nous montre l'action de quelques réactifs généraux sur les sels dissous des principaux acides. En s'aidant de cette table et de celle qui précède, l'étudiant trouvera rarement de la difficulté à découvrir promptement l'acide constituant de la substance qu'il examine, quoique en vérité la méthode pour la recherche des acides ne soit pas aussi systématique que celle pour la recherche des bases.

Dans une table plus complète pour la recherche des acides, nous aurions compris les réactions d'un petit nombre de genres salins organiques qui se rencontrent rarement tels que les formiates, les succinates, les citrates, les méconates, les gallates, les tannates et les ferricyanures ; celles d'un petit nombre de genres salins minéraux qui se rencontrent aussi très-rarement, savoir : les iodates, les séléniates et les silicofluorures ; celles d'un petit nombre de genres salins minéraux qu'on rencontre rarement à l'état soluble, savoir : les silicates, les fluorures, et les arséniates déjà trouvés. Nous aurions également mentionné les divers précipités produits par l'azotate d'argent et l'azotate de barium, qui disparaissent, quand on acidifie, et qui ont peu d'intérêt dans la pratique.

TABLE V. — RÉACTIONS POUR LA RECHERCHE DES ACIDES.

α. AZOTATE D'ARGENT.	β. AZOTATE DE BARIUM.	γ. CHLORURE DE CALCIUM.	ε. PERCHLORURE DE FER.
Dans les solutions acides.	Dans les solutions acides.	Dans les solutions acétiques.	Dans les solutions acides.
CHLORURES, CYANURES, BROMURES } Blanc.	SULFATES. Blanc.	OXALATES. Blanc.	FERROCYANURES. Bleu.
	Dans les solutions non acides.	Dans les solutions neutres.	
IODURES. Jaune.	CHROMATES. Jaune.	TARTRATES. Blanc.	SULFOCYANATES. Rouge.
SULFURES. Noir.	CARBONATES, SULFITES } Blanc.	δ. SULFATES DE MAGNÉSIUM	Dans les solutions neutres.
		Dans les solutions ammoniacales.	BORATES, BENZOATES } Brun.
		PHOSPHATES. Blanc.	ACÉTATES. Rouge.

(51) α. La moyenne partie des sels d'argent étant plus ou moins insolubles dans l'eau, l'*azotate d'argent* détermine des précipités dans les solutions d'un grand nombre de classes de sels. Les réactions consistent dans l'échange que fait l'azotate d'argent de son argent contre le métal ou quasi-métal de la solution du sel qu'on examine. Les équations suivantes nou en ournissent un exemple :

$$AgAzO^3 + KI = KAzO^3 + AgI$$
$$6AgAzO^3 + Fe^2Cl^6 = Fe^2(AzO^3)^6 + 6AgCl$$
$$2AgAzO^3 + (AzH^4)^2C^2O^4 = 2AzH^4AzO^3 + Ag^2C^2O^4$$
$$3AgAzO^3 + Na^2HPO^4 = \left\{ \begin{matrix} 2NaAzO^3 \\ HAzO^3 \end{matrix} \right. + Ag^3PO^4$$

Tous les précipités produits par l'azotate d'argent disparaissent par l'addition de l'acide azotique, et ils ne se forment pas en présence de cet acide libre. Le chlorure, le cyanure, le bromure, l'iodure et le sulfure font exception.

Avec les chlorures, le précipité d'argent est blanc. Exposé à la lumière, il prend la couleur d'ardoise et il est soluble dans l'ammoniaque avant sa décoloration. Du chlore se dégage lorsqu'on chauffe la substance première avec du peroxyde de manganèse et de l'acide sulfurique.

Avec les cyanures simples*, le précipité d'argent est blanc, soluble dans l'ammoniaque et dans l'acide azotique concentré bouillant. Lorsqu'on a lavé par décantation une portion de ce précipité, on peut le traiter par le sulfure d'ammonium jaune; il se produit par là du sulfure d'argent et du sulfocyanate d'ammonium, ce dernier prend une couleur rouge foncée par l'addition d'un sel ferrique. On doit éviter d'employer un excès de sulfure d'ammonium, ou s'en débarrasser ensuite par une évaporation à siccité, sans quoi la réaction serait masquée.

Avec les bromures le précipité d'argent est blanc et se dissout difficilement dans l'ammoniaque. Le brome se dégage du sel primitif quand on traite celui-ci par l'acide sulfurique, et de la solution du sel quand on la traite par quelques gouttes d'eau régale ou d'eau de chlore. Sous l'influence de ce dernier réactif, le liquide prend une couleur rouge brun qu'on peut rendre plus évidente encore en agitant le liquide avec un peu d'éther ou de chloroforme qui dissout le brome et vient former une couche d'un brun foncé à la surface ou au fond du liquide.

Avec les iodures le précipité d'argent est de couleur jaune pâle. Soumis à l'action de l'ammoniaque il ne se dissout pas, mais il devient blanc. L'iode se sépare du sel primitif sous l'influence de l'acide sulfurique, et de la solution du sel sous l'action de quelques gouttes d'acide azotique, d'eau régale ou

* Le ferrocyanure et le sulfocyanate d'argent sont aussi des précipités blancs, et le ferricyanure est un précipité brun. Aucun de ces trois sels n'est attaqué par l'acide azotique. Mais les ferrocyanures, les ferricyanures et les sulfocyanates sont faciles à reconnaître par la manière dont ils se comportent avec les sels de fer. (*Note de l'auteur.*)

d'eau de chlore. Sa présence se manifeste soit par la couleur pourpre qu'il communique au papier amidonné ou à la pâte d'amidon étendue qu'on a ajoutée au liquide, soit par la couleur rose ou écarlate qu'il communique au chloroforme.

Avec les sulfures le précipité d'argent est noir, insoluble dans l'ammoniaque mais soluble dans l'acide azotique bouillant. Le nitro-ferricyanure de sodium, ajouté à un sulfure alcalin, y produit une coloration pourpre foncée.

Parmi les précipités d'argent qui disparaissent sous l'influence de l'acide azotique, l'hydrate est brun, le chromate rouge foncé, l'arséniate rouge brique, le phosphate jaune clair quoique quelquefois blanc, le carbonate jaune pâle et le reste blanc; l'oxalate est insoluble dans l'acide acétique; l'acétate ne se dépose que dans les solutions concentrées; les tartrates, formiates et sulfites sont réduits à l'état métallique par l'ébullition, tandis que les borates, benzoates et citrates n'ont aucune propriété caractéristique.

(52) β. La plupart des sels de barium étant insolubles ou peu solubles dans l'eau, l'*azotate* ou le *chlorure de barium* précipite les solutions d'un grand nombre de genres salins. La réaction consiste dans l'échange du barium que fait l'azotate ou le chlorure de barium contre le métal ou quasi-métal du sel qu'on examine, ainsi :

$$\overset{''}{Ba}(AzO^3)^2 + Na^2SO^4 = 2NaAzO^3 + \overset{''}{Ba}SO^4$$
$$\overset{''}{Ba}Cl^2 + KHSO^4 = KCl + HCl + \overset{''}{Ba}SO^4.$$

Avec les sulfates le précipité de barium est blanc, et opaque, s'il est en quantité suffisante; il ne disparaît pas par l'addition de l'acide azotique ou chlorhydrique, mais il est néanmoins légèrement soluble dans l'acide azotique concentré. Les précipités de séléniate et de silico-fluorure de barium sont aussi blancs et inattaquables par les acides. (*Voy.* n° 95.) Parmi les précipités barytiques qui se dissolvent dans l'acide azotique ou chlorhydrique, le chromate est jaune et les autres sont blancs. Le carbonate et le sulfite se dissolvent avec effervescence ; les arséniates, les borates et les tartrates ne se forment pas dans les solutions ammoniacales et, quand il arrive qu'ils se forment, ils disparaissent plus ou moins promptement par l'addition du chlorure d'ammonium. Les oxalates et les phosphates ne présentent aucune propriété caractéristique.

(53) γ. A quelques exceptions près, le *chlorure de calcium* détermine des précipités dans les diverses classes de sels qui sont précipités par le chlorure ou par l'azotate de barium ; mais, tandis que le sulfate de barium est beaucoup moins soluble dans l'eau et les acides que le sulfate de calcium, l'oxalate de calcium est beaucoup plus insoluble dans l'eau et dans l'acide acétique que l'oxalate de barium.

Dans les solutions d'oxalates dans lesquelles il n'y a aucun acide minéral libre, le chlorure ou le sulfate de calcium détermine un précipité blanc opaque d'oxalate de calcium. On peut, s'il est en petite quantité, en faciliter le dépôt en secouant le liquide :

$$\overset{''}{Ca}Cl^2 + K^2C^2O^4 = 2KCl + \overset{''}{Ca}C^2O^4.$$

Ce précipité est insoluble dans l'ammoniaque et dans l'acide acétique, mais il se dissout dans l'acide azotique ou chlorhydrique étendu. On le distingue du sulfate de calcium, qui se dépose accidentellement sous l'influence du chlorure de calcium dans les solutions concentrées des sulfates, en ce qu'il est soluble dans les acides minéraux et en ce qu'il a la propriété de faire effervescence avec l'acide sulfurique et le peroxyde de manganèse ; et on le distingue des phosphate, tartrate, carbonate et autres sels de calcium insolubles dans l'eau, en ce qu'il est insoluble dans l'acide acétique.

La solution sur laquelle doit réagir le chlorure de calcium pour la recherche de l'acide oxalique, doit être alcaline, ou neutre, ou acidifiée par l'acide acétique seulement. Si, en préparant la solution on avait fait usage d'un carbonate alcalin, il faudrait la neutraliser avec de l'acide acétique ou chlorhydrique. Si la solution contient un acide minéral, on peut, soit le neutraliser par l'ammoniaque, soit ajouter de l'acétate d'ammoniaque; sous l'influence de ce dernier réatif, l'acide minéral libre est remplacé par l'acide acétique. Ainsi :

$$HCl + C^2H^3(AzH^4)O^2 = AzH^4Cl + C^2H^4O^2;$$

mais en pratique il est mieux d'ajouter l'ammoniaque et l'acide acétique séparément.

Dans les solutions neutres des tartrates, le chlorure de calcium donne un précipité blanc de tartrate de calcium soluble même dans l'acide acétique.

$$\overset{''}{Ca}Cl^2 + C^4H^4KNaO^6 = KCl + NaCl + C^4H^4\overset{''}{Ca}O^6.$$

Lorsqu'on fait digérer ce précipité dans la potasse, qu'on filtre et qu'on fait bouillir ensuite, le liquide filtré donne un trouble blanc qui disparaît par le refroidissement; c'est par cette manière dont il se comporte avec la potasse qu'on distingue le tartrate du phosphate et des autres sels insolubles de calcium. La présence d'une grande quantité d'un sel ammoniacal empêche la précipitation du tartrate de calcium.

(54) δ. Quoique les solutions des phosphates précipitent également l'azotate d'argent, l'azotate de barium, le chlorure de calcium, le sulfate de magnésium, et le perchlorure de fer, c'est le précipité de magnésium qui caractérise le mieux l'acide phosphorique. Dans une solution neutre ou alcaline de phosphate, un mélange de *sulfate de magnésium*, de chlorure d'ammonium et d'ammoniaque, produit, un précipité blanc cristallin de phosphate d'ammonium et de magnésium, ainsi :

$$\overset{''}{Mg}SO^4 + AzH^3 + Na^2HPO^4 = Na^2SO^4 + AzH^4\overset{''}{Mg}PO^4.$$

De même que tous les précipités de magnésium, le phosphate ammoniaco-magnésien est aisément soluble dans les acides, mais différent de tout autre sel de magnésium, l'arséniate excepté, il est insoluble dans l'ammoniaque et les sels ammoniacaux. Nous avons un réactif utile pour confirmer la présence des phosphates dans le précipité jaune donné par l'azotate d'argent, comme aussi dans la réaction du molybdate d'ammonium (*voy.* n° 100), quoique ce dernier soit commun aux acides arsénique et phosphorique.

(55) ε. Le *perchlorure de fer* qui, dans la plupart des cas, doit être exempt de tout excès d'acide, détermine des précipités ou des altérations de couleur caractéristiques, dans les solutions de bien des genres salins, parmi lesquelles nous pouvons mentionner les suivantes :

Avec les ferrocyanures, il donne un précipité bleu de Prusse Fe^7Cy^{18} ou $(\overset{II}{Fe}Cy^6)^3(\overset{VI}{Fe^2})^2$, tandis qu'avec les sulfocyanates, il se développe une couleur rouge foncée due au sulfocyanate ferrique, $(\overset{VI}{Fe^2})(CyS)^6$. L'addition de l'acide chlorhydrique n'empêche aucun de ces résultats.

Avec les borates, les benzoates ou les phosphates neutres, il se produit un précipité brun pâle de borate, de benzoate, ou de phosphate de fer, qui disparaît par l'addition de l'acide chlorhydrique. Le phosphate, cependant, $(\overset{VI}{Fe^2})(Po^4)^2$ est à peine attaqué par l'acide acétique, à moins qu'il ne soit en présence d'un excès de fer considérable. Il produit, avec les acétates et les sulfites neutres, une coloration d'un brun rougeâtre foncé, qui disparaît par l'addition de l'acide chlorhydrique ou sous l'influence de l'ébullition; dans ce dernier cas il se produit un précipité brun rouge. Aucun des réactifs généraux, mentionnés dans la table, ne donne de réaction avec les azotates et les chlorates.

(56) Quoique, ainsi que nous l'avons déjà vu, les divers réactifs réagissent d'une manière plus ou moins caractéristique sur presque tous les acides, l'étudiant pourra néanmoins trouver utile la liste suivante des genres salins, et des réactifs qui indiquent ou établissent plus particulièrement leur présence.

CHROMATES . . .	Réaction avec l'acide sulfhydrique.
AZOTATES. . . . CHLORATES . . .	Déflagration sur le charbon et réaction avec l'acide sulfurique.
CARBONATES . . . SULFURES. . . SULFITES. . . .	Effervescence avec les acides.
SULFATES. . . .	Précipitation par le chlorure de barium.
CHLORURES . . . BROMURES . . . IODURES . . . . CYANURES. . . .	Précipitation par l'azotate d'argent.
PHOSPHATES. . .	Précipitation par le sulfate de magnésium.
OXALATES. . . . TARTRATES . . .	Précipitation par le chlorure de calcium.
ACÉTATES. . . . BENZOATES . . .	Réaction avec le perchlorure de fer.
BORATES . . . . FLUORURES . . . SILICATES. . . .	Réactifs spéciaux.

Nous avons adopté l'ordre de cette liste, dans les paragraphes suivants où nous décrivons les diverses réactions de chaque acide en particulier.

§ VII. — SUBSTANCES SPÉCIALES.

(57) Quoiqu'il soit à peine possible de donner des règles générales, pouvant s'appliquer à chaque cas particulier, pourtant il nous reste à donner quelques considérations sur certains composés dont la recherche est impraticable ou au moins difficile, en suivant la direction donnée dans les tables précédentes. Il y a quelques substances, par exemple, qui sont insolubles dans tous les dissolvants ordinaires, et qu'on doit, par cette raison, soumettre à des modes spéciaux de traitement, pour les transformer en de nouvelles combinaisons solubles.

De même, il y a des composés de barium, de strontium, de calcium et de magnésium, qui peuvent être précipités par le sulfure d'ammonium, comme le sont les membres du second groupe de métaux, et que, dans les laboratoires, on connaît sous le nom de sels terreux. Il y a aussi des oxydes, ou composés sans acide, des acides, ou composés sans autre métal que l'hydrogène et deux ou trois mélanges. En outre, nous donnons quelques remarques sur l'examen des substances à l'état liquide ou de dissolution et sur la solubilité des métaux denses, dans les solutions alcalines.

(58) Composés insolubles.

Nous connaissons bien des substances qui ne se dissolvent ni dans l'eau, ni dans un acide ordinaire, ni dans un mélange de plusieurs acides, même avec l'aide de la chaleur. Parmi les corps de cette classe, ceux que l'étudiant aura le plus à remarquer, sont les suivants : le peroxyde d'étain ; le peroxyde d'antimoine; les chlorures, bromures et iodures d'argent; le sulfate de barium, de strontium et peut-être de plomb; l'oxyde chromique; l'alumine et quelques aluminates ; enfin la silice et certains silicates. On peut rencontrer plusieurs de ces corps, aussi bien à l'état soluble qu'à l'état insoluble, mais les composés d'argent et les sulfates terreux sont toujours insolubles. Quoique le sulfate de strontium soit dans la pratique insoluble, on peut pourtant en dissoudre dans l'eau une quantité suffisante, pour former une solution, dans laquelle on peut découvrir la présence de l'acide sulfurique, en y ajoutant un sel de barium. Le sulfate de plomb se dissout aussi, quoique difficilement, dans l'acide chlorhydrique bouillant; par le refroidissement de cette solution, le chlorure de plomb cristallise. Pour l'analyse, on peut classer ces corps plus moins insolubles en composés de métaux denses facilement reconnaissables au chalumeau (α), et en composés terreux qui, pour être reconnus, ont besoin d'être examinés plus spécialement (β).

α. Les composés insolubles d'étain, d'antimoine, d'argent et de plomb, quand on les mêle avec un flux de cyanure et qu'on les chauffe sur du charbon à la flamme du chalumeau, donnent des grains de métal qu'on peut distinguer entre eux par leur apparence, leur texture, la manière dont ils se comportent avec les acides, les conditions dans lesquelles ils se combinent avec eux ou s'en séparent, enfin par des incrustations de caractère défini. (*Voy.* n° 26 *δ*.)

On peut reconnaître l'acide sulfurique du composé insoluble de plomb, en faisant bouillir ce dernier avec une solution de carbonate de sodium ou de potassium, puis, après avoir filtré, en faisant réagir sur le liquide filtré, de l'acide azotique et de l'azotate de barium, pour y découvrir la présence du sulfate alcalin, résultant de la décomposition du sulfate de plomb primitif. Ainsi :

$$\overset{''}{Pb}SO^4 + Na^2CO^3 = Na^2SO^4 + \overset{''}{Pb}CO^3.$$

On peut découvrir le chlore, le brome et l'iode du composé insoluble d'argent, en fondant ce composé avec un mélange de carbonate de sodium et de carbonate de potassium dans une petite capsule de porcelaine ou dans une cuiller de fer, et en traitant la masse saline qui en résulte par de l'acide sulfurique et du peroxyde de manganèse, ou la solution de cette masse saline par de l'acide azotique et de l'azotate d'argent. Pendant la fusion avec l'alcali carbonaté, le chlorure, le bromure, ou l'iodure d'argent se décompose, le corps halogène se transporte de l'argent au métal alcalin, ainsi :

$$2AgCl + Na^2CO^3 = 2NaCl + Ag^2 + CO^2 + O.$$

On reconnaît l'oxyde chromique à sa couleur vert sombre, à la couleur vert brillant qu'il communique à la perle de borax, et en ce que, si on le fond avec un peu de nitre et de carbonate de sodium, il se convertit en chromate alcalin jaune. On peut dissoudre ce chromate dans l'eau, et appliquer les réactifs ordinaires des chromates à la solution jaune ainsi formée.

β. On peut reconnaître les autres composés insolubles et non réductibles, par le procédé suivant. On réduit la substance en une poudre très-fine, on la mêle avec trois ou quatre fois son poids de carbonate de sodium et de carbonate de potassium, et pendant quelque temps on la maintient en fusion dans une capsule ou sur une feuille de platine : il se produit la double décomposition suivante :

$$\overset{''}{Ba}SO^4 + Na^2CO^3 = Na^2SO^4 + \overset{''}{Ba}CO^3$$
$$(\overset{VI}{Al^2})(SiO^3)^3 + 3Na^2CO^3 = 3Na^2SiO^3 + (\overset{VI}{Al^2})O^3 + 3CO^2.$$

En faisant bouillir dans l'eau la masse fondue et la filtrant ensuite, on obtient une solution claire, contenant un sulfate ou un silicate, et peut être un peu d'aluminate de sodium, tandis qu'il reste sur le filtre un résidu non dissous consistant en alumine ou en carbonate de barium ou de strontium, ou peut-être en carbonate ou oxyde de quelque autre métal basique, existant premièrement sous la forme de silicate ou d'aluminate. Après qu'on a lavé ce résidu avec de l'eau, on le dissout dans l'acide chlorhydrique étendu, et on fait agir sur la solution qui en résulte les réactifs d'usage pour l'aluminium, le barium, le strontium et les métaux basiques en général.

On acidifie le liquide filtré avec de l'acide chlorhydrique, et, s'il en résulte quelque dépôt, on en refiltre une portion, et on y recherche l'acide sulfurique, au moyen de l'azotate ou du chlorure de barium. On doit faire évaporer le reste du liquide filtré jusqu'à siccité, qu'il ait été ou non troublé par l'acide chlorhydrique; on le chauffe légèrement, et on y fait agir de nouveau l'acide chlorhydrique et l'eau. Tout résidu non dissous et granuleux consistera en silice, qu'on pourra identifier en la fondant au chalumeau avec une perle de carbonate de sodium. L'alumine se dissoudra dans la liqueur acide et se déposera si on neutralise celle-ci avec de l'ammoniaque.

(59) Sels terreux.

Ces composés étant insolubles dans l'eau, se précipitent inaltérés de leurs solutions acides, quand on y ajoute un hydrate, un carbonate ou un sulfure alcalin. C'est ainsi qu'ils se montrent parmi les membres du second groupe de bases. On peut y joindre le perphosphate de fer, qui, dans ses solutions acides, se comporte comme les sels terreux avec les hydrates et les carbonates alcalins, ainsi :

α.	Fer	Phosphate.
β.	Barium, Strontium, Calcium	Phosphate. Oxalate. Fluorure.
γ.	Magnésium	Phosphate.

Nous allons mentionner ici la méthode pour reconnaître avec facilité ces différents composés pris séparément, tandis que dans le chapitre IV, nous indiquerons le procédé plus difficile de recherche du fer, du calcium, du magnésium, et de l'acide phosphorique mélangés.

α. On peut découvrir le fer dans la solution primitive acide, en y faisant agir le sulfocyanate ou le ferrocyanure de potassium; et l'acide phosphorique, en y faisant agir le molybdate d'ammonium et l'acide azotique. Après avoir neutralisé par l'ammoniaque tout excès d'acide minéral dépassant la quantité qui est strictement nécessaire pour tenir la substance en dissolution on obtient par une addition d'acétate d'ammonium un précipité de phosphate de fer couleur de buffle, à moins pourtant que le rapport de l'acide phosphorique au fer ne soit très-petit.

β. On peut découvrir le barium et le strontium dans la solution originale au moyen du sulfate de potassium, et on peut les distinguer par la manière différente dont leurs sels se comportent avec l'acide hydro-fluosilicique et au chalumeau. On peut aussi découvrir le calcium dans la solution primitive en ajoutant à cette dernière du sulfate de potassium et de l'alcool. On recueille sur un filtre le sulfate de calcium précipité, on le lave avec de l'alcool, on le dissout dans l'eau et l'on fait réagir l'oxalate d'ammonium sur la solution. On reconnaît l'acide phosphorique dans la solution primitive par le molybdate d'ammonium, et l'acide azotique.

L'acide oxalique est reconnaissable à l'effervescence qui se produit quand on ajoute de l'acide sulfurique étendu, et du peroxyde de manganèse à la solution originale. On peut aussi le découvrir au précipité blanc d'oxalate de calcium qui se produit, si on fait bouillir avec un excès de carbonate de sodium la liqueur acide, qu'on la filtre, qu'on acidule légèrement le liquide filtré au moyen de l'acide acétique, et qu'on ajoute ensuite du chlorure de calcium. En outre, l'oxalate de calcium, comme le phosphate de fer, se dépose de sa solution chlorhydrique, si on y ajoute de l'acétate d'ammonium.

On peut découvrir le fluor en traitant la substance originale par l'acide sulfurique ou par ce même acide et la silice. (*Voy.* n° 106.)

7. Ni le sulfate de potassium et l'alcool, ni l'acétate d'ammonium ne peuvent précipiter le magnésium de ses solutions acides, mais, en présence de l'acide phosphorique et d'un excès d'ammoniaque, les sels de ce métal donnent un précipité cristallin de triple phosphate qu'on peut examiner au microscope, ou, si cela est nécessaire, qu'on dissout dans l'acide acétique ou dans l'acide chlorhydrique, de manière à former une solution qu'on puisse soumettre à un examen ultérieur.

(60) Oxydes et Sulfures.

On reconnaît en général les oxydes à leurs propriétés physiques, et à ce qu'ils ne présentent aucune des réactions des acides. Les peroxydes donnent du gaz chlore lorsqu'on les fait bouillir avec l'acide chlorhydrique ou avec l'acide sulfurique et le sel ordinaire. On reconnaît les hydrates solubles ou oxydes hydratés à leur réaction alcaline sur les papiers colorés, à ce qu'ils ne font pas ou presque pas effervescence sous l'influence des acides, et à ce qu'une solution d'azotate d'argent les précipite en brun. La solution d'un hydrate, se distingue en outre de celle d'un carbonate par cette circonstance que l'addition d'un excès de chlorure de barium ne fait pas disparaître la réaction alcaline.

Ceux des **sulfures** qui ne sont solubles que dans l'eau régale ou dans l'acide azotique concentré se convertissent en sulfates sous l'action de ces acides. On reconnaît cependant que l'acide sulfurique n'existait pas dans la substance primitive en fondant cette dernière avec du carbonate de sodium : la masse fondue fournit les réactions d'un sulfure, et non celles d'un sulfate soluble. Il est extrêmement difficile de dissoudre complétement certains sulfures dans un acide; cela provient de ce que le soufre qui se dépose, fond autour de la substance inaltérée, et prévient toute action ultérieure de l'acide sur elle. C'est ce qui arrive particulièrement avec les sulfures d'arsenic et de mercure à leur état ordinaire de sublimation, mais on peut facilement reconnaître ces sulfures à leur couleur, à leur volatilité, à ce que chauffés avec un flux de soude, par exemple, ils se réduisent et se convertissent en métal sublimé.

(61) Acides ou Sels d'hydrogène.

Les acides ordinaires solides se reconnaissent à leur solubilité dans l'eau froide ou chaude, avec laquelle ils forment des liquides fortement acides, qui décomposent les carbonates alcalins avec effervescence, qui ne sont précipités par aucun des réactifs qui servent à reconnaître les métaux, et qui, chauffés avec de la potasse caustique, ne dégagent pas d'ammoniaque. Les acides borique et phosphorique fournissent par la calcination des résidus fusibles d'anhydride borique, et d'acide méta-phosphorique respectivement.

Sous l'influence d'une chaleur prolongée, les acides oxalique, benzoïque, tartrique, et citrique se brûlent entièrement; sans laisser de résidu; les deux derniers commencent par se charbonner avant de disparaître.

On reconnaît les acides liquides, savoir : les acides sulfurique, azotique, chlorhydrique et acétique à leur état liquide, à leur volatilité; à leur forte réaction acide et, excepté pour l'acide sulfurique, à leur odeur caractéristique; quand on recherche les bases, ils ne donnent que des résultats négatifs. On caractérise facilement l'acide sulfurique et l'acide azotique par leur action respective sur le cuivre métallique, et l'acide chlorhydrique par son action sur le peroxyde de manganèse. (*Voy.* chap. III.)

Les sels acides, tels par exemple, que les sulfates, les oxalates et les tartrates acides, manifestent sur le papier de tournesol une réaction fortement acide, et entrent en effervescence avec les carbonates alcalins. Mais ou ils dégagent de l'ammoniaque lorsqu'on les traite par la potasse caustique, ou ils laissent un résidu fixe lorsqu'on les calcine. Dans le cas des oxalates et des tartrates acides, ce résidu n'est autre chose qu'un carbonate alcalin. Les sels acides de potassium réagissent avec le perchlorure de platine, mais non avec l'acide tartrique, à moins qu'on ne les ait préalablement neutralisés par la soude.

(62) Sels divers.

Quand on traite une solution d'iodure de potassium par l'acide tartrique, elle réagit d'une manière satisfaisante, mais, avec le perchlorure de platine, elle produit un liquide brun foncé. Lorsque son iode a été précipité par un excès d'azotate d'argent et que l'excès d'argent a été enlevé par l'acide chlorhydrique, le liquide filtré produit avec le perchlorure de platine un précipité jaune caractéristique de chloro-platinate de potassium.

Le calomel se présente en poudre dense, blanche et volatile; on peut facilement le dissoudre dans l'acide azotique concentré, mais il se convertit alors en un sel mercurique ; il est d'ailleurs facile de voir qu'il était d'abord à l'état de sel mercureux, à ce caractère que la poudre elle-même devient noire quand on l'agite avec une solution de potasse.

On fait facilement la différence entre le calomel et le précipité blanc (amido-chlorure de mercure ou chlorure de mercurammonium), qui est un composé mercurique, en le chauffant légèrement avec une solution de potasse; il prend une couleur jaune orangée, et dégage des vapeurs d'ammoniaque. Il est insoluble dans l'eau, soluble dans les acides azotique et chlorhydrique, et se volatilise sous l'influence de la chaleur.

Les sulfures d'arsenic connus sous les noms de réalgar et d'orpiment sont des corps solides et volatils de couleur orangée ou jaune. Bouillis avec l'eau régale, ils se convertissent en grande partie en acide arsénique qu'on peut obtenir à l'état solide, par l'évaporation. L'hydrogène sulfuré précipite lentement la solution de cet acide, à moins qu'on ne l'ait préalablement ramenée à un état inférieur d'oxydation en la traitant par l'acide sulfureux.

(63) Substances liquides ou dissoutes.

On fait évaporer sur un verre de montre quelques gouttes du liquide et on examine le résidu, s'il y en a, au moyen du microscope. Y a-t-il un résidu solide appréciable, il faut évaporer une plus grande quantité de liquide dans une capsule, noter l'odeur et la réaction de la vapeur et soumettre le résidu à la calcination comme nous l'avons décrit aux n° 25 et 26.

On s'assure ensuite de la réaction du liquide sur le papier réactif.

Parmi les liquides volatils, l'eau, l'alcool et l'éther sont neutres ; l'ammoniaque, alcaline ; et les acides sulfurique, azotique, chlorhydrique et acétique fortement acides. On peut facilement distinguer entre eux ces divers liquides par quelques essais très-simples.

Les solutions qui, en s'évaporant, laissent un résidu

salin et qui sont parfaitement neutres, contiennent probablement quelque sel d'un métal alcalin ou alcalino-terreux. Les sels des métaux denses, à l'exception de quelques-uns seulement, présentent une acidité plus ou moins marquée.

Les solutions dont la réaction est alcaline, c'est-à-dire qui ont la propriété de verdir le sirop de violette, de rendre brun le papier de curcuma et de bleuir le papier de tournesol rougi, peuvent contenir l'hydrate ou le sulfhydrate d'un métal alcalino-terreux; l'hydrate, le sulfhydrate, le carbonate, le phosphate, le borate ou le silicate d'un métal alcalin, ou certain métal dense dissous dans un excès d'hydrate ou carbonate alcalin. (*Voy.* n° 64.)

Les solutions dont la réaction acide a la propriété de rougir le papier de tournesol peuvent contenir un acide libre ou un sel acide ou le sel normal d'un métal dense ; dans ce dernier cas, l'addition d'une seule goutte de potasse donnera probablement un précipité.

Après l'examen préliminaire ci-dessus, on peut essayer la solution selon la direction des tables I, II, III et V; dans certains cas, on peut dissoudre dans l'eau ou dans un acide le résidu de l'évaporation et employer de préférence la solution ainsi formée. Si on suppose que le premier dissolvant soit autre que l'eau, on peut le distiller, le condenser dans un récipient et l'examiner séparément.

(64) Solutions alcalines des métaux denses.

Comme ceux des métaux alcalins, les hydrates de barium, de strontium et de calcium sont solubles dans l'eau. Les hydrates de tous les autres métaux y sont insolubles, et peuvent en conséquence être précipités par les alcalis caustiques. Les hydrates de plomb, de chrome, d'aluminium et de zinc se dissolvent facilement dans un excès de potasse ou de soude ; ceux d'argent, de cuivre, de cadmium, de nickel, de cobalt, de manganèse, de zinc et de magnésium, le sont dans un excès d'ammoniaque ; ceux de chrome et de fer (sels ferreux) le sont modérément dans ce même excès surtout en présence des sels neutres d'ammonium ; tandis que ceux de bismuth, de mercure et de fer (sels ferriques), ne sont solubles dans l'excès d'aucun de ces réactifs. Lorsqu'on fait bouillir les solutions alcalines de chrome, tout l'hydrate chromique se précipite ; les hydrates d'étain, d'antimoine et d'arsenic, dont les sulfures sont solubles dans le sulfure d'ammonium, n'offrent dans l'analyse aucun intérêt pratique. Dans l'eau, le trioxyde d'arsenic n'est que légèrement soluble, mais il l'est entièrement dans tous les liquides alcalins. L'hydrate d'antimoine et les deux hydrates d'étain sont solubles dans un excès de potasse, l'hydrate stannique est également soluble dans un excès d'ammoniaque. Par l'ébullition, la solution potassique d'hydrate stanneux se décompose en étain métallique qui se dépose en poudre noire, et en stannate de potassium qui reste dissous.

Les précipités que produit le carbonate d'ammonium dans les solutions d'argent, de cuivre, de nickel, de cobalt, de zinc et de magnésium sont promptement solubles dans un excès de réactif, surtout en présence du chlorure d'ammonium ; tandis que ceux de fer (sels ferreux) et de chrome ne le sont que modérément. Les précipités produits dans les solutions de cadmium et de manganèse ne peuvent pas plus se dissoudre dans un excès de réactif que ne le peuvent tous ceux qui se forment dans les solutions des métaux dont les hydrates sont insolubles dans l'ammoniaque. Aucun des précipités formés par les carbonates alcalins fixes ne peut se redissoudre dans un excès de réactif, excepté celui que fournissent les sels stanniques. Ce dernier se dissout dans un excès du précipitant, et se dépose de nouveau par l'ébullition.

§ VIII. — CARACTÈRES DISTINCTIFS DES BASES DU PREMIER GROUPE.

(65) Étain.

Il y a deux sortes de sels d'étain, les sels stanneux ou protosels représentés par le protochlorure d'étain, $SnCl^2$, et les sels stanniques ou persels, représentés par le perchlorure d'étain $SnCl^4$.

α. Lorsqu'on chauffe sur du charbon les composés d'étain avec un mélange de carbonate de sodium et de cyanure de potassium, il se forme un globule blanc d'un métal malléable. S'il y a quelque incrustation, elle est très-légère. Lorsque, au moyen du marteau, on a aplati ce globule et qu'on le dissout dans l'acide chlorhydrique, on peut appliquer à cette solution les réactifs des sels stanneux.

Sels stanneux.

α. L'*acide sulfhydrique* produit un précipité jaune de protosulfure d'étain SnS. On peut dissoudre celui-ci dans le sulfure jaune d'ammonium où il se convertit en persulfure d'étain SnS^2, de sorte que, en ajoutant un acide à cette solution, on obtient un précipité jaune et non pas brun. Le précipité de protosulfure d'étain formé d'abord se convertit, sous l'influence de l'acide azotique bouillant, en une poudre blanche insoluble, qui n'est autre chose qu'un anhydride stannique SnO^2.

β. En ajoutant soigneusement une solution de *sublime corrosif* aux solutions stanneuses, on obtient un précipité blanc de calomel HgCl, qui devient promptement gris, et finalement noir par suite de sa réduction à l'état de mercure métallique.

Sels stanniques.

α. L'*acide sulfhydrique* produit un précipité jaune de bisulfure d'étain SnS^2. Celui-ci est insoluble dans les carbonates, mais soluble dans l'hydrate et le sulfure d'ammonium, d'où il peut se reprécipiter par l'addition d'un acide. L'acide chlorhydrique bouillant le dissout également, et mieux encore si l'on y ajoute un peu d'acide azotique. Sous l'influence de l'acide azotique concentré, il se convertit en une poudre insoluble d'anhydride stannique SnO^2.

(66) Arsenic.

On peut convertir l'acide arsénieux en acide arsénique en le faisant bouillir avec de l'acide azotique concentré auquel on peut ajouter avec avantage un peu d'acide chlorhydrique ; mais pour réussir dans l'application des divers réactifs, on doit faire évaporer jusqu'à siccité le liquide acide, et faire dissoudre le résidu dans de l'eau. On peut aisément convertir l'acide arsénique en acide arsénieux en faisant passer à travers sa solution un courant de gaz acide sulfureux, ou en le chauffant avec du sulfite de sodium et de l'acide chlorhydrique étendu.

α. Dans les solutions d'acide arsénieux, ou d'acide arsénique après l'action de l'acide sulfureux, l'*acide sulfhydrique* produit un précipité jaune de trisulfure d'arsenic As^2S^3. Le carbonate, l'hydrate et le sulfure d'ammonium peuvent dissoudre ce précipité, et l'addition d'un acide peut le reformer. Il est insoluble dans l'acide chlorhydrique bouillant, mais facilement soluble dans l'acide azotique ou l'eau régale à chaud.

β. L'*azotate d'argent* produit, dans les solutions neutres ou légèrement ammoniacales d'acide arsénieux, un précipité jaune d'arsénite d'argent Ag^3AsO^3, et dans les mêmes solutions d'acide d'arsénique un précipité rouge brique d'arséniate d'argent Ag^3AsO^4. Ces deux précipités sont solubles dans un excès d'ammoniaque ou d'acide azotique.

γ. Le *sulfate de cuivre* produit dans les solutions neutres ou imperceptiblement ammoniacales d'acide arsénieux, un précipité vert d'herbe, d'arsénite de cuivre $H\overset{''}{Cu}AsO^3$, et, dans les solutions semblables d'acide arsénique, un précipité bleu pâle d'arséniate de cuivre $\overset{''}{Cu}{}^3(AsO^4)^2$. Ces précipités sont solubles dans un excès d'ammoniaque, d'acide azotique ou d'acide chlorhydrique.

δ. Lorsqu'on mélange un composé d'arsenic avec un flux de soude et qu'on le chauffe dans un tube à sublimation, il se condense à la partie froide ou supérieure du tube un anneau de métal réduit de couleur gris d'acier.

(67) Antimoine.

α. L'*acide sulfhydrique* produit un précipité orangé de trisulfure d'antimoine Sb^2S^3 qui est insoluble dans le carbonate, mais soluble dans l'hydrate et le sulfure d'ammonium. Les acides le reprécipitent de cette solution. L'acide chlorhydrique le dissout aussi avec l'aide de la chaleur, et, sous l'influence de l'acide azotique concentré, il se convertit presque entièrement en une poudre blanche insoluble de tétroxyde d'antimoine Sb^2O^4.

β. L'*eau* ajoutée à certaines solutions d'antimoine (pas à toutes) produit un précipité blanc d'un sel basique d'antimoine, soluble dans un excès d'acide tartrique, chlorhydrique ou azotique.

γ. Les composés d'antimoine fondus sur le charbon à la flamme réductrice, avec du carbonate de sodium, donnent un globule de métal cassant et une abondante incrustation d'un blanc bleuâtre. Si on prolonge la chaleur, le métal se volatilise entièrement avec production de vapeurs blanches de trioxyde d'antimoine Sb^2O^3.

(68) Bismuth.

α. L'*acide sulfhydrique* produit un précipité noir brun de trisulfure de bismuth Bi^2S^3 qui est insoluble dans le sulfure d'ammonium, mais qui se dissout facilement dans l'acide chlorhydrique, l'acide azotique et l'eau régale à chaud.

β. Les *alcalis caustiques* donnent un précipité blanc d'hydrate de bismuth $Bi^2O^3.H^2O$, insoluble dans un excès de potasse ou d'ammoniaque.

γ. L'*eau* ajoutée aux solutions de bismuth, modérément concentrées et pas très-acides, détermine un précipité dense et très-blanc d'un sel basique de bismuth, qui ne disparaît pas par l'addition de l'acide tartrique, mais qui se dissout dans un excès d'acide azotique ou d'acide chlorhydrique.

δ. Les composés de bismuth, mélangés avec du carbonate de sodium, et chauffés sur un charbon à la flamme réductrice du chalumeau, fournissent un globule d'un métal cassant et une incrustation jaune.

(69) Mercure.

Il y a deux classes de sels de mercure : les sels mercureux, représentés par le calomel HgCl, et les sels mercuriques représentés par le sublimé corrosif $HgCl^2$. Ils ont certaines réactions communes, et se distinguent par certaines réactions différentielles.

α. Un excès d'*acide sulfhydrique* produit un précipité noir de sulfure mercureux Hg^2S ou de sulfure mercurique HgS, qui n'est soluble ni dans le sulfure d'ammonium, ni dans les acides azotique et chlorhydrique séparément, mais qui se dissout facilement dans un mélange de ces deux corps. Une quantité insuffisante d'acide sulfhydrique détermine dans les sels mercuriques, un précipité blanc de composition douteuse, très-caractéristique et qui, à mesure que la proportion du gaz augmente, devient orangé, brun et finalement noir.

β. Le *protochlorure d'étain* produit d'abord un précipité blanc de calomel HgCl, qui devient successivement gris, et presque noir, si l'on ajoute du réactif et qu'on chauffe légèrement. En enlevant le liquide qui surnage, et en faisant bouillir le dépôt avec de l'acide chlorhydrique, on voit apparaître nettement des globules de mercure métallique.

γ. Les composés de mercure, mêlés avec du carbonate de sodium et chauffés dans un tube à réduction, fournissent un sublimé de globules mercuriels bien définis.

Sels mercureux.

α. La *potasse*, comme l'*ammoniaque*, produit un précipité noir; le premier d'hydrate mercureux $Hg^2O.H^2O$, le dernier d'un certain composé amido-mercureux.

β. L'*acide chlorhydrique* produit un composé blanc de calomel HgCl, qui se dissout dans l'acide azotique bouillant; sous l'influence de l'ammoniaque, ce précipité devient noir en se convertissant en un chlorure amido-mercureux.

Sels mercuriques.

α. La *potasse* donne un précipité jaune d'oxyde mercurique HgO, qui devient blanc par l'addition de l'ammoniaque, ou par la présence d'un sel ammoniacal. L'*ammoniaque* produit un précipité blanc d'un certain composé amido-mercurique.

β. En ajoutant soigneusement de l'*iodure de potassium*, on obtient un précipité rouge orangé clair d'iodure mercurique HgI^2, qui se dissout dans un excès des deux précipitants, en formant une solution incolore.

(70) Plomb.

α. L'*acide sulfhydrique* produit un précipité noir (quelquefois rouge) de sulfure de plomb PbS, insoluble dans le sulfure d'ammonium, mais qui se dissout si on le chauffe avec de l'acide azotique ou chlorhydrique, modérément concentré. L'acide azotique concentré le convertit en un dépôt blanc et insoluble de sulfate de plomb $PbSO^4$.

β. Les *alcalis caustiques* donnent un précipité blanc d'hydrate de plomb $PbO.H^2O$, soluble dans un excès de potasse.

γ. L'*acide chlorhydrique* donne, dans les solutions modérément concentrées, un précipité blanc, cristallin de chlorure de plomb $PbCl^2$, soluble dans l'eau bouillante, inattaquable par l'ammoniaque, et soluble dans un grand excès de potasse.

δ. L'*acide sulfurique* étendu ou un sulfate dissous, donne un précipité blanc et dense de sulfate de plomb $PbSO^4$ insoluble dans les acides étendus, soluble dans l'acide chlorhydrique concentré sous l'influence de la chaleur, et également dans un grand excès de potasse et dans le tartrate d'ammonium.

ε. Les composés de plomb, fondus avec du carbonate de sodium et du charbon, à la flamme réductrice du chalumeau, fournissent un globule d'un métal mou, ainsi qu'une incrustation d'un jaune brun.

(71) Argent.

α. L'*acide sulfhydrique* donne un précipité noir de sulfure d'argent Ag^2S, insoluble dans le sulfure d'ammonium, soluble dans l'acide azotique tiède et qui se convertit, par l'ébullition avec l'acide chlorhydrique, en un dépôt blanc de chlorure d'argent AgCl.

β. Les *alcalis caustiques* donnent un précipité brun d'hydrate d'argent $Ag^2O.H^2O$, insoluble dans un excès de potasse, mais soluble dans l'ammoniaque; la solution ainsi formée est incolore.

γ. L'*acide chlorhydrique* donne dans les solutions de sels d'argent, un précipité blanc de chlorure d'argent AgCl insoluble dans l'acide azotique même bouillant, mais facilement soluble dans l'ammoniaque. Lorsqu'on l'expose à la lumière, ce précipité prend la couleur pourpre ardoise.

δ. Les composés d'argent, quand on les fond avec du carbonate de sodium, sur un support de charbon, à la flamme réductrice du chalumeau, fournissent un bouton d'un métal blanc, dur et malléable, sans qu'aucune incrustation se forme sur le charbon.

(72) Cuivre.

α. L'*acide sulfhydrique* produit un précipité brun foncé de sulfure de cuivre CuS, qui est insoluble dans le sulfure de potassium, et qui est très-peu soluble dans le sulfure d'ammonium. Ce précipité se dissout facilement dans l'acide azotique, et non dans l'acide chlorhydrique, à moins qu'on n'aide la réaction par l'application de la chaleur.

β. La *potasse* donne un précipité bleu pâle d'hydrate de cuivre $CuO.H^2O$, insoluble dans un excès de réactif, et qui se convertit, par l'ébullition, en oxyde de cuivre noir CuO. L'*ammoniaque* donne un semblable précipité bleu d'hydrate de cuivre soluble dans un excès du réactif et qui forme ainsi une solution bleu foncé dont la transparence n'est pas troublée par l'addition d'une quantité modérée de potasse. Le précipité bleu pâle produit par le *carbonate d'ammonium* est aussi facilement soluble dans un excès du réactif, et le liquide qui en résulte est bleu foncé.

γ. Le *ferrocyanure de potassium* donne un précipité couleur chocolat, de ferrocyanure de cuivre Cu^2FeCy^6, qui se décompose par la potasse caustique, en devenant alors parfaitement soluble dans l'ammoniaque. Le liquide qui en résulte est bleu foncé.

δ. Si on plonge un morceau de *fer* ou d'*acier* décapé dans une solution de cuivre acidulée, le fer ou l'acier se couvre de cuivre métallique qu'on peut dissoudre en un liquide bleu foncé, en faisant agir l'ammoniaque et l'air.

ε. La perle de borax, chauffée avec une particule d'un composé de cuivre quelconque, devient bleue ou verte dans la flamme oxydante, et presque incolore, ou gris rouge, dans la flamme réductrice.

(73) Cadmium.

α. Le précipité de sulfure de cadmium CdS produit par l'*acide sulfhydrique* est de couleur jaune clair et insoluble dans le sulfure d'ammonium. Il disparaît facilement par l'addition de l'acide azotique ou chlorhydrique et ne se produit pas dans les solutions très-acides.

β. Les *alcalis caustiques* donnent un précipité blanc d'hydrate de cadmium $CdO.H^2O$, soluble dans un excès d'ammoniaque, mais non dans un excès de potasse. Le précipité produit par le carbonate d'ammonium ne disparaît pas dans l'excès du réactif.

γ. Les composés de cadmium, fondus avec du carbonâte de sodium à la flamme réductrice du chalumeau donnent une incrustation brun rougeâtre d'oxyde de cadmium CdO, mais ne fournissent aucun grain de métal.

§ IX. — CARACTÈRES DISTINCTIFS DES BASES DU GROUPE II.

(74) Nickel.

Les solutions de nickel sont généralement vertes.

α. Avec les sels de nickel le *sulfure d'ammonium* fournit un précipité noir de sulfure de nickel NiS qui ne se dissout dans l'acide chlorhydrique qu'après l'addition d'une goutte ou deux d'acide azotique.

β. L'*ammoniaque* donne un léger précipité verdâtre d'hydrate de nickel $NiO.H^2O$, soluble dans un excès du réactif. La potasse reprécipite l'hydrate vert de la solution violette qui en résulte. En outre, la *potasse* précipite facilement cet hydrate de toutes les solutions ordinaires de nickel.

γ. A la flamme réductrice le nickel trouble la perle de borax, et la rend grise pourpre. Dans la flamme oxydante, il lui donne la couleur du vin de Xérès avec une teinte violette. Si on ajoute un fragment de nitre, et qu'on chauffe de nouveau la perle à la flamme oxydante, il se produit une couleur pourpre bien définie.

(75) Cobalt.

Les solutions de cobalt sont roses quand elles sont étendues, et bleues quand elles sont concentrées.

α. Le *sulfure d'ammonium* donne, avec les sels de cobalt, un précipité noir de sulfure de cobalt CoS, qui n'est soluble dans l'acide chlorhydrique qu'après l'addition de quelques gouttes d'acide azotique.

β. La *potasse* donne un précipité bleu de protohydrate de cobalt $CoO.H^2O$ insoluble dans l'excès du précipitant. Un *excès d'ammoniaque*, en présence du chlorure d'ammonium spécialement, produit une solution rose brun qui devient brune, et opaque lorsqu'on l'expose à l'air. Cela provient de la précipitation du sesquihydrate insoluble.

γ. Les composés de cobalt chauffés à la flamme du chalumeau, quelle qu'elle soit, communiquent à la perle de borax une couleur bleue de saphir foncé.

(76) Manganèse.

Les solutions de manganèse ont une teinte rose tendre ou sont entièrement incolores.

α. Le *sulfure d'ammonium* donne un précipité de sulfure de manganèse MnS, couleur de chair, soluble même dans l'acide acétique.

β. La *potasse* donne un précipité blanc de protohydrate de manganèse $MnO.H^2O$ qui, si on l'expose à l'air, brunit promptement par sa conversion en sesquihydrate $Mn^2O^3.H^2O$; si l'on ajoute d'un seul coup un excès d'*ammoniaque* à la solution d'un sel de manganèse contenant du chlorure d'ammonium, il se produit une solution claire incolore, qui devient promptement brune et opaque au contact de l'air, par suite de la conversion du composé manganeux soluble en composé manganique insoluble.

γ. Chauffé avec le manganèse, la perle de borax devient rouge améthyste dans la flamme oxydante, et presque incolore dans la flamme réductrice. La présence d'une trace de fer rend très-difficile l'apparition de cet effet.

δ. Les composés de manganèse fondus sur une feuille de platine à la flamme oxydante du chalumeau, avec du *carbonate de sodium*, mélangé ou non avec un peu de nitre, donnent une masse fusible vert bleuâtre de manganate de sodium Na^2MnO^4. On ne doit employer pour cette expérience qu'une très-petite quantité de manganèse.

(77) FER.

Il y a deux classes de sels de fer, les sels ferreux ou protosels représentés par le vitriol vert $FeSO^4$, et les sels ferriques ou persels représentés par le sesquichlorure de fer Fe^2Cl^6. Il est rare que les protosels soient entièrement exempts de persels.

α. Le *sulfure d'ammonium* donne un précipité noir de protosulfure de fer FeS, facilement soluble dans l'acide chlorhydrique. Lorsque le précipité provient des sels ferriques, il est accompagné de soufre libre.

β. Les composés de fer se dissolvent dans la perle de borax, et fournissent un verre qui est vert bouteille dans la flamme réductrice, et brun jaunâtre dans la flamme oxydante. Les composés ferreux donnent plus facilement la couleur verte et les composés ferriques la couleur jaune.

Sels ferreux.

Les solutions ferreuses sont généralement incolores ou d'une teinte vert pâle.

α. Les *alcalis caustiques* donnent un précipité vert foncé d'hydrate ferreux $FeO.H^2O$ qui devient rouge sous l'influence de l'air. Le protohydrate pur presque blanc est modérément soluble dans un excès d'ammoniaque et dans le chlorure d'ammonium.

β. Le *ferrocyanure de potassium* donne un précipité bleu pâle de ferrocyanure double de fer et de potassium $K^2\overset{''}{Fe}(\overset{''}{Fe}Cy^6)^{''''}$. Ce précipité devient bleu foncé si on l'expose à l'air.

γ. Le *ferricyanure de potassium* donne un précipité bleu foncé de ferricyanure de fer Fe^5Cy^{12} ou $(Fe^2Cy^{12})^{VI}\overset{''}{Fe}{}^3$. Les acides étendus le dissolvent, et les alcalis caustiques le décomposent.

Sels ferriques.

Les solutions ferriques sont généralement de couleur jaune, brune ou rouge.

α. Les *alcalis caustiques et carbonatés* donnent tous deux un précipité rouge brique d'hydrate ferrique $Fe^2O^3.H^2O$ accompagné, dans le cas des carbonates, d'un dégagement d'anhydride carbonique. Le précipité est complétement insoluble à la température de l'ébullition dans les hydrates de potassium et d'ammonium, et dans leurs carbonates respectifs.

β. Le *ferrocyanure de potassium* donne un précipité bleu-foncé de ferrocyanure ferrique Fe^7Cy^{18} ou $(\overset{''}{Fe}Cy^6)^3(\overset{VI}{Fe^2})^2$. Les acides étendus peuvent le dissoudre et les alcalis caustiques le décomposer. Le *ferricyanure* ne produit aucun précipité, mais donne à la solution ferrique une couleur brune ou rouge selon les circonstances.

γ. Le *sulfocyanate de potassium* communique aux solutions ferriques une couleur rouge foncé, et forme un sulfocyanate ferrique $Fe^2Cy^6S^6$ ou $\overset{VI}{Fe^2}(CyS)^6$.

(78) Zinc.

Les solutions de zinc sont généralement incolores.

α. Le *sulfure d'ammonium* donne un précipité blanc de sulfure de zinc, ZnS, insoluble dans l'acide acétique, mais facilement soluble dans l'acide chlorhydrique. Différant en cela de la plupart des précipités de zinc, il est insoluble dans toute solution alcaline.

β. Les *alcalis caustiques* donnent, avec les solutions de zinc, un précipité blanc d'hydrate de zinc $ZnO.H^2O$, soluble dans un grand excès de précipitant. Les *carbonates alcalins* donnent aussi un précipité blanc de carbonate de zinc fortement basique, insoluble dans un excès de carbonate alcalin fixe, mais soluble en présence de sels ammoniacaux.

γ. Les sels de zinc chauffés, sur une feuille de platine, laissent un résidu fixe et infusible, jaune quand il est chaud, blanc quand il est froid. Si on humecte ce résidu avec une solution d'azotate de cobalt, et qu'on le chauffe de nouveau à la flamme du chalumeau, il prend une couleur vert tendre.

δ. Les sels de zinc mélangés avec du carbonate de sodium ou du cyanure de potassium, et chauffés à la flamme réductrice du chalumeau, déposent sur le charbon une incrustation jaune quand elle est chaude, blanche quand elle est froide, et verte, si on la chauffe avec de l'azotate de cobalt.

(79) Chrome.

Les solutions des sels chromiques sont, pour la plupart, de couleur verte ou violette.

α. Les *alcalis caustiques*, leurs *sulfures*, leurs *sulfhydrates* et leurs *carbonates*, déterminent, dans la solution de chrome, un précipité verdâtre d'hydrate de chrome $C^2O^3.H^2O$, légèrement soluble dans un excès d'ammoniaque, encore plus dans un excès de potasse, et qui se reprécipite, en bouillant, de sa dissolution dans l'un ou l'autre de ces réactifs. Un dégagement d'acide sulfhydrique ou d'acide carbonique accompagne sa formation par les sulfures et carbonates respectivement.

β. Le chrome communique à la perle de borax une couleur vert tendre, permanente dans les deux flammes du chalumeau.

γ. Si l'on fait fondre sur une feuille de platine un composé de chrome et un peu de carbonate de sodium et de nitre, il se forme une masse jaune de chromate de sodium Na^2CrO^4 qui se dissout dans l'eau, et donne, avec l'acétate de plomb, un précipité jaune de chromate de plomb $PbCrO^4$.

(80) Aluminium.

α. Les *alcalis caustiques*, leurs *carbonates*, *sulfures* et *sulfhydrates*, produisent dans les solutions d'aluminium un précipité blanc et gélatineux d'hydrate d'aluminium $Al^2O^3.H^2O$, soluble dans un excès de potasse, mais qui se reprécipite par l'addition du chlorure d'ammonium à cette dissolution. Un dégagement d'acide carbonique ou sulfhydrique, accompagne l'action des carbonates et des sulfures respectivement.

β. Les sels d'aluminium, chauffés sur le charbon ou sur une feuille de platine, laissent un résidu infusible très-incandescent, qui, si on l'humecte avec une solution d'azotate de cobalt, et qu'on le chauffe de nouveau à la flamme du chalumeau, prend une couleur bleu clair.

§ X. — CARACTÈRES DISTINCTIFS DES BASES DU GROUPE III.

(81) Barium, Strontium, Calcium.

Ces trois métaux ont beaucoup de propriétés qui leur sont communes.

α. Leurs hydrates $MO.H^2O$ ou $M(HO)^2$ sont tous solubles dans l'eau, de sorte que l'addition d'un alcali caustique, parfaitement exempt de carbonate, ne peut troubler leurs solutions. Leurs sulfures et sulfhydrates sont aussi solubles.

β. Les sels suivants de ces métaux sont insolubles dans l'eau, savoir : les oxalates, les phosphates, les carbonates (même en présence des sels ammoniacaux) et les sulfates. Le sulfate de barium est le plus insoluble, et le sulfate de calcium le moins. De là, il résulte que les oxalates, les phosphates, les carbonates et les sulfates solubles, précipitent les sels neutres de barium, de strontium et de calcium.

γ. Quand on chauffe sur une feuille de platine un sel de barium, de strontium ou de calcium, il reste un résidu blanc et fixe qui, excepté dans le cas du chlorure, est généralement infusible; lorsqu'on l'humecte avec une solution d'azotate de cobalt, et qu'on le chauffe de nouveau, ce résidu infusible prend une couleur d'un gris mal défini.

(82) Barium.

α. L'*acide sulfurique* et les solutions, même les plus étendues, de *tous les sulfates* donnent avec les sels de barium un précipité blanc de sulfate de barium $BaSO^4$, insoluble dans les acides et alcalis.

β. L'*acide hydro-fluosilicique* produit dans les solutions neutres ou acides un précipité quelque peu transparent de fluosilicate de barium $BaSiFl^6$. On peut en faciliter beaucoup la formation en ajoutant un peu d'alcool à la liqueur.

γ. Les sels de barium, soumis sur un fil fin de platine, à la chaleur intense du chalumeau, communiquent à la flamme une couleur vert pomme bien définie.

(83) Strontium.

α. L'*acide sulfurique* et les solutions de la plupart des *sulfates* donnent un précipité de sulfate de strontium $SrSO^4$, insoluble dans les acides et les alcalis et très-peu soluble dans l'eau. La solution du sulfate de strontium ne précipite pas les sels du même métal, et les solutions des sulfates de calcium et de potassium les précipitent très-lentement.

β. Les sels de strontium, soumis sur un fil fin de platine à la flamme intense du chalumeau, lui communiquent une couleur écarlate foncée.

(84) Calcium.

α. L'*acide sulfurique* et les solutions concentrées des *sulfates* produisent dans les solutions modérément concentrées des sels de calcium, un précipité blanc de sulfate de calcium $CaSO^4$ légèrement soluble dans l'eau, et pas du tout dans l'alcool. Aucun sulfate ne peut précipiter les solutions étendues de calcium, et les sulfates de strontium et de calcium ne peuvent pas même précipiter les solutions concentrées de sels du même métal.

β. L'*oxalate d'ammonium* produit dans les solutions neutres de calcium un précipité blanc d'oxalate de calcium CaC^2O^4, soluble dans les acides azotique et chlorhydrique; insoluble dans les acides acétique et oxalique, et dans l'ammoniaque.

γ. Les sels de calcium communiquent à la flamme du chalumeau une couleur tendre rouge orange.

(85) Magnésium.

α. Le sulfhydrate et le sulfate de magnésium sont solubles dans l'eau, d'où il résulte que les *sulfhydrates* et *sulfates* solubles ne peuvent pas précipiter les sels de magnésium.

β. L'hydrate, le carbonate, l'oxalate, le phosphate et l'arséniate de magnésium sont insolubles dans l'eau, d'où il résulte que les *hydrates*, les *carbonates*, les *oxalates*, les *phosphates* et les *arséniates* solubles précipitent les sels de magnésium. Mais tous les précipités de magnésium, à l'exception du phosphate et de l'arséniate, peuvent se dissoudre dans les solutions ammoniacales. Quand on ajoute au *phosphate* de *sodium* ou *d'ammonium*, une solution de magnésium, contenant du chlorure d'ammonium et rendue alcaline par l'ammoniaque, il se produit un précipité blanc et cristallin de triple phosphate $\overset{''}{Mg}(AzH^4)PO^4$. Ce précipité est soluble dans les acides étendus, et insoluble dans l'ammoniaque et les sels ammoniacaux.

γ. Les composés de magnésium chauffés sur le charbon ou sur une feuille de platine, laissent un résidu blanc, fin et infusible. Quand on l'humecte avec une solution d'azotate de cobalt, et qu'on le soumet de nouveau à la flamme du chalumeau, il prend une couleur rose tendre.

(86) Potassium.

α. Tous les sels simples de potassium, excepté le tartrate acide, sont modérément solubles dans l'eau. Un excès d'*acide tartrique* ajouté à la solution neutre ou alcaline d'un sel de potassium, produit un précipité blanc cristallin de crème de tartre $C^4H^5KO^6$, qui souvent n'apparaît pas immédiatement. On facilite sa précipitation en agitant le liquide, et en y ajoutant un peu d'alcool; il se dissout dans les acides minéraux, dans l'eau chaude et dans un grand excès d'eau froide.

β. Ajouté aux solutions neutres ou alcalines de potassium, le *perchlorure de platine* produit un précipité jaune et cristallin de chloroplatinate de potassium K^2PtCl^6 ou $2KCl.PtCl^4$; avant d'essayer la solution, on doit généralement l'aciduler avec quelques gouttes d'acide chlorhydrique. Ce précipité n'apparaît pas toujours immédiatement, on en facilite le dépôt, en agitant, et en ajoutant un peu d'alcool au mélange.

γ. Les sels de potassium chauffés sur le charbon ou sur une feuille de platine, laissent un résidu fixe et généralement infusible; si on emploie la flamme du chalumeau, ils lui communiquent une couleur violette bien définie, qui pourtant n'apparaît plus en présence d'une quantité même très-faible de sodium.

(87) Ammonium.

α. Tous les sels ammoniacaux simples, excepté le tartrate acide, sont parfaitement solubles dans l'eau. L'*acide tartrique* réagit aussi bien sur les sels ammoniacaux que sur les sels de potassium. Le précipité de tartrate acide d'ammonium qui en résulte $C^4H^5(AzH^4)O^6$ est cependant plus soluble dans l'eau que ne l'est le composé de potassium correspondant, et, en conséquence, ne se forme que lorsque la solution ammoniacale est modérément concentrée.

β. Le *perchlorure de platine* réagit sur les sels ammoniacaux, pour former un chloroplatinate d'ammonium $(AzH^4)^2PtCl^6$, ou $2AzH^4Cl.PtCl^4$. Ce précipité ressemble de près au composé de potassium correspondant par son apparence, sa solubilité et son mode de formation.

γ. Tout sel ammoniacal bouilli avec de la *potasse* ou de la *chaux* dégage des vapeurs ammoniacales qu'on reconnaît à leur odeur, à leur action sur le papier réactif, et à la fumée opaque qui se forme lorsqu'on met ces vapeurs en contact avec l'acide chlorhydrique.

δ. Tous les sels ammoniacaux se volatilisent en partie, et la plupart d'entre eux entièrement quand on les chauffe sur une feuille de platine ou sur le charbon.

(88) Sodium.

α. Les sels simples de sodium étant très-solubles dans l'eau les solutions de sodium ne sont presque précipitables par aucun réactif.

β. Les sels de sodium chauffés sur une feuille de platine ou sur du charbon, laissent un résidu fixe, presque toujours fusible et communiquent à la flamme une couleur jaune intense *.

§ IV. — RÉACTIONS DES ACIDES PARTICULIERS.

(89) Chromates.

Les chromates sont généralement jaunes ou rouges, et, à l'exception de ceux des métaux alcalins, ils sont plus ou moins insolubles dans l'eau.

α. Les chromates acidifiés par l'acide chlorhydrique et traités par l'*hydrogène sulfuré*, donnent un dépôt de soufre et une solution verte de chlorure de chrome $CrCl^3$ ou Cr^2Cl^6. On peut produire le même composé en faisant bouillir la solution d'un chromate avec de l'acide chlorhydrique et un peu d'alcool.

On peut appliquer à cette solution verte les réactifs ordinaires des sels de chrome.

β. L'*azotate d'argent* donne un précipité rouge foncé de chromate d'argent Ag^2CrO^4 soluble dans l'acide azotique. L'*azotate de barium* et l'*acétate de plomb* produisent des précipités jaunes de chromates de ces mêmes métaux.

* Le biméta-antimoniate de potasse, en solution aqueuse aussi neutre que possible, donne, avec les sels sodiques un précipité blanc de biméta-antimoniate de sodium peu soluble. C'est le seul réactif qui précipite les sels sodiques. (*Note du traducteur.*)

(90) Azotates.

Les azotates sont des sels solubles, c'est-à-dire ne sont pas précipitables. Ils déflagrent lorsqu'on les chauffe sur le charbon ou avec une matière organique.

α. Quand on chauffe légèrement un azotate ou sa solution concentrée avec de l'*acide sulfurique* et de *la tournure de cuivre,* il se dégage des vapeurs brunes de peroxyde d'azote qui rougissent mais ne blanchissent pas le papier de tournesol et qui colorent en pourpre le papier d'amidon humecté avec de l'iodure de potassium.

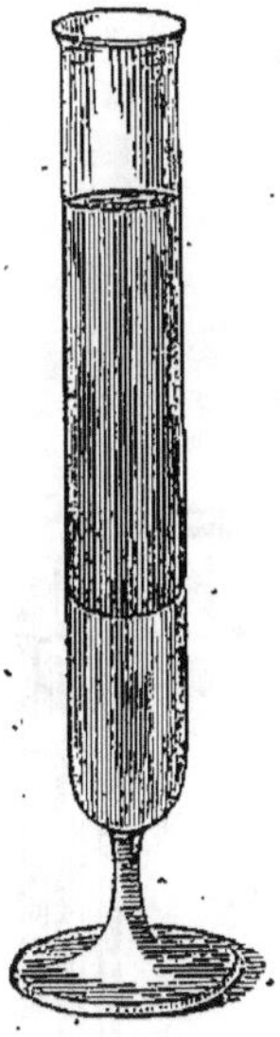

Fig. 36.

β. Quand on verse soigneusement une solution de *sulfate ferreux* sur de l'*acide sulfurique* auquel on a ajouté une faible quantité d'un azotate solide ou dissous, il se produit une couche d'un brun foncé à la jonction des deux liquides (*fig.* 36).

γ. Une légère quantité de *feuilles d'or* bouillie dans l'*acide chlorhydrique* ne produit aucun effet ; mais si on ajoute un peu d'un azotate ou d'acide azotique, l'or disparaît promptement. On le découvre dans la solution en faisant agir le protochlorure d'étain qui donne un précipité pourpre.

(91) Chlorates.

Les chlorates sont comme les nitrates des sels solubles, c'est-à-dire non précipitables. Ils déflagrent quand on les chauffe sur le charbon ou avec une matière organique.

α. L'*acide sulfurique* concentré ajouté à un chlorate solide, produit, surtout s'il est légèrement chauffé, une couleur brune et une détonation petillante. On doit faire l'expérience avec soin et n'employer qu'une petite quantité de sel, de crainte d'une explosion et d'une projection d'acide.

β. L'*acide chlorhydrique*, additionné d'un chlorate solide ou dissous blanchit le papier de tournesol et dissout les feuilles d'or. La réaction de l'acide chlorhydrique concentré sur une quantité modérée d'un chlorate solide, produit un gaz jaune verdâtre qui est un mélange de chlore et d'oxyde de chlore.

γ. Les chlorates des métaux alcalins chauffés seuls et les autres chlorates chauffés avec du carbonate de sodium dans un tube à réduction, dégagent de l'oxygène que l'on reconnaît à sa propriété d'enflammer un morceau de bois incandescent. Ils laissent un résidu de chlorure alcalin, qui se dissout dans l'eau, et dont la solution acidifiée par de l'acide azotique, donne, sous l'action de l'azotate d'argent, un précipité blanc de chlorure d'argent.

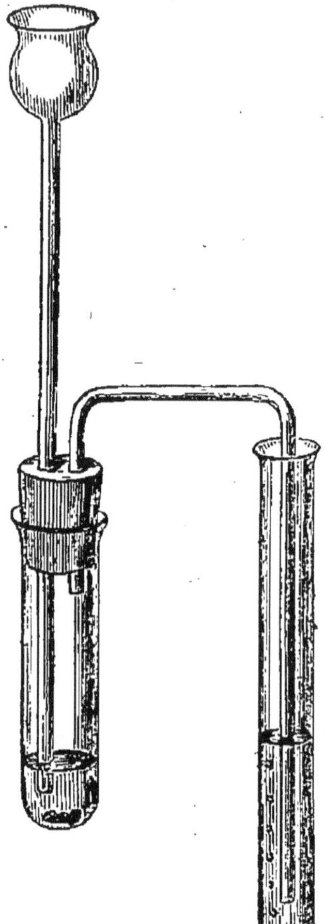

Fig. 37.

(92) Carbonates.

α. Si on ajoute de l'*acide chlorhydrique* ou de l'*acide sulfurique* légèrement étendu à un carbonate solide ou dissous, il se produit soit immédiatement, soit en chauffant légèrement, une effervescence d'anhydride carbonique CO^2. Ce gaz n'a aucune odeur marquée, et n'attaque pas le papier de plomb, mais blanchit l'*eau de chaux* en y faisant naître un précipité de carbonate de calcium $CaCO^3$. On peut l'essayer au moyen de l'appareil représenté figure 37. On peut aussi, comme il a une densité égale à une fois et demi celle de l'air, le produire dans un tube à réaction, le faire passer ensuite avec soin dans un autre tube contenant de l'eau de chaux et agiter le tout. On peut remplacer l'eau de chaux par l'eau de baryte ou par une solution d'acétate de plomb basique.

β. Avec les sels d'argent, de barium et de calcium, les carbonates solubles donnent des précipités qui disparaissent avec effervescence par l'addition d'un acide quelconque.

(93) Sulfures et Sulfhydrates.

α. La plupart des sulfures traités par l'acide chlorhydrique ou l'acide sulfurique modérément étendu, dégagent, surtout par l'application de la chaleur, de l'hydrogène sulfuré qu'on reconnaît à son odeur désagréable et à la tache brune ou noire brillante qu'il produit sur le papier de plomb. Tous les sulfures fondus avec du carbonate de sodium dans une capsule de porcelaine, laissent un résidu qui par l'addition d'un acide dégage de l'hydrogène sulfuré. Ce résidu humecté avec de l'eau fait une tache noire sur la monnaie d'argent, et se colore en pourpre si on l'humecte avec du nitro-ferricyanure de sodium. (*Voy.* β et γ.)

β. Les sulfures solubles, y compris le sulfure d'hydrogène, donnent avec l'*azotate d'argent* un précipité noir de sulfure d'argent Ag^2S qu'une addition d'acide azotique froid ne fait pas disparaître. Ils produisent aussi une tache noire sur l'argent métallique et sur le papier d'*acétate de plomb*.

Aucun acide minéral ne peut dissoudre, sans l'aide de la chaleur, le précipité de sulfure de plomb qui se forme lorsqu'on traite par un sulfure soluble, un sel de plomb quelconque.

γ. Le *nitro-ferricyanure de sodium* produit avec les sulfures solubles, fussent-ils extrêmement étendus, une magnifique coloration pourpre. On ne peut cependant obtenir cet effet avec le sulfure d'hydrogène, qu'en ajoutant une goutte d'alcali à sa solution.

δ. Beaucoup de sulfures, chauffés dans un tube de verre

ouvert à ses deux extrémités dégagent de l'anhydride sulfureux SO^2, reconnaissable à son odeur sulfureuse et à la tache pourpre qu'il laisse sur le papier d'amidon, humecté avec de l'acide iodique.

(94) Sulfites.

α. L'*acide chlorhydrique* ou l'*acide sulfurique* produit avec les sulfites une effervescence d'anhydride sulfureux SO^2, reconnaissable à son odeur de soufre et à la coloration pourpre qu'il communique au papier d'amidon humecté avec de l'acide iodique. L'addition d'un fragment de zinc au mélange, a pour résultat la réduction de l'anhydride sulfureux qui se trouve remplacé par l'acide sulfhydrique ; ce dernier est reconnu par son action sur le papier de plomb. Les hyposulfites se comportent de la même manière avec ce caractère de plus qu'un précipité jaune de soufre accompagne l'effervescence d'anhydride sulfureux.

β. Le *perchlorure de fer* produit, dans les solutions neutres, une coloration rouge qui disparaît par l'addition d'un acide fort et qui, par l'ébullition, se détruit en formant un précipité brun d'oxyde ferrique.

(95) Sulfates.

α. L'*azotate* ou le *chlorure de barium* donne avec la solution des sulfates un précipité blanc et opaque de sulfate de barium $BaSO^4$. Ce précipité est insoluble dans l'acide azotique et dans l'acide chlorhydrique, même à la température de l'ébullition. Un fort excès d'acide azotique en dissout cependant une partie. Le séléniate et le silico-fluorure de barium se rapprochent du sulfate en ce qu'ils se précipitent dans les solutions acides ; mais bouillis avec de l'acide chlorhydrique fort, le séléniate se dissout et dégage du chlore, et le silico-fluorure, qui est très-transparent, se dissout aussi s'il ne renferme pas toutefois de la silice.

(96) Chlorures.

α. L'*azotate d'argent* produit un précipité blanc et caillebotté de chlorure d'argent AgCl, qui sous l'influence de l'air prend la couleur de l'ardoise. Il est facilement soluble dans l'ammoniaque, tandis que l'acide azotique concentré et bouillant ne peut pas le dissoudre. Si on le chauffe dans une capsule de porcelaine, il ne subit aucune décomposition, il fond seulement.

β. Les chlorures, excepté ceux de mercure d'argent et d'étain, chauffés avec de l'*acide sulfurique* concentré dégagent du gaz acide chlorhydrique que l'on reconnaît à son odeur piquante et à sa réaction acide. Si on les chauffe avec du *peroxyde de manganèse* et de l'acide sulfurique, ils dégagent du gaz chlore reconnaissable à son odeur irritante, à sa couleur verte, à sa propriété de blanchir le papier de tournesol, et à la tache pourpre qu'il fait naître sur un morceau de papier amidonné humecté avec de l'iodure de potassium.

(97) Bromures.

α. Le précipité de bromure d'argent AgBr, produit par l'*azotate d'argent* dans les solutions des bromures, ressemble de près au chlorure, il en diffère en ce qu'il a une légère teinte jaune, et en ce qu'il est moins facilement soluble dans l'ammoniaque.

β. Les bromures chauffés avec de l'*acide sulfurique concentré*, avec ou sans *peroxyde de manganèse*, dégagent du brome. On reconnaît celui-ci à sa couleur rouge, à l'odeur irritante de ses vapeurs et à la propriété qu'il a de blanchir le papier de tournesol et de jaunir le papier amidonné.

(98) Iodures.

α. Le précipité d'iodure d'argent AgI, produit par l'*azotate d'argent* dans les solutions des iodures est de couleur pâle. L'ammoniaque ne le dissout pas, mais le rend blanc ; à tous les autres égards, il est semblable au chlorure.

β. Une quantité suffisante de *chlorure de mercure* produit de l'iodure de mercure HgI^2 sous la forme d'un précipité écarlate, tandis que l'*acétate de plomb* fournit un précipité jaune d'iodure de plomb PbI^2. Ce dernier précipité est quelque peu soluble dans l'eau bouillante, d'où il se dépose par le refroidissement en écailles dorées.

γ. Quand on traite les iodures par de l'*acide sulfurique* concentré, avec ou sans *peroxyde de manganèse*, il se sépare de l'iode, reconnaissable à la couleur violette de sa vapeur et à sa propriété de bleuir le papier d'amidon.

δ. Si on ajoute à la solution d'un iodure une goutte ou deux d'eau de *chlore* ou d'*acide azotique* ou préférablement encore d'*eau régale*, tout l'iode de la solution se dépose, et, s'il est en quantité suffisante, colore le liquide en jaune brun. Si le liquide contient de la pâte d'amidon étendue, il s'y développe une couleur pourpre foncée. Agité avec du chloroforme ou du bisulfure de carbone le même liquide, abandonne son iode à ces solvants ; le chloroforme devient alors rose et le sulfure de carbone violet foncé.

(99) Cyanures.

α. L'*azotate d'argent* fait naître dans la solution des cyanures un précipité blanc caillebotté de cyanure d'argent AgCl, que la lumière n'altère pas. Ce précipité est facilement soluble dans l'ammoniaque, également soluble dans l'acide azotique concentré bouillant, mais insoluble dans ce même acide à froid.

Les précipités blancs, produits par l'azotate d'argent dans les solutions des ferrocyanures et des sulfocyanates, sont insolubles dans l'acide azotique. Le précipité brun, produit dans les solutions des ferrocyanures, est également insoluble dans cet acide.

β. Lorsqu'on mêle à un cyanure simple du *sulfate de fer*

ordinaire et à de la *potasse*, on ne voit aucun effet se produire, mais si l'on ajoute de l'acide chlorhydrique, les hydrates de fer inaltérés se dissolvent et laissent un précipité bleu foncé, nommé bleu de Prusse ou ferrocyanure ferrique Fe^7Cy^{18} ou $(\overset{''}{Fe}Cy^6)^3(\overset{VI}{Fe^2})^2$.

γ. Les cyanures, y compris le cyanure d'argent, traités par le *sulfure jaune d'ammonium*, se convertissent en sulfocyanates $MCyS^2$. Si on évapore à siccité pour expulser l'excès de sulfure d'ammonium, le résidu donne avec le *perchlorure de fer* un sulfo-cyanate ferrique $\overset{VI}{Fe^2}(CyS)^6$, qui est soluble et d'une couleur rouge foncée.

(100) Phosphates.

α. Le *sulfate de magnésium*, ajouté à la solution d'un phosphate rendue alcaline par l'ammoniaque et contenant du chlorure d'ammonium, produit un précipité blanc et cristallin de phosphate de magnésium et d'ammonium $\overset{''}{Mg}(AzH^4)PO^4$. Ce précipité se dissout facilement dans les acides. On peut en faciliter la formation en frottant les parois du vase avec une baguette de verre. Le *chlorure de barium* ou de *calcium* produit, dans les solutions neutres ou ammoniacales des phosphates un précipité blanc de phosphate de calcium ou de barium soluble même dans l'acide acétique.

β. L'*azotate d'argent*, mêlé à la solution neutre ou presque neutre d'un phosphate, produit un précipité jaune (blanc dans certaines circonstances) de phosphate d'argent Ag^3Po^4. L'ammoniaque et l'acide azotique étendu peuvent dissoudre le précipité.

γ. Dans les solutions des phosphates qui sont neutres ou qui sont seulement acidulées par l'acide acétique, le *perchlorure de fer* produit un précipité brun pâle de phosphate de fer $\overset{''}{Fe^3}(Po^4)^2$. Si on ajoute un excès d'acétate d'ammonium à une solution de phosphate de magnésium effectuée dans la plus petite quantité possible d'acide chlorhydrique, cet acide est remplacé par l'acide acétique; en versant alors une goutte de perchlorure de fer, il se produit une couleur rouge foncé qui se change promptement en un nuage blanc opaque. Si l'on ajoute graduellement un peu plus de perchlorure de fer, jusqu'à ce que le liquide devienne d'un rouge permanent, qu'ensuite on le fasse bouillir et qu'on le filtre, on obtient un liquide incolore, exempt d'acide phosphorique et de fer, mais contenant du chlorure de calcium ou de magnésium.

δ. Un excès de *molybdate d'ammonium*, mêlé à une solution de phosphates contenant de l'acide azotique pur produit, soit immédiatement, soit lorsqu'on chauffe légèrement, un précipité jaune clair de phospho-molybdate d'ammonium. La composition de ce précipité est incertaine.

A cette seule exception que l'arséniate d'argent est de couleur rouge brique au lieu de jaune blanc, toutes les réactions décrites ci-dessus s'appliquent également bien aux acides arsénique et phosphorique. On peut cependant reconnaître l'acide arsénique en traitant successivement la solution par l'acide sulfureux et l'acide sulfhydrique, ou en la soumettant pendant plus longtemps à l'action de l'acide sulfhydrique seul. (*Voy* n° 66.)

(101) Oxalates.

Différant en cela de la plupart des acides organiques, excepté de ceux qui se volatilisent sans décomposition, ni l'acide oxalique, ni ses sels ne se charbonnent sous l'action de la chaleur; ils font effervescence avec l'acide sulfurique étendu et le peroxyde de manganèse.

α. Les oxalates solubles dans l'eau, et ceux qui se dissolvent dans un acide, après avoir été mélangés avec de l'acétate d'ammonium, donnent avec le *chlorure* et même le *sulfate de calcium* un précipité blanc d'oxalate de calcium $C^2\overset{''}{Ca}O^4$ insoluble dans l'ammoniaque et l'acide acétique, mais soluble dans les acides minéraux étendus.

β. L'*azotate d'argent* et le *chlorure de barium* donnent respectivement avec les oxalates neutres des précipités blancs d'oxalate d'argent $C^2Ag^2O^4$ et d'oxalate de barium $C^2\overset{''}{Ba}O^4$ solubles dans l'acide azotique étendu, mais insolubles ou à peu près dans l'acide acétique.

(102) Tartrates.

L'acide tartrique et les tartrates dégagent une odeur particulière quand on les chauffe et laissent un résidu de charbon abondant; ils noircissent à chaud sous l'influence de l'acide sulfurique concentré, tandis que l'acide citrique et les citrates acquièrent seulement une couleur jaune.

α. Dans les tartrates neutres le *chlorure de calcium* détermine un précipité blanc de tartrate calcium $C^4H^4\overset{''}{Ca}O^6$ soluble même dans l'acide acétique. Lorsqu'on chauffe ce précipité, avec une lessive de potasse après l'avoir lavé, qu'on filtre et qu'on fait bouillir le liquide filtré, il se produit un précipité blanc qui disparaît ensuite par le refroidissement.

Le chlorure de calcium ne précipite pas les citrates neutres à froid; mais, à la température de l'ébullition, il fait naître dans le liquide un trouble blanc passager.

β. L'*azotate d'argent* donne avec les tartrates neutres un précipité blanc de tartrate d'argent $C^4H^4Ag^2O^6$ soluble dans l'acide azotique étendu et dans l'ammoniaque, et qui en bouillant se décompose, noircit et se réduit. Le *chlorure de barium*, en présence des sels ammoniacaux ou d'un acide, ne précipite pas les tartrates.

γ. Les tartrates neutres de potassium, de sodium et d'ammonium donnent, sous l'influence du *chlorure de potassium*, si l'on ajoute de l'*acide acétique* à la liqueur, un précipité blanc et cristallin de crème de tartre ou tartrate acide de potassium $C^4H^5KO^6$. Ce précipité se dépose beaucoup plus complétement si l'on agite, et il se dissout dans l'eau bouillante et dans les acides minéraux.

(103) Acétates.

α. Si on ajoute du *perchlorure de fer* à un acétate neutre, il se forme du peracétate de fer $\overset{VI}{Fe^2}(C^2H^3O^2)^6$ d'une couleur rouge foncée ; cette couleur disparaît par l'addition d'un acide minéral ou lorsqu'on fait bouillir le mélange ; dans ce dernier cas, il se forme un dépôt d'ocre.

β. Dans les solutions concentrées, l'*azotate d'argent* produit un précipité blanc d'acétate d'argent $C^2H^3AgO^2$, soluble dans l'eau chaude, dans l'acide azotique étendu et dans l'ammoniaque.

γ. En chauffant, avec de l'*acide sulfurique*, un acétate solide ou sa solution concentrée, on donne lieu à un dégagement d'acide acétique reconnaissable à son odeur bien connue ; si l'on ajoute de l'alcool au mélange, il se dégage une odeur caractérisée d'éther acétique $C^2H^3(C^2H^5)O^2$.

(104) Benzoates.

Soumis à la calcination, les benzoates dégagent l'odeur caractéristique de la benzine et, quand on les chauffe avec de l'acide sulfurique concentré, ils fournissent un sublimé d'acide benzoïque ; mais, dans aucun de ces deux cas, ils ne charbonnent beaucoup.

α. Les benzoates neutres, traités par le *perchlorure de fer*, se précipitent à l'état de perbenzoate de fer d'un brun jaune $\overset{VI}{Fe^2}(C^7H^5O^2)^6$ qui se dissout complétement dans une dissolution tiède d'acide chlorhydrique. En se refroidissant, cette solution fournit des cristaux d'acide benzoïque.

β. L'*azotate d'argent* donne un précipité blanc, caillebotté de benzoate d'argent $C^7H^5AgO^2$ soluble dans l'eau chaude, dans l'acide azotique étendu et dans l'ammoniaque.

(105) Borates.

Les solutions des borates ont généralement une réaction alcaline au papier réactif ; plusieurs borates sont difficilement solubles, mais aucun d'eux n'est complétement insoluble dans l'eau. Il en résulte qu'on ne peut pas précipiter les solutions étendues de borates.

α. L'*alcool* ajouté à un mélange de borate et d'acide sulfurique brûle avec une flamme d'un vert caractéristique. Cette couleur devient plus sensible si on remue le mélange tandis qu'il brûle.

β. Acidulées avec de l'acide chlorhydrique, les solutions des borates ont la propriété de brunir le papier de curcuma à la manière des alcalis ; même lorsqu'on emploie des solutions très-étendues, la coloration est bien marquée, si l'on a soin de dessécher le papier après l'avoir plongé dans la liqueur.

L'addition d'un acide aux solutions suffisamment concentrées des borates, donne lieu à la précipitation de l'acide borique BH^3O^3.

(106) Fluorures.

α. Les fluorures, lorsqu'on les chauffe avec de l'*acide sulfurique*, dégagent des vapeurs d'acide fluorhydrique HFl, qui deviennent opaques à l'air humide, et dont l'odeur est très-piquante. On réussit bien cette expérience, en se servant d'un creuset de platine ; dans le cas où on se servirait d'un tube d'acier, ou d'un verre de montre, les parois intérieures de l'appareil seraient corrodées. Si une plaque de verre couverte d'une couche de cire d'abeille sur laquelle on a gravé des marques est exposée pendant peu de temps à l'action de cette vapeur, les marques restent toujours gravées sur le verre, et si elles sont très-légères, on peut les rendre visibles en dirigeant son haleine sur la surface polie du verre.

β. Quand on chauffe avec l'*acide sulfurique*, les fluorures mêlées à de la *silice* ou à un silicate, il se dégage un fluorure gazeux de silicium, $SiFl^4$, sous la forme d'un gaz piquant et irritant que l'air humide rend acide et opaque, en lui faisant subir la décomposition suivante :

$$3SiFl^4 + 3H^2O = 2H^2SiFl^6 + H^2SiO^3 \text{ ou } H^2O.SiO^2.$$

Il en résulte que la surface mouillée d'une plaque de verre qu'on plonge dans ce gaz, ou l'intérieur humecté du tube à travers lequel on transmet celui-ci, comme le représente la figure 38, se couvre bientôt d'une couche opaque de silice.

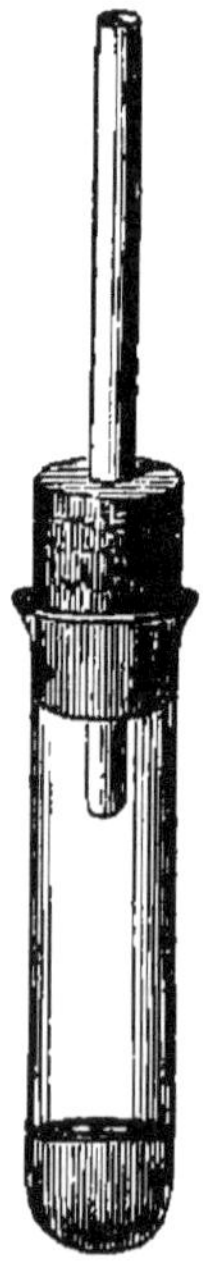

Fig. 38.

γ. Les fluorures solubles de potassium et de sodium donnent, avec le *chlorure de calcium*, ou le *chlorure de barium*, un précipité blanc et gélatineux, soluble dans l'acide chlorhydrique légèrement soluble dans les sels ammoniacaux et imperceptiblement soluble dans l'acide acétique. Ce précipité de fluorure de calcium $\overset{''}{Ca}Fl^2$, ou de barium $\overset{''}{Ba}Fl^2$ est pourtant souvent accompagné de quelques silico-fluorures insolubles dans l'acide chlorhydrique. Le fluorure de calcium natif n'est pas facilement soluble dans l'acide chlorhydrique. Mais on peut en obtenir une solution suffisante en faisant digérer pendant quelque temps, dans ce même acide, le fluorure natif pulvérisé et en faisant ensuite bouillir le mélange après l'avoir étendu d'eau.

(107) SILICATES.

Les silicates de potassium et de sodium sont solubles dans l'eau, lorsqu'ils ne contiennent pas d'excès de silice, mais tous les autres silicates sont insolubles.

α. Si on acidule avec l'*acide chlorhydrique* la solution d'un silicate alcalin, il se fait une décomposition complète.

Le plus généralement, il se précipite un peu d'acide silicique gélatineux, tandis qu'une autre portion de cet acide reste dissoute dans le liquide acide. Dans certaines circonstances, cependant, lorsque par exemple la solution du silicate est très-diluée, ou lorsqu'on y a ajouté d'un seul coup un excès d'acide chlorhydrique, il peut n'y avoir aucune espèce de précipitation. Mais, dans tous les cas, si on fait évaporer la solution acidulée, tout l'acide silicique dissous se sépare sous la forme de silice qui, une fois sèche, est également insoluble dans les solutions alcalines et acides. L'acide silicique, obtenu sous la forme d'un précipité gélatineux, est facilement soluble dans les solutions des alcalis caustiques et même dans celles des carbonates alcalins lorsqu'on mêle ces corps, et qu'on chauffe légèrement. Séché à une chaleur modérée, le précipité gélatineux devient dur, granuleux et insoluble.

β. L'acide silicique, ne pouvant pas former de sels avec l'ammoniaque, si l'on ajoute du *chlorure* ou du *carbonate d'ammonium* à la solution d'un silicate alcalin, on obtient de la silice sous la forme d'un précipité gélatineux qui, soumis à l'évaporation, se sépare plus complétement et devient en même temps anhydre.

γ. Le *carbonate de sodium*, fondu à la flamme du chalumeau, sur une ganse de fil de platine, donne une perle transparente à chaud, et opaque à froid ; mais un peu de silice, ajoutée à cette perle fortement chauffée, s'y dissout avec effervescence, et si elle est en quantité suffisante, la rend transparente à froid comme à chaud.

CHAPITRE III

CHIMIE TOXICOLOGIQUE

(108) Pour que l'étudiant puisse étudier avec fruit cette troisième partie de notre cours, il doit avoir sous la main tous les principaux poisons, dans la forme sous laquelle ils se présentent généralement dans la pratique de la médecine légale. Il doit étudier chaque poison dans les nombreuses conditions qu'il offre et vérifier toutes celles de ses réactions qui sont décrites. On peut rencontrer les différents poisons tels qu'ils ont été vendus, ou bien dissous dans l'eau ou dilués avec elle ; dans les divers liquides organiques, soit ceux qui ont servi à administrer ces poisons, soit ceux que contient l'estomac par exemple ; mêlés à des aliments solides dans les tissus des différents organes et plus particulièrement du foie et des reins ; enfin comme taches sur les vêtements. On peut les classer grossièrement en poisons acides, comprenant les acides sulfurique, azotique, chlorhydrique, oxalique ; en poisons métalliques comprenant les composés de plomb, de mercure, de cuivre, d'arsenic et d'antimoine ; et en poisons organiques comprenant l'acide prussique, la strychnine et l'opium.

§ I. — ACIDE SULFURIQUE.

(109) Concentré.

α. Aspect. L'acide sulfurique concentré ou huile de vitriol, se présente sous la forme d'un liquide dense, quelque peu huileux et généralement d'une teinte brune plus ou moins marquée.

β. Volatilité. Si on chauffe soigneusement sur un verre de montre ou sur une feuille de platine quelques gouttes de cet acide, il disparaît entièrement en ne laissant qu'une fumée âcre, opaque et blanche.

γ. Chaleur provenant du mélange avec l'eau. En agitant quelques grammes environ d'acide sulfurique concentré avec un égal volume d'eau, on voit la température du mélange s'élever considérablement, et la chaleur du tube ou du vase qui le contient devenir insupportable à la main.

δ. Propriété de charbonner les matières organiques. Un morceau de papier, de bois ou de sucre, trempé dans l'acide sulfurique concentré, noircit ou se carbonise immédiatement.

ε. Dégagement d'acide sulfureux. Si on mêle dans un tube d'essai de l'acide sulfurique avec quelques copeaux de bois, de la tournure de cuivre ou du mercure, il se dégage une vapeur dont l'odeur particulièrement suffocante ressemble à celle du soufre en combustion ; tandis qu'un morceau de papier amidonné, humecté avec une solution d'acide iodique, et tenu au-dessus de l'ouverture du tube, acquiert une couleur pourpre qui cependant disparaît enfin sous l'action prolongée de la vapeur.

(110) Dilué.

α. Réaction acide. L'acide sulfurique dilué se volatilise entièrement lorsqu'on le chauffe, il réagit fortement acide sur le papier réactif et dissout un fragment de carbonate d'ammonium ou de sodium, en produisant une rapide effervescence.

β. Propriété de charbonner les substances organiques après concentration. Les marques faites sur du papier avec l'acide dilué, apparaissent simplement mouillées, mais si on sèche soigneusement le papier dans une étuve ou sur la flamme du gaz, elles se carbonisent et noircissent graduellement.

γ. Précipitation de sulfate de barium. Une solution de chlorure de barium produit dans l'acide sulfurique dilué, un précipité blanc de sulfate de barium qui reste inattaqué par l'addition de l'acide azotique ou chlorhydrique.

δ. Méthode pour reconnaître le soufre dans le précipité. Après qu'on a recueilli le précipité sur un filtre, qu'on l'a lavé et desséché, on le mêle avec à peu près une égale quantité de flux noir et on le chauffe au rouge dans un tube à réduction ou à la flamme du chalumeau; on obtient ainsi un résidu fondu. Si on ajoute de l'acide chlorhydrique à ce résidu, il se produit un dégagement de gaz hydrogène sulfuré, reconnaissable au moyen du papier de plomb auquel il communique une coloration d'un noir ou d'un brun brillant.

(111) Dans les liquides organiques.

α. L'acide sulfurique contenu dans un liquide organique tel que le café, la bière, ou les liquides contenus dans l'estomac, manifeste toutes les propriétés de l'acide dilué décrites ci-dessus, à l'exception de la volatilité. Si le liquide est sale ou trouble, on doit l'étendre simplement avec de l'eau ou de l'alcool, et le passer à travers de la mousseline fine, ou, si on peut, le filtrer à travers du papier avant de l'essayer avec la solution de barium *; quoique, par suite de certains antidotes

* Il y a certaines objections à faire à ce mode de traitement, comme par exemple : celle de ne pas pouvoir distinguer l'acide sulfurique des sulfates salins ; pour cela l'étudiant peut consulter le livre de Taylor *Sur les poisons*, p. 265. (*Note de l'auteur.*)

administrés dans le cas d'un empoisonnement par l'acide sulfurique, le contenu de l'estomac ou les matières vomies puissent ne pas fournir de réaction acide, ou en fournir seulement une très-légère, ces substances peuvent néanmoins donner un abondant précipité de sulfate de barium.

(112) Taches des vêtements.

α. L'acide concentré produit sur les étoffes noires, par exemple, une tache brune bordée ou non de rouge, et l'acide dilué une tache rouge qui brunit à mesure. Les taches restent humides pendant longtemps et la fibre se détruit plus ou moins rapidement. En lavant avec de l'eau les morceaux tachés, on obtient une solution d'acide sulfurique qui manifeste son acidité au papier réactif et qui produit un précipité blanc avec l'azotate de barium. Un morceau de l'étoffe tachée, chauffé dans un tube à réduction, dégage de l'acide sulfureux qu'on reconnaît à son odeur et à sa réaction sur le papier humecté avec une solution d'acide iodique.

§ II. — ACIDE AZOTIQUE.

(113) Concentré.

α. Aspect. L'acide azotique pur est incolore, mais lorsqu'i contient du peroxyde d'azote, il est jaune paille ou orangé et quelquefois même gris ou bleu.

β. Volatilité. L'acide concentré exposé à l'air, à la température ordinaire, dégage des fumées incolores ou orangées d'une odeur caractéristique et de réaction acide bien définie. Si on chauffe quelques gouttes de l'acide sur un verre de montre, elles disparaissent sans laisser aucun résidu.

γ. Action sur une matière organique. Un morceau de flanelle ou d'un autre tissu organique plongé dans l'acide azotique concentré, se teint visiblement en jaune ; sous l'action d'un alcali caustique, cette couleur devient plus foncée. Les étoffes noires et de couleur, trempées dans l'acide concentré, se teignent également en jaune et sont rapidement corrodées.

δ. Action sur les métaux. Si on chauffe légèrement dans un tube à réaction de l'acide azotique avec une goutte ou deux de mercure ou avec un peu de tournure de cuivre, il se produit une violente action chimique, que l'on reconnaît à la solution du métal et au dégagement abondant de vapeurs brunes orangées, qui rougissent mais ne blanchissent pas le papier de tournesol et qui produisent une coloration pourpre sur le papier d'amidon humecté avec de l'iodure de potassium.

ε. Réaction avec le sulfate de fer. L'acide azotique, ajouté à une solution froide et modérément concentrée de sulfate de fer, produit une coloration d'un brun verdâtre foncé, qui sous l'influence de la chaleur disparaît en dégageant des vapeurs orangées.

ζ. Solution de l'or. L'acide azotique bouillant n'attaque pas une feuille d'or, mais si on y ajoute un peu d'acide chlorhydrique, cette même feuille se dissout rapidement.

(114) Dilué.

α. Réaction acide. L'acide azotique dilué se volatilise complétement par la chaleur ; il a une réaction acide marquée. Si on en humecte du papier et qu'on le fasse évaporer, il ne laisse pas de tache noire, mais une tache légèrement jaune. Sur les étoffes noires il produit une tache d'abord rouge et jaune en dernier lieu ; quand il est pur, il ne précipite ni les solutions de chlorure de barium, ni celles d'azotate d'argent. Lorsqu'on le neutralise par l'hydrate ou le carbonate de sodium, de potassium ou de barium, il se convertit en un azotate qui se solidifie et cristallise par une évaporation lente*.

* Préalablement saturé par une base, l'acide azotique précipite le sous-acétate de plomb en donnant un azotate de plomb basique peu soluble. Cette réaction est encore sensible dans une liquide qui ne renferme que $\frac{1}{100}$ d'acide azotique. (*Note du traducteur.*)

(115) Azotates.

α. Forme cristalline. Une goutte ou à peu près de la solution aqueuse d'un azotate, chauffée lentement sur une plaque de verre jusqu'à ce qu'il se forme un dépôt cristallin autour du liquide donne en se refroidissant un résidu bien cristallisé qu'on peut examiner au moyen d'une lentille de poche ou d'un microscope à faible grossissement. Le sel de potassium cristallise sous la forme de prismes à six arêtes, celui de sodium (*fig.* 39), sous la forme de plaques rhomboïdales et celui de barium sous la forme d'octaèdres.

Fig. 39.

β. Déflagration avec le charbon. Un azotate solide déflagre lorsqu'on le chauffe sur un charbon ou, avec de la poudre de charbon, sur une feuille de platine, tandis qu'un morceau de papier à filtre humecté avec la solution d'un azotate et desséché ensuite, brûle à la manière de l'amadou.

γ. Dégagement de peroxyde d'azote. Lorsqu'on traite par l'acide sulfurique et qu'on chauffe légèrement le mélange d'un azotate en poudre et d'une petite quantité de tournure de cuivre, il se produit une fumée brun orangé qui rougit, mais ne blanchit pas le papier de tournesol et qui produit une coloration pourpre sur le papier d'amidon humecté avec l'iodure de potassium. Cette expérience peut donner un résultat satisfaisant avec moins de cinq milligrammes de nitre.

δ. Réaction avec le sulfate de fer. Lorsqu'on verse soigneusement une solution de sulfate de fer sur de l'acide sulfurique auquel on a ajouté un petit morceau d'un azotate, ou qu'on verse ce même sulfate sur un mélange froid d'acide sulfurique et d'une petite quantité de la solution d'un azotate, il se produit une couche brun verdâtre foncé à la jonction des deux liquides (*fig.* 36). Cette expérience est aussi très-sensible*.

ε. Solution de l'or. Une feuille d'or bouillie dans de l'acide chlorhydrique ne subit aucune modification, mais si on ajoute un peu d'azotate à la liqueur, elle se dissout entièrement ou en partie. Pour constater la solution de l'or, dans le dernier cas, on peut ajouter du protochlorure d'étain qui produira un précipité pourpre ou troublera seulement le liquide.

(116) Dans les mélanges organiques.

α. On doit pendant quelque temps faire digérer les matières solides dans l'eau froide et filtrer le liquide. On peut appliquer cette méthode aux taches qui sont sur les vêtements, lorsqu'elles n'y sont pas depuis longtemps.

Quand on agit sur des liquides troubles et sales, on doit simplement les mêler avec l'eau et le filtrer. Il faut, ensuite, essayer par le papier de tournesol le liquide filtré, et, si on le trouve acide, le neutraliser soigneusement avec du carbonate ou de l'hydrate de sodium, le faire évaporer jusqu'à cristallisation et le mettre de côté. On doit, si faire se peut, recueillir le dépôt qui résulte de cette opération, le sécher en le pressant entre plusieurs doubles de papier buvard, le filtrer si c'est nécessaire, l'évaporer et le laisser recristalliser. En dernier lieu, on doit examiner au microscope le résidu cristallin, et le traiter par les divers réactifs chimiques mentionnés dans la section précédente. La réaction acide peut faire défaut dans les mélanges organiques par suite d'une neutralisation de l'acide azotique premièrement administré.

* En broyant un azotate avec du sulfate de fer solide et en ajoutant de l'acide sulfurique concentré au mélange, on obtient une teinte rose très-caractéristique. (*Note du traducteur.*)

§ III. — ACIDE CHLORHYDRIQUE.

(117) CONCENTRÉ.

α. Apparence. La solution pure est incolore ou d'une teinte verdâtre à peine visible ; mais l'acide dont on se sert dans le commerce est souvent d'une couleur jaune clair, par suite de la présence du perchlorure de fer.

β. Volatilité. A la température ordinaire, l'acide concentré dégage des fumées incolores presque transparentes qui ont une réaction acide marquée, une odeur caractéristique et qui, de même que les autres fumées acides, deviennent opaques lorsqu'on approche d'elles une baguette humectée d'ammoniaque. L'acide liquide, chauffé sur un verre de montre, s'évapore sans laisser aucun résidu.

γ. Action sur une matière organique. A la suite d'une immersion dans l'acide concentré, la plupart des tissus organiques se corrodent et prennent graduellement une couleur jaune, mais sur les tissus noirs, les taches sont d'abord distinctement rouges, et, après quelques jours, brun rougeâtre.

δ. Défaut d'action sur les métaux. L'acide chlorhydrique bouilli avec un peu de cuivre ou de mercure ne fait que s'évaporer laissant le métal à peu près inattaqué.

ε. Dégagement de chlore. Le peroxyde de manganèse chauffé avec l'acide chlorhydrique dans un tube à réaction produit un abondant dégagement de chlore, reconnaissable à sa couleur jaune verdâtre, à son odeur irritante et à sa propriété de blanchir promptement le papier de tournesol et de colorer en pourpre le papier d'amidon humecté avec de l'iodure de potassium.

(118) DILUÉ.

α. Neutralisation par les carbonates. L'acide chlorhydrique dilué est complétement volatil, il a une réaction acide marquée et dissout avec effervescence la plupart des carbonates, en formant des chlorures qu'on peut obtenir à l'état solide par l'évaporation; les cristaux des chlorures alcalins et, en particulier, du chlorure de sodium, appartiennent au système cubique et sont sous forme de trémies. On peut dégager du chlore du résidu de l'évaporation en traitant ce dernier par l'acide sulfurique et le peroxyde de manganèse.

β. Précipitation de chlorure d'argent. Une solution d'azotate d'argent, mêlée à l'acide chlorhydrique, produit un précipité blanc et caillebotté de chlorure d'argent qui se dépose facilement, après qu'on l'a vivement agité, et qui, exposé à l'air, prend une couleur pourpre. On peut traiter une partie du précipité par l'ammoniaque où il se dissout et une autre portion par l'acide azotique qui ne l'attaque pas; on lave le reste, on le sèche et on le chauffe dans une capsule de porcelaine; il fond alors pour se prendre ensuite par le refroidissement en une masse cornée.

(119) Dans les liquides et les solides de l'organisme.

α. Distillation. Si le liquide est acide au papier de tournesol, on peut le passer ou le filtrer si c'est nécessaire et

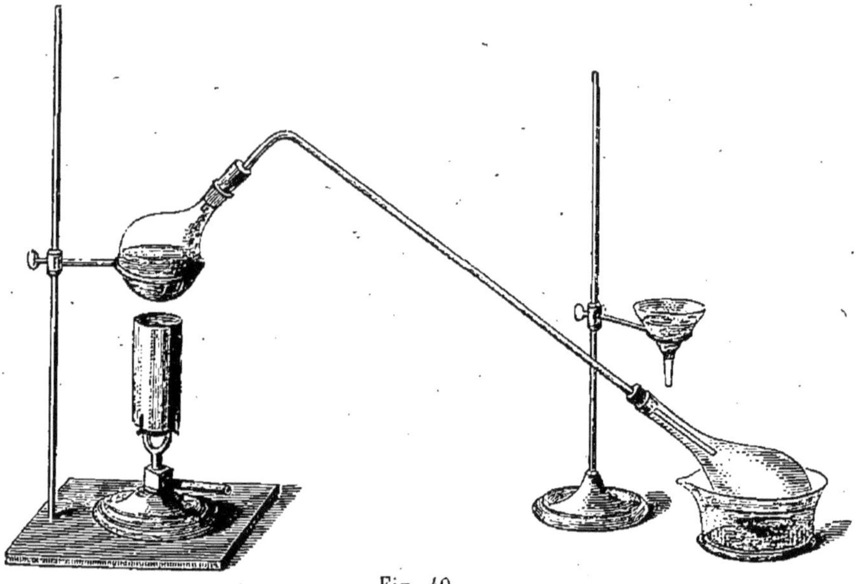

Fig. 40.

le distiller ensuite presque jusqu'à siccité, au moyen d'une cornue ou d'un ballon auquel on a adapté un bouchon ou un tube de dégagement comme dans la figure 40. Le liquide qui distille en premier lieu n'est généralement guère autre chose que de l'eau, mais, plus tard, il possède toutes les propriétés de l'acide chlorhydrique étendu. On peut faire digérer les substances solides dans de l'eau distillée et examiner la solution qui en résulte au moyen du papier réactif et de l'azotate d'argent. S'il est possible, on doit faire évaporer une portion du liquide jusqu'à parfaite siccité et traiter de nouveau le résidu dissous par l'azotate d'argent pour s'assurer de l'absence absolue ou relative des chlorures métalliques.

§ IV. — ACIDE OXALIQUE.

(120) Solide.

α. Apparence. L'acide oxalique se présente généralement en prismes à 4 faces incolores et plus ou moins bien définis que l'eau bouillante dissout rapidement et dont la solution a une réaction acide marquée.

β. Volatilité sans résidu de charbon. Quelques cristaux de l'acide, chauffés sur un fil de platine, fondent, dégagent des fumées et disparaissent sans laisser aucun résidu charbonneux.

(121) Dissous.

α. Forme cristalline. Si on fait soigneusement évaporer, sur une plaque de verre, une ou deux gouttes de l'acide concentré liquide, jusqu'à ce qu'une partie solide se forme autour du vase et qu'on fasse refroidir immédiatement, il se forme un résidu cristallin sous la forme de petits prismes, longs et plats, comme le montre la figure 41.

β. Précipitation d'oxalate d'argent. L'azotate d'argent fait naître dans une solution d'acide oxalique, un précipité blanc et opaque d'oxalate d'argent. Ce précipité se produit surtout abondamment si l'on a soin de neutraliser d'abord à peu près complétement la liqueur par l'ammoniaque. Il ne se colore pas par l'ébullition, mais il peut se dissoudre si l'excès d'acide oxalique est considérable, et il est facilement soluble dans l'acide azotique étendu. Ce précipité recueilli sur un filtre, lavé, séché et soumis à la calcination sur une feuille de platine, se dissipe avec une légère explosion, en laissant un résidu en poudre peu considérable d'argent métallique.

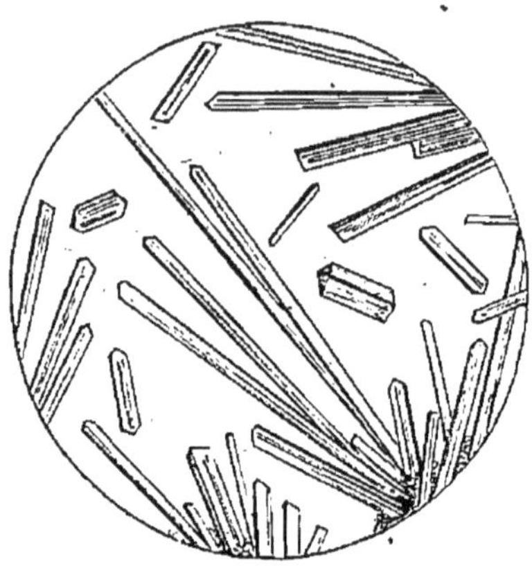

Fig. 41.

γ. Précipitation d'oxalate de calcium. Une solution de sulfate de calcium ajoutée à une solution aqueuse d'acide oxalique libre donne un précipité blanc d'oxalate de calcium insoluble dans l'acide acétique, mais facilement soluble dans l'acide azotique étendu. Soumis à la calcination, ce précipité se convertit en carbonate de calcium qui se dissout avec effervescence dans l'acide acétique.

(122) Dans les liquides organiques.

α. Réaction sur le papier réactif. La réaction acide est très-nette alors même que le poison n'existe qu'en très-petite quantité. Il est souvent nécessaire de filtrer le liquide après l'avoir préalablement étendu d'eau ou d'alcool ou, en tout cas, de le passer à travers de la mousseline avant de le soumettre à l'action des réactifs.

β. Précipitation d'oxalate de plomb. Une solution d'acétate de plomb ajoutée au liquide filtré ou passé, produit un précipité d'oxalate de plomb, soit blanc, soit coloré par la présence de matières organiques. On doit continuer l'addition du réactif jusqu'à ce qu'il ne se produise plus aucun précipité nouveau. On peut s'assurer que ce but est atteint, en examinant, de temps à autre, le liquide clair qui surnage lorsqu'on agite vivement le mélange et qu'on le laisse reposer.

γ. Mise en liberté de l'acide oxalique. Après qu'on a recueilli sur un filtre le précipité dont nous venons de parler et qu'on l'a parfaitement lavé, on le met en suspension dans l'eau et on le soumet à l'action d'un courant d'hydrogène sulfuré lavé. On peut obtenir ce dernier en employant l'appareil de la figure 42; le courant doit être continué jusqu'à ce

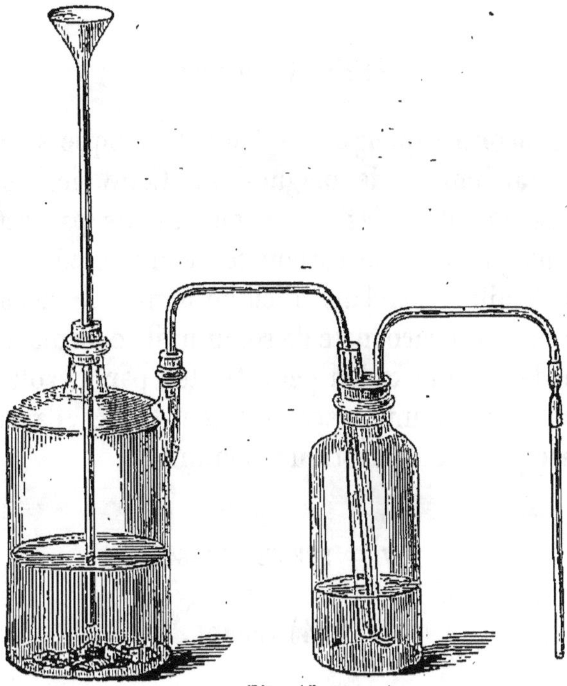

Fig. 42.

que le mélange agité et laissé en repos pendant à peu près une minute conserve une forte odeur de gaz sulfhydrique; alors, après l'avoir ou non chauffé, on le jette sur un filtre. Le liquide filtré est une solution aqueuse d'acide oxalique qui, par l'évaporation, cristallise et manifeste toutes les réactions que nous avons déjà décrites en parlant de l'acide dissous*.

* Si l'étudiant à quelque objection à faire à ce traitement, comme pouvant s'appliquer aussi aux oxalates alcalins, et aux décoctions végétales qui les contiennent, il peut consulter le livre de Taylor, *Sur les poisons*, p. 319. (*Note de l'auteur.*)

δ. Production d'oxalate d'ammonium. Au lieu de traiter par l'hydrogène sulfuré, le précipité d'oxalate de plomb lavé, on peut le faire bouillir pendant peu de temps avec une petite quantité d'acide sulfurique étendu, filtrer le mélange et neutraliser avec l'ammoniaque le liquide filtré. On concentre par l'évaporation la solution d'oxalate d'ammonium qui en résulte et on l'essaye par l'azotate d'argent et le sulfate de calcium. On obtient alors des précipités respectifs d'oxalate d'argent et d'oxalate de calcium.

(123) Insoluble.

α. On rencontre quelquefois l'acide oxalique sous la forme de sel de calcium ou de magnésium. Cette circonstance provient de ce que, dans les empoisonnements par cet acide, on donne la magnésie ou le carbonate de chaux comme antidote. Si on fait bouillir, pendant quelque temps, le dépôt blanc et insoluble, avec du carbonate de sodium, il se forme une solution d'oxalate de sodium qu'on peut traiter par l'azotate d'argent et le sulfate de calcium respectivement, après l'avoir filtrée et neutralisée par l'acide azotique étendu.

§ V. — SUBLIMÉ CORROSIF.

(124) Solide.

α. Aspect. Solubilité. On rencontre généralement le sublimé corrosif en poudre dense, blanche et luisante. Le sulfure d'ammonium le noircit. La potasse lui communique une couleur jaune et l'iodure de potassium une couleur écarlate. Bouilli avec un peu d'eau, dans un tube à réaction, il se dissout promptement.

β. Volatilité. Une petite quantité de cette poudre, chauffée sur du charbon ou sur une feuille de platine, disparaît complétement en dégageant des fumées blanches et opaques. Chauffée dans un tube étroit, elle donne un sublimé cristallin blanc.

γ. Réduction métallique. Si on introduit dans un tube à réduction parfaitement sec une petite portion du sel en poudre, avec trois ou quatre fois son volume de carbonate de sodium, récemment calciné, qu'on recouvre le mélange avec du carbonate de sodium, qu'on applique la flamme de l'alcool ou du gaz, premièrement, à la partie du tube qui ne contient que du carbonate, et ensuite, à la partie du tube qui contient le mélange, du mercure métallique se volatilise, et il se condense des globules mercuriels bien définis sur les parties froides du tube.

δ. Recherche d'un chlorure dans le résidu. On coupe par un trait de lime, le fond du tube qui contient la masse fondue, on fait bouillir celle-ci dans l'eau, on acidule la liqueur avec de l'acide azotique, et on la traite par l'azotate d'argent. Il se forme alors un précipité blanc de chlorure d'argent insoluble dans l'acide azotique, mais soluble dans l'ammoniaque.

(125) Dissous.

α. Forme cristalline. On fait évaporer une petite portion de la solution sur une plaque de verre jusqu'à ce qu'on voie apparaître quelques parties solides autour du liquide, et on laisse ensuite refroidir. Il se dépose alors de minces aiguilles opaques entre-croisées (*fig.* 43) qui fournissent les réactions que nous avons déjà décrites lorsque nous nous sommes occupés du poison à l'état solide.

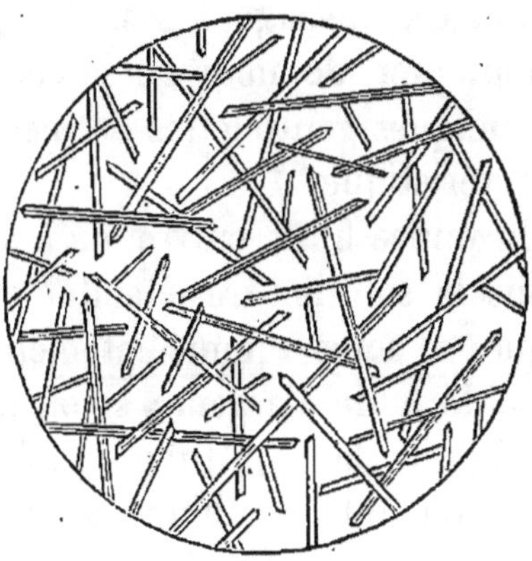

Fig. 43.

β. Précipitation de sulfure de mercure. Le gaz hydrogène sulfuré ou sa solution aqueuse, ajouté à la solution du sublimé corrosif la trouble d'abord, lui donne ensuite la couleur brun orangé et enfin la convertit en un précipité noir et dense de sulfure de mercure qu'on peut obtenir aussi par le sulfure d'ammonium. Ce précipité lavé est insoluble dans l'acide azotique même bouillant.

γ. Précipitation d'hydrate de mercure. Un excès de potasse ou d'eau de chaux produit un précipité jaune orangé d'hydrate mercurique. Le liquide filtré peut être traité par l'azotate d'argent et l'acide azotique, lorsqu'on veut y rechercher le chlore.

δ. Précipitation d'iodure de mercure. L'iodure de potassium, produit dans la solution du sublimé corrosif un précipité orangé écarlate d'iodure mercurique, qui disparaît dans un excès de l'un ou de l'autre précipitant, ne laissant qu'un liquide incolore. Cette réaction est très-caractéristique, quoique la présence de divers composés salins l'empêche souvent de se produire.

ε. Réduction par un sel stanneux. Le protochlorure d'étain ajouté à une solution de sublimé corrosif, acidulée par de l'acide chlorhydrique, produit d'abord un précipité blanc de calomel qui, par une nouvelle addition du réactif, prend la couleur de l'ardoise et devient enfin presque noir, en se convertissant en mercure métallique.

Le précipité se dépose rapidement si on applique la chaleur, après quoi on peut enlever le liquide qui surnage, le remplacer par de l'acide chlorhydrique et appliquer de nouveau la chaleur; le dépôt se réduit alors à quelques gouttelettes de mercure liquide d'un aspect très-caractéristique.

ζ. Dépôt sur le cuivre. Un mince fil de cuivre, ou une toile du même métal plongée dans la solution très-étendue et acidulée avec l'acide chlorhydrique, se couvre immédiatement d'une couche de mercure semblable à de l'argent; si on la lave, qu'on la sèche et qu'on la chauffe dans un tube à sublimation, le mercure se volatilise en donnant un sublimé de globules métalliques, tandis que le cuivre reprend sa première couleur rouge.

η. Essai électrolytique. Si on place, sur une lame d'or, quelques gouttes de la solution qu'il est bon d'aciduler, d'abord avec de l'acide chlorhydrique, et qu'on place sur ces gouttes de liquide, de manière à toucher l'or, une clef ou un autre objet d'acier, il se forme sur l'or, à son point de contact avec l'acier, un dépôt de mercure sous forme d'une tache blanche et que la chaleur fait disparaître.

(126) Dans les liquides et les solides organiques.

α. Procédés généraux. On peut quelquefois traiter par une solution de protochlorure d'étain, comme nous l'avons déjà décrit, le liquide passé ou filtré, acidulé avec de l'acide chlorhydrique et légèrement chauffé. Mais, l'essai électrolytique et surtout la réduction du mercure métallique au moyen d'une lame de cuivre, sont les caractères qu'on doit préférer dans la plupart des cas. En général, il suffit de prouver la présence du mercure dissous dans un liquide organique, sans prendre en considération le chlore du sel ; mais à l'occasion, on peut extraire le sel en entier, en agitant le liquide avec de l'éther, faisant évaporer la solution éthérée, et traitant le résidu par l'eau. Les liquides organiques, parfaitement broyés ou divisés en petits morceaux, doivent être bouillis pendant environ une heure avec de l'acide chlorhydrique étendu. On essaye ensuite la solution en y trempant un morceau de cuivre décapé. Si cela est nécessaire, on peut faire bouillir longtemps le cuivre dans le liquide.

β. Procédés spéciaux. Après avoir fait bouillir le tissu broyé avec de l'acide chlorhydrique, pendant à peu près une heure, comme nous l'avons déjà dit, et avoir filtré la décoction acide, on doit convertir le résidu solide en une pâte claire au moyen de l'acide chlorhydrique dilué avec deux fois son volume d'eau, et chauffer le mélange au bain-marie. On ajoute ensuite de temps en temps du chlorate de potassium pulvérisé, jusqu'à ce que la couleur de la substance non dissoute se réduise à une teinte jaune pâle. On peut alors remettre sur le feu la décoction filtrée, faire bouillir le tout pendant quelques minutes, laisser refroidir et refiltrer. Le liquide filtré doit être mis à évaporer jusqu'à ce qu'il soit réduit à un petit volume. On le filtre de nouveau, si c'est nécessaire et on le traite par un excès de gaz hydrogène sulfuré lavé. Le sulfure de mercure qui résulte de cette réaction et qui est mêlé avec beaucoup de soufre, peut être recueilli sur un filtre, lavé avec de l'eau et dissous dans l'acide chlorhydrique, auquel on a ajouté une petite quantité de chlorate de potassium. On fait évaporer le liquide jusqu'à siccité, on dissout le résidu dans l'eau, et l'on applique à la solution de chlorure mercurique qu'on obtient ainsi les réactifs d'usage. Cette méthode est d'une application générale, lorsqu'on veut découvrir les métaux absorbés dans les tissus. Le précipité produit en premier lieu par l'hydrogène sulfuré, peut dans tous les cas être redissous dans l'acide chlorhydrique additionné d'une quantité suffisante mais aussi faible que possible de chlorate de potassium, ainsi que nous venons de le décrire. On peut traiter la nouvelle solution par l'hydrogène sulfuré et dans le précipité qu'on obtient alors, on recherche le mercure, le plomb, le cuivre, l'arsenic, l'antimoine, le bismuth et l'étain.

§ VI. — PLOMB.

(127) COMPOSÉS SOLIDES.

α. Réduction métallique. On peut facilement obtenir à l'état métallique, le plomb contenu dans les substances en quantité modérée. Une petite portion de tout composé de plomb, mêlée avec trois ou quatre fois son poids de carbonate de sodium, et chauffée sur un charbon à la flamme réductrice du chalumeau, produit bientôt un globule d'un métal malléable, tandis qu'il forme sur le charbon une incrustation jaune; on peut dissoudre le globule dans l'acide azotique étendu, et appliquer à cette solution les réactifs propres aux composés de plomb liquides.

β. Carbonate de plomb. Ce sel se présente sous la

forme d'une poudre opaque et blanche; la chaleur le fond et le jaunit, le sulfure d'ammonium le noircit; il est insoluble dans l'eau, mais se dissout avec effervescence dans l'acide azotique étendu, en formant une solution à laquelle on peut appliquer les réactifs du plomb.

γ. Acétate de plomb. — Aspect. L'acétate de plomb se présente généralement en poudre dense cristalline et de couleur blanche; il a une odeur particulièrement acide, et un goût douceâtre astringent; il est modérément soluble dans l'eau distillée; dans l'eau ordinaire qui contient des sulfates et des carbonates, il forme un liquide laiteux par suite d'une précipitation de sulfate et de carbonate de plomb. Sa solution, évaporée sur une plaque de verre, laisse des cristaux prismatiques d'un blanc opaque.

δ. Acétate de plomb. — Réactions. Sous l'influence du sulfure d'ammonium, ce sel devient noir, et sous celle de l'iodure de potassium, il prend une couleur jaune; chauffé dans un tube à réduction, il fond, se solidifie de nouveau, se fonce en couleur, dégage une odeur d'acétone, et laisse un résidu d'apparence charbonneuse qui consiste en plomb métallique très-finement divisé; chauffé dans un tube à réaction avec de l'acide sulfurique, il dégage une odeur d'acide acétique, ou une odeur d'éther acétique, si l'on ajoute un peu d'alcool au mélange. Traité avec une solution de persulfate de fer, ce sel fournit un précipité blanc de sulfate de plomb, et une solution rouge foncé de peracétate de fer.

(128) Dissous.

α. Précipitation de sulfure de plomb. Ajouté à toute solution contenant du plomb, le gaz d'hydrogène sulfuré ou sa solution aqueuse, donne un précipité noir ou brun fauve de sulfure de plomb, insoluble dans l'acide chlorhydrique froid, et inattaquable par le sulfure d'ammonium. Mais, dans certains cas, le précipité est rouge quand il se dépose, et il devient ensuite noir, sous l'influence du sulfure d'ammonium.

β. Précipitation de sulfate de plomb. L'acide sulfurique étendu produit un précipité blanc et opaque de sulfate de plomb, insoluble dans l'acide azotique, soluble dans l'acide chlorhydrique bouillant, ainsi que dans un grand excès d'une lessive de potasse. Sous l'influence de l'hydrogène sulfuré ou du sulfure d'ammonium, ce précipité noircit.

γ. Précipitation d'iodure de plomb. Ajoutée à une solution de plomb libre de tout excès considérable d'acide ou d'alcali, l'iodure de potassium donne un précipité jaune clair d'iodure de plomb, soluble dans l'acide chlorhydrique très-chaud et dans un grand excès d'une lessive de potasse ; dans l'eau bouillante, ce précipité est modérément soluble, et se reprécipite en paillettes dorées par le refroidissement.

(129) Dans les liquides et les solides organiques.

α. Liquides organiques. Le liquide passé ou filtré, si c'est nécessaire, et acidulé avec quelques gouttes d'acide azotique ou chlorhydrique, doit être traité avec un courant d'hydrogène sulfuré lavé, jusqu'à ce qu'il sente fortement le gaz, même après qu'il a été agité. On laisse ensuite déposer le précipité brun ou noir que l'on obtient, on le recueille sur un filtre, on le lave parfaitement avec de l'eau, et on le fait bouillir dans l'acide azotique étendu d'à peu près quatre fois son volume d'eau, jusqu'à ce qu'il perde entièrement sa couleur. La solution ainsi obtenue, filtrée s'il est nécessaire, et concentrée par l'évaporation, est soumise ensuite à l'action des réactifs employés ordinairement pour découvrir les sels de plomb dissous.

β. Solides organiques. On peut traiter par l'acide chlorhydrique et le chlorate de potassium, comme nous l'avons décrit au n° 126, β, le tissu qu'on suppose contenir du plomb. On peut aussi le faire sécher dans un four, le calciner dans une capsule et chauffer au rouge sombre pendant plusieurs heures le charbon qui en résulte, jusqu'à ce qu'on obtienne une cendre grise, qu'on dissout à l'aide de la chaleur, dans l'acide azotique étendu. On traite ensuite la solution de cette cendre par l'hydrogène sulfuré, et on soumet le précipité noir qui en résulte, à un examen plus précis.

§ VII. — CUIVRE.

(130) Dissous.

α. Solubilité. La plupart des sels de cuivre sont solubles dans l'eau, et les acides minéraux étendus, à l'exception du sulfure, qu'on peut cependant dissoudre facilement dans l'acide azotique concentré. Aqueuses ou acidulées, les solutions sont de couleur bleue ou verte tranchée.

β. Précipitation de sulfure de cuivre. L'hydrogène sulfuré et les sulfures alcalins donnent un précipité brun foncé de sulfure de cuivre, qui ne subit presque aucune modification sous l'influence de l'acide chlorhydrique froid, mais qui se dissout facilement dans l'acide azotique. Soluble en partie dans le sulfure d'ammonium ordinaire, il est insoluble dans le sulfure de sodium ou de potassium.

γ. Formation d'un sel de cuprammonium. L'ammoniaque ajouté avec soin à une solution cuivrique, produit un précipité blanc bleuâtre qui se dissout dans un excès du précipitant. Il se forme ainsi un liquide bleu pourpre foncé, d'apparence très-caractéristique, à moins que la liqueur ne soit trop étendue, auquel cas il ressemble à la solution ammoniacale de Nickel, qui a une constitution semblable. On distingue cependant la solution de nickel de la solution de cuivre au moyen de la potasse caustique, qui, lorsqu'elle n'est pas employée en trop grande proportion, ne trouble pas la transparence du liquide cuivrique, tandis qu'elle donne un précipité vert pâle dans la solution de Nickel.

δ. Précipitation de ferrocyanure de cuivre. Le ferrocyanure de potassium produit un précipité chocolat gélatineux de ferrocyanure de cuivre insoluble dans les acides minéraux. La potasse le change en un magma bleu pâle, qui se dissout facilement dans l'ammoniaque en donnant un liquide bleu foncé. Ces propriétés le distinguent du précipité de ferrocyanure d'uranium qui a la même couleur. Le ferrocyanure de nickel est de couleur vert pâle.

ε. Précipitation du métal sur le fer. Une aiguille d'acier ou un morceau de fil de fer poli, trempé dans une solution cuivrique, légèrement acidulée, se couvre bientôt d'une couche de cuivre métallique, adhérente et rouge. Quand le cuivre est en très-petites proportions, on doit laisser le fer plongé dans la liqueur pendant quelques heures. Il arrive quelquefois que la quantité du dépôt n'est pas suffisante pour présenter l'aspect ordinaire du cuivre métallique. Ce métal paraît alors simplement brun ou noir.

ζ. Examen du dépôt métallique. Après avoir lavé le fil de fer enduit de cuivre, on y verse dessus une goutte ou deux d'ammoniaque ; sous l'influence de l'air, le cuivre se dissout alors graduellement dans l'ammoniaque, en formant une solution bleu foncé. Dans cette solution préalablement acidifiée par de l'acide acétique, le ferrocyanure de potassium occasionne un faible précipité rouge chocolat de ferrocyanure de cuivre.

η. Essai électrolytique. Lorsqu'on met dans une capsule de platine quelques gouttes d'une solution de cuivre acidulée, et qu'on y introduit un fil de zinc de manière à ce qu'il touche la capsule à travers le liquide, il se produit immédiatement sur le platine un dépôt de cuivre métallique, qui tantôt possède sa couleur caractéristique et tantôt apparaît comme une tache brune. On peut examiner ce dépôt avec l'ammoniaque et le ferrocyanure de potassium de la manière déjà décrite. Ce procédé ne possède aucun avantage sur celui du fil de fer.

(131) Dans les liquides ou les solides organiques.

α. Liquides organiques. Ces liquides, lorsqu'ils contiennent une quantité appréciable de cuivre, ont généralement une teinte verdâtre plus ou moins marquée. On peut les aciduler avec de l'acide chlorhydrique et les faire agir sur un fil de fer décapé comme nous l'avons déjà décrit. On peut aussi filtrer et aciduler la solution, y faire passer ensuite un courant de gaz hydrogène sulfuré et recueillir sur un filtre le précipité brun foncé qui résulte de ce traitement. Ce précipité lavé avec de l'eau et dissous dans l'acide azotique étendu ou dans l'acide chlorhydrique concentré, fournit une solution qui évaporée presque usqu'à siccité et étendue d'eau, peut être examinée au moyen des réactifs ordinaires.

β. Solides organiques. Plongés dans l'ammoniaque, ces solides acquièrent une couleur bleu foncé lorsqu'ils contiennent une quantité de cuivre même très-petite; on peut les couper en petits morceaux et les faire bouillir pendant quelque temps avec de l'acide chlorhydrique étendu. Après avoir concentré par évaporation le liquide ainsi obtenu, on l'examine au moyen d'une aiguille d'acier ou d'un courant de gaz hydrogène sulfuré (α). On peut aussi dissoudre le tissu, soit dans l'acide chlorhydrique et le chlorate de potassium, comme nous l'avons décrit au n° 126, soit par incinération comme il est décrit au n° 129 β et, après ce traitement examiner de nouveau les résidus.

§ VIII. — ARSENIC.

(132) Acide ou anhydride arsénieux.

α. Aspect. L'anhydride arsénieux dont on se sert dans le commerce, l'arsenic blanc ou acide arsénieux, se présente généralement en poudre dense et blanche, mais on peut le rencontrer sous la forme de masses transparentes comme le verre, ou opaques comme la porcelaine, ou bien encore qui sont opaques à l'extérieur et transparentes à l'intérieur.

β. Volatilité. Une petite quantité de cette poudre chauffée sur une feuille de platine se volatilise entièrement avec dégagement de fumées blanches et opaques. S'il se produit un résidu fixe, il provient d'une impureté consistant probablement en sulfate de calcium. Une légère portion de la poudre chauffée dans un tube à sublimation se volatilise aussi et dépose dans la partie froide du tube un sublimé à reflets irrisés. On peut encore opérer la volatilisation dans un tube à réaction court et large, et condenser le sublimé sur une plaque de verre qu'on tient appliquée sur l'ouverture du tube. Si on examine avec la lentille le sublimé qui est dans le tube ou sur la plaque de verre, on voit qu'il consiste principalement en cristaux octaèdriques comme ceux de la figure 44.

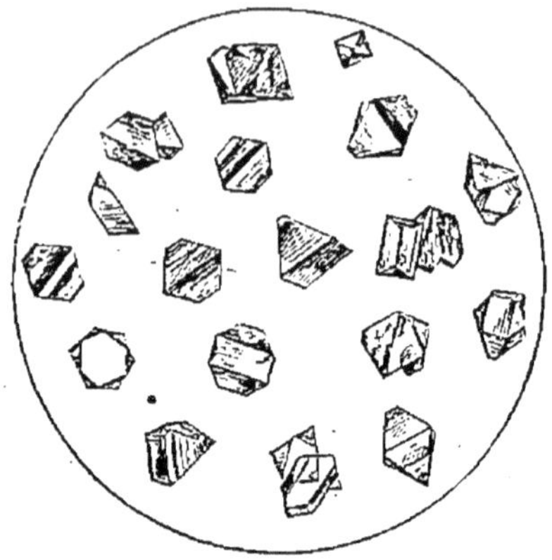

Fig. 44.

γ. Action du sulfure d'ammonium. Si on ajoute environ une goutte de sulfure d'ammonium à un peu d'arsenic blanc contenu dans un verre de montre, il ne se produit aucune altération de couleur, mais si on applique une douce chaleur, la dissolution se fait. En évaporant celle-ci jusqu'à siccité, on obtient une pellicule jaune de sulfure d'arsenic soluble dans les alcalis et insoluble dans l'acide chlorhydrique.

δ. Solubilité. De la poudre d'arsenic blanc, agitée avec de l'eau dans un tube à réaction, ne se dissout pas visiblement, mais reste en partie sous la forme d'une pellicule à la surface du liquide et en partie sous la forme de petites agrégations dans le fond du tube. L'ébullition prolongée ne fait pas même disparaître cet état de séparation qui est d'ailleurs très-caractéristique. Cependant par le moyen de la filtration, on obtient une solution aqueuse claire d'acide arsénieux; en outre, si on ajoute un peu de potasse ou d'acide chlorhydrique au mélange chaud d'eau et d'arsenic blanc on obtient facilement une dissolution complète.

ε. Réductibilité. Une légère quantité d'arsenic blanc en poudre répandue sur un charbon ardent dégage des vapeurs à peine visibles qui ont une odeur d'ail particulière. Lorsqu'on introduit dans un tube à réduction étroit et épais un peu d'arsenic blanc mélangé avec trois ou quatre fois son volume d'un flux de soude sec, produit par la calcination d'un mélange de charbon et d'acétate de sodium, et qu'on soumet le mélange à la chaleur de la lampe à alcool, un sublimé d'arsenic réduit se condense dans la partie supérieure froide du tube. Ce sublimé a la forme d'un anneau métallique comme le montre la figure 45. On peut aussi placer une petite quantité d'arsenic blanc dans un tube à réduction, mettre au-dessus une couche épaisse de charbon en poudre et appliquer la chaleur de haut en bas, de sorte que l'arsenic puisse se volatiliser à travers le charbon ardent. Ce traitement produit comme le précédent un anneau de métal réduit.

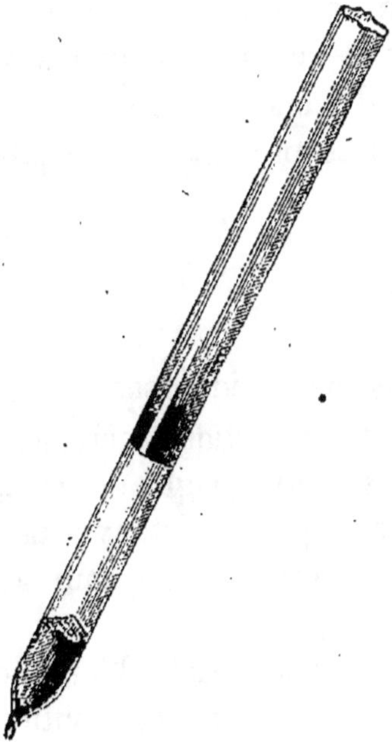

Fig. 45.

ζ. Caractères de l'anneau métallique. Les caractères de l'anneau d'arsenic sont les suivants : *a*. Il a l'éclat de l'acier gris. S'il présente une couleur opaque noir brun, on peut le chauffer avec soin pour lui rendre sa couleur propre. De cette façon l'anneau métallique reste gris et il se volatilise un composé d'arsenic plus volatil et de couleur foncée. La surface intérieure du sublimé métallique, qu'on rend visible en brisant le tube, présente un aspect cristallin. *b*. Cet anneau est volatil. Si on chauffe le sublimé à une température beaucoup plus basse que celle du rouge, il se déplace dans le tube. *c*. Il se convertit en anhydride arsénieux. Lorsqu'on déplace plusieurs fois l'anneau métallique en le volatilisant, cet anneau se transforme peu à peu en cristaux d'arsenic blanc à reflets irrisés, qui consistent, comme on peut s'en assurer au moyen d'une lentille, en octaèdres de diverses formes. On peut faire bouillir ces derniers pendant quelque temps dans une petite quantité d'eau ; il se forme ainsi une solution d'acide arsénieux qu'on peut traiter par les réactifs liquides ordinaires. *d.* L'anneau de métal disparaît lorsqu'on le chauffe avec une goutte ou deux d'eau régale et se convertit en acide arsénique. Si on évapore jusqu'à siccité, on obtient un résidu d'acide arsénique qu'on peut dissoudre dans l'eau et traiter par une solution d'azotate d'argent. Sous l'influence de ce dernier traitement, il se produit un précipité rouge brique d'arséniate d'argent.

(133) Dissous.

α. Réactions. La solution aqueuse de l'acide arsénieux est claire, incolore, insipide, inodore, et a une action légèrement acide sur le papier réactif. Évaporée sur une plaque de verre, elle laisse un résidu blanc qui consiste en petits cristaux octaédriques qu'on peut volatiliser en les soumettant de nouveau à l'action de la chaleur.

β. Précipitation d'arsénite d'argent. L'azotate d'argent ammoniacal ajouté à l'acide arsénieux en solution aqueuse, donne un précipité jaune opaque d'arsénite d'argent soluble dans l'ammoniaque et dans l'acide azotique étendu. On prépare le réactif en ajoutant goutte à goutte une faible solution d'ammoniaque à une solution concentrée d'azotate d'argent, jusqu'à ce que le précipité brun qu'on obtient d'abord se soit complétement redissous.

γ. Précipitation d'arsénite de cuivre. Le sulfate de cuivre ammoniacal, ajouté à l'acide arsénieux en solution aqueuse, produit un précipité vert clair d'arsénite de cuivre, soluble dans l'ammoniaque et dans les acides étendus; recueilli sur un filtre, lavé, séché et chauffé dans un tube à réduction, ce précipité donne un sublimé cristallin d'anhydride arsénieux.

On obtient le sulfate de cuivre ammoniacal en ajoutant soigneusement et goutte à goutte de l'ammoniaque à une solution quelque peu étendue de sulfate de cuivre, jusqu'à ce que le précipité obtenu en premier lieu soit presque redissous.

δ. Précipitation de trisulfure d'arsenic. Si on fait passer un courant d'hydrogène sulfuré lavé à travers une solution d'acide arsénieux acidulée avec l'acide chlorhydrique, il se produit un abondant précipité jaune clair de trisulfure d'arsenic ou orpiment. Le sulfure d'ammonium ne donne aucun précipité avec l'acide arsénieux dissous dans l'eau à moins qu'on ne neutralise la liqueur par un autre acide; l'hydrogène sulfuré y produit seulement une coloration jaune.

ε. Caractères du précipité ci-dessus. On peut recueillir ce précipité jaune sur un filtre, le laver avec de l'eau et l'essayer de la manière suivante : Bouilli avec l'acide chlorhydrique, il ne se dissout pas visiblement, mais si on y ajoute un peu d'acide azotique, il disparaît en donnant des fumées rouges. Il reste fréquemment un globule de soufre fondu non dissous. Traité par le sulfure, l'hydrate ou le carbonate d'ammonium, il se dissout et se précipite de nouveau par l'addition de l'acide chlorhydrique. Séché et chauffé dans un tube à réduction, il se sublime tout en restant intact ou à peu près. Séché et chauffé dans un tube à réduction après qu'on l'a parfaitement mêlé avec quatre ou cinq fois son volume d'un flux de soude, il donne un sublimé ou anneau de métal réduit.

(134) Méthode de Marsh.

α. Nature du procédé. Lorsqu'on traite une substance contenant de l'arsenic par de l'hydrogène naissant, développé généralement par la réaction du zinc métallique sur l'acide sulfurique ou chlorhydrique étendu, il se dégage un composé gazeux d'arsenic et d'hydrogène connu sous le nom d'hydrogène arsénié. On peut obtenir ce gaz dans un appareil à hydrogène de forme ordinaire; on se sert par exemple avec succès d'une fiole à fond plat, à laquelle on adapte, au moyen d'un bouchon perforé, un morceau de tube de verre, soit droit, soit courbé selon les circonstances, et étiré en pointe assez fine. Le système de la figure 47 est très-commode dans certains cas. Tandis que dans d'autres, on peut employer avantageusement le tube recourbé, premièrement inventé par Marsh. Il peut être entièrement uniforme comme dans la figure 46 ou être muni de deux grandes et fortes boules, une dans la partie supérieure de la longue pièce, et l'autre dans la partie inférieure de la pièce courte. Cette pièce courte est munie d'un robinet, dans lequel est vissé, soit un court tuyau pour brûler le gaz qui en sort, comme le montre la figure, soit un coude auquel on peut facilement adapter un tube de verre horizontal. On reconnaît l'hydrogène arsénié à la propriété qu'il possède de fournir des dépôts d'arsenic métallique, soit lorsqu'on le soumet à une combustion imparfaite comme l'a premièrement indiqué Marsh, soit lorsqu'on l'expose à la chaleur du rouge sombre, comme l'a recommandé un comité de l'Académie de sciences de France.

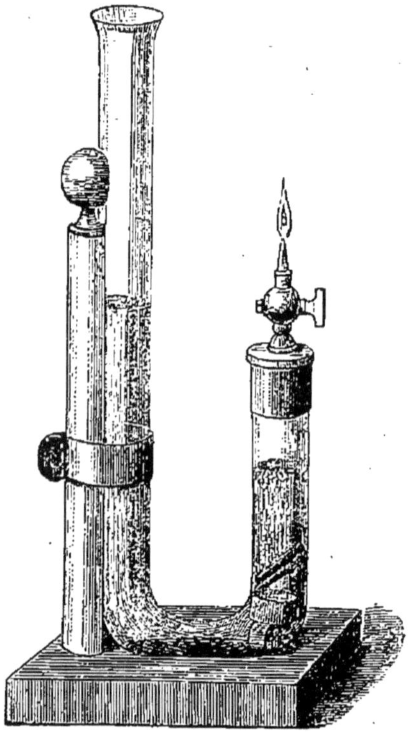
Fig. 46.

(135) Procédé primitif de Marsh.

Lorsqu'on se propose d'obtenir des dépôts par une combustion imparfaite du gaz, l'appareil de Marsh (*fig.* 46), est généralement employé de la manière suivante : Après avoir enlevé le robinet, on plonge soigneusement dans la pièce la plus courte du tube une baguette de verre massif, qui doit être suffisamment petite pour atteindre le coude inférieur, mais pas assez pour passer dans la plus longue pièce. Un bouchon de verre remplit souvent parfaitement ce but. On laisse alors tomber deux ou trois morceaux épais de zinc métallique sur le morceau de verre, on replace le robinet ouvert, et on fait couler dans la plus longue pièce de l'acide sulfurique étendu dans la proportion d'une partie d'acide pour 6 ou 7 d'eau. Cette introduction des liquides doit être faite de manière que, lorsque le liquide atteint le même niveau dans les deux parties du tube, il puisse pourtant rester un petit espace libre au-dessous du robinet. On laisse agir pendant quelques minutes l'acide dilué sur le zinc, et on ferme le robinet. La courte branche se remplit peu à peu de gaz hydrogène, l'acide étant en même temps chassé vers la longue branche. On ouvre ensuite le robinet, et on enflamme promptement le gaz hydrogène qui en sort. Ce gaz doit brûler avec une flamme à peine visible qui ne puisse produire aucun dépôt ni coloration sur un morceau de verre ou de porcelaine propre, momentanément exposé à l'action de la flamme. Aussitôt que l'hydrogène a été chassé de la courte branche par l'acide qui y redescend, on referme le robinet pour qu'il s'amasse une nouvelle quantité de gaz qu'on laisse ensuite sortir, qu'on enflamme et qu'on examine comme avant. On peut aussi, au lieu d'enflammer le gaz lorsqu'il s'échappe, le laisser s'imprégner sur du papier humecté d'une solution d'azotate d'argent. Ce papier ne doit recevoir aucune coloration. Lorsque, après divers examens on s'est suffisamment assuré de la pureté de l'hydrogène, et par conséquent de celle des matières qui ont servi à le produire, on introduit le liquide arsénique et on répète l'expérience.

α. Apparence de la flamme. Le gaz hydrogène qui se dégage, après cette addition d'arsenic, est plus ou moins souillé d'hydrogène arsénié, et produit une coloration d'aspect métallique sur du papier humecté avec une solution d'azotate d'argent. Sa flamme est bleuâtre et dégage une fumée blanche d'anhydride arsénieux.

β. Réactions de la fumée. On peut essayer cette fumée ou vapeur en tenant au-dessus du sommet de la flamme un morceau de porcelaine humecté avec de l'azotate d'argent ammoniacal. On voit alors apparaître un nuage jaune dû à l'arsénite d'argent. On peut l'essayer aussi en renfermant la flamme plus d'une fois, si c'est nécessaire, dans un tube à réaction court et large humecté d'eau à l'intérieur ; il se forme une solution faible d'acide arsénieux qu'on traite par l'hydrogène sulfuré ou par un autre réactif approprié.

γ. Formation d'un dépôt. Lorsqu'on applique momentanément sur la flamme un morceau de verre, de porcelaine ou de talc propre, de manière à couper la flamme aux deux tiers de sa hauteur, il se produit sur la surface froide une tache ou dépôt foncé formé de trois produits : au centre, d'arsenic métallique ; à l'extérieur, d'anhydride arsénieux ; et dans la zone intermédiaire, d'un composé qu'on croit être un sous-oxyde d'arsenic. On se convainc que le dépôt est réellement arsenical lorsqu'il possède les caractères suivants : *a*. Il a l'éclat métallique. On voit surtout bien l'éclat de la tache arsenicale en la regardant par réflexion, mais on peut aussi le voir en la regardant par transmission à travers le verre. *b*. Sa couleur est châtain. Cette couleur appartient particulièrement aux taches légères et à la portion intermédiaire des taches larges. Quand les taches sont très-larges il est bon pour les distinguer de les regarder à la lumière transmise. *c*. Il est volatil. La tache d'arsenic disparaît facilement sous l'influence d'une chaleur bien inférieure à celle du rouge. Cette propriété de volatilité est très-évidente quand la tache s'est produite sur une mince plaque de talc. Pendant sa volatilisation, l'arsenic métallique se convertit en anhydride arsénieux. *d*. Il est soluble dans le chlorure de chaux. Lorsqu'on chauffe la tache d'arsenic avec quelques gouttes du liquide blanchissant, elle se dissout promptement. Pour appliquer ce réactif, il est commode de produire la tache à l'intérieur d'un verre de montre. *e*. Il ne se dissout pas dans le bisulfure d'ammonium froid. La tache d'arsenic traitée par une goutte d'une solution de sulfure jaune d'ammonium, ne subit aucun changement visible, mais si on évapore jusqu'à siccité, il se produit une tache jaune clair d'orpiment, contenant un noyau foncé d'arsenic métallique non dissous (Guy). *f*. Il se convertit en acide arsénique. La tache d'arsenic disparaît complétement lorsqu'on la chauffe avec une goutte ou deux d'acide azotique ou d'eau régale. Si on évapore jusqu'à siccité, on obtient un léger résidu d'acide arsénique, reconnaissable à ce caractère qu'il se dissout aisément dans une goutte d'eau, et forme une solution dans laquelle l'azotate d'argent ammoniacal produit un précipité rouge brique.

(136) Procédé de Marsh modifié.

On peut aussi se servir de l'appareil de Marsh pour produire de l'hydrogène sulfuré, lorsqu'on se propose de décomposer le gaz par la chaleur en dehors de l'appareil; dans ce cas le tuyau du robinet n'est pas vissé, et il est remplacé par un coude de métal auquel est adapté un morceau de tube de

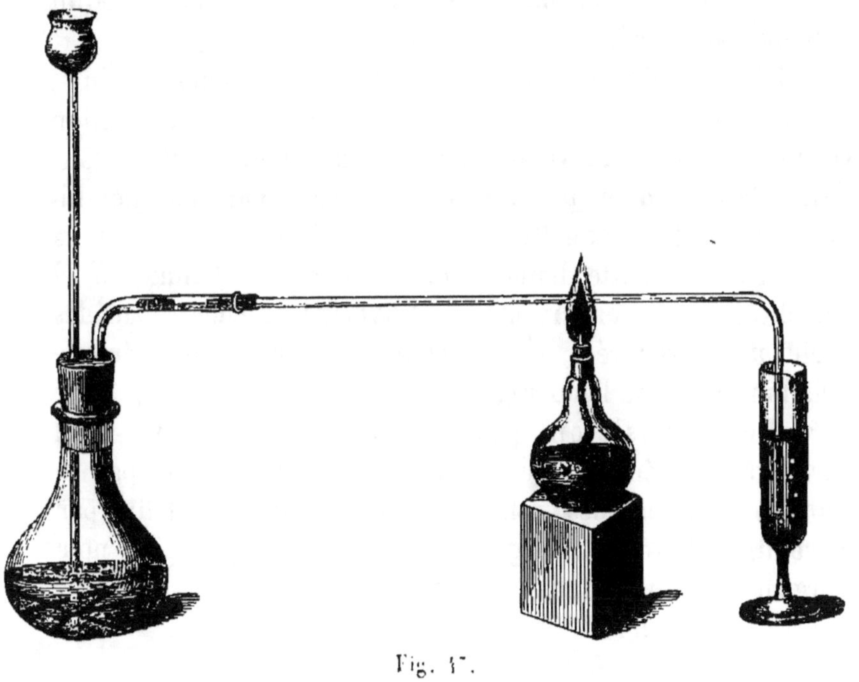

Fig. 47.

verre horizontal, étroit et solide. Mais l'appareil représenté par la figure 47 est préférable. Il consiste en un petit ballon muni d'un bouchon à travers lequel passe un tube à entonnoir et un tube coudé à angle droit, large et court, dans l'intérieur duquel se trouve un grossier tampon de coton ou d'amiante. Ce tube est joint au moyen d'un bouchon perforé à un long tube horizontal en verre dur d'un petit diamètre, lequel est recourbé à son extrémité inférieure, de manière à plonger dans une solution d'azotate d'argent. On charge l'appareil avec du zinc pur et de l'acide sulfurique étendu de manière à produire un dégagement de gaz hydrogène. Ce gaz passe à travers le coton, où il dépose toutes les impuretés qu'il peut avoir entraînées mécaniquement, il traverse ensuite le tube horizontal et arrive ainsi jusque dans la solution d'argent. Pendant le dégagement du gaz on doit chauffer avec la flamme d'une lampe à alcool une certaine partie du tube horizontal, et si après quelque temps il ne se dépose rien dans le tube, et qu'il ne se produise aucun précipité dans la solution d'argent, on considère les matières comme pures, et on introduit le liquide arsenical.

α. Décomposition par la chaleur. L'hydrogène arsénié, qu'on obtient, se décompose en passant à travers la portion chauffée du tube, et vient former, à une petite distance au-dessus de la flamme, un anneau gris d'acier d'arsenic métallique. On peut reconnaître cet anneau à son aspect, à sa position à une petite distance au-dessus de la flamme, à sa volatilité, à sa conversion en anhydride arsénieux par des sublimations réitérées, et à sa conversion en acide arsénique sous l'influence de l'eau régale.

β. Décomposition par l'azotate d'argent. Tout l'hydrogène arsénié qui échappe à la décomposition par la flamme, ou qu'on laisse échapper volontairement, est fixé par la solution d'azotate d'argent où il forme un précipité noir d'argent métallique en se transformant en acide arsénique d'après l'équation :

$$AsH^3 + 8AgAzo^3 + 4H^2O = 8Ag + AsH^3O^4 + 8Azo^3H.$$

Lorsqu'on a fini l'expérience, on peut précipiter l'excès

d'argent par l'acide chlorhydrique, faire évaporer jusqu'à siccité le liquide qui en résulte, dissoudre dans l'eau le résidu d'acide arsénique et le déterminer par les réactifs ordinaires.

(137) Méthode de Reinsch.

Cette méthode est particulièrement utile pour découvrir l'arsenic dans les liquides ou les solides organiques. Quand on a affaire à un liquide, on l'acidule simplement avec un huitième environ de son volume d'acide chlorhydrique pur, et on le fait bouillir. Si l'on opère sur un tissu solide, on coupe ce tissu en très-petits morceaux et on le fait bouillir pendant quelque temps dans un mélange d'environ une partie d'acide chlorhydrique pour cinq ou six parties d'eau.

α. Dépôt sur le cuivre. On introduit dans le liquide acidulé pendant qu'il bout, une feuille de cuivre décapée, ou mieux encore, un morceau de toile métallique du même métal, et on continue l'ébullition pendant un laps de temps qui peut varier de quelques minutes à un quart d'heure au plus. Si le cuivre se colore en gris métallique, on doit en ajouter d'autres morceaux, de temps à autre, jusqu'à ce que le dernier ajouté ne présente plus aucune altération sensible de couleur.

β. Caractère du dépôt. On retire de l'eau les morceaux de cuivre avec l'enduit qui s'y est déposé, on les lave à l'eau, et on les sèche entre plusieurs doubles de papier buvard. Le dépôt, à moins qu'il ne soit très-épais, adhère fortement au cuivre, il présente un éclat métallique très-marqué, sa couleur est gris d'acier, ou, s'il est très-mince, d'une teinte quelque peu bleuâtre. Sous l'influence de la chaleur, il disparaît entièrement, tandis que le cuivre reprend son aspect ordinaire.

γ. Sublimé cristallin. On chauffe faiblement sur une lampe un morceau du même cuivre recouvert d'arsenic, en le tenant entre les doigts, après quoi, on le roule en un petit volume et on l'introduit dans un tube à réduction. On applique alors soigneusement la chaleur, d'abord un peu au-dessus du petit rouleau, puis sur le rouleau lui-même. L'arsenic se volatilise, s'oxyde et se condense dans la partie froide du tube, sous la forme d'un sublimé cristallin. On peut, au besoin, chauffer successivement dans le même tube, plusieurs de ces morceaux de cuivre, jusqu'à ce qu'il se produise un sublimé d'anhydride arsénieux suffisamment visible. Ce sublimé, examiné à la loupe ou à un faible grossissement du microscope, présente une forme octaédrique et il est très-irisé. Pour volatiliser un dépôt très-léger, il est commode d'employer un long tube ouvert à ses deux extrémités et dont une de ces extrémités a été étirée en pointe capillaire (*fig.* 48).

Fig. 48.

Après avoir introduit le petit rouleau et l'avoir poussé vers la partie étirée du tube, on scelle celui-ci, au moyen du chalumeau, vers le point *a*. On soumet ensuite à la flamme de l'alcool le ballon cylindrique qui contient le rouleau de feuille de cuivre, en chauffant, depuis le point étiré, jusqu'à l'extrémité scellée du tube. On voit alors un anneau cristallin se condenser dans la partie capillaire *b*.

δ. Réactions du sublimé. Après avoir fait divers traits avec une lime, on brise la partie du tube qui contient le sublimé, de manière à la séparer des deux extrémités, et on soumet ce sublimé à l'action des réactifs. Humecté avec une solution de sulfure d'ammonium, et desséché au bain-marie, il donne un résidu jaune d'orpiment. Humecté avec un mélange d'acide azotique et d'un peu d'acide chlorhydrique, évaporé ensuite jusqu'à siccité, il laisse un léger résidu d'acide arsénique, qui produit un nuage rouge, quand on le traite par une goutte de solution d'azotate d'argent ammoniacal.

(138) Obstacles au procédé de Reinsch.

α. Influence des agents oxygénants. On ne peut pas se servir du procédé de Reinsch, en présence de corps oxydants qui rendent l'acide chlorhydrique capable de dissoudre le cuivre métallique. Mais, on peut éviter l'action de la plupart de ces composés, en faisant agir le sulfite de sodium sur le liquide acidulé. D'autre part, on peut se débarrasser de l'acide sulfureux, qui se produit par la décomposition de ce sel, en faisant bouillir le liquide avant d'y introduire la feuille ou la toile de cuivre.

β. Pureté de l'acide. On peut s'assurer que l'acide est pur en étendant une quantité suffisante d'acide chlorhydrique d'environ quatre fois son volume d'eau et en faisant bouillir dans le liquide dilué, un très-petit morceau de feuille ou de toile de cuivre pendant vingt minutes ou une demi-heure.

γ. Pureté du cuivre. Dans les conditions les plus favorables à la méthode de Reinsch, il se dissout toujours un peu de cuivre quoique la quantité en soit très-faible ; comme d'ailleurs le cuivre du commerce est rarement exempt d'arsenic, il est important de s'assurer de la pureté de la feuille ou de la toile qu'on emploie dans l'expérience. Si une solution de quatre ou cinq grains de cuivre ne donne aucun dépôt visible d'arsenic le métal est suffisamment pur pour répondre au but qu'on se propose, quand bien même on pourrait découvrir une trace d'arsenic, si on la cherchait dans une plus grande quantité de ce même cuivre. Pour essayer le cuivre, on place quelques grains de ce métal coupé en petits morceaux dans un petit tube à cornue ou dans un tube à ballon (*fig.* 14) avec au moins le double de son poids de peroxyde de fer précipité et avec un excès d'acide chlorhydrique. On distille ensuite le mélange à siccité, en apportant un grand soin à prévenir tout soubresaut. De cette manière, tout l'arsenic premièrement contenu dans le cuivre se transforme en chlorure d'arsenic et peut être condensé dans un peu d'eau, avec l'excès d'acide chlorhydrique. On peut rechercher la présence de l'arsenic dans le liquide ainsi obtenu en y faisant bouillir un nouveau morceau de feuille ou de toile de cuivre décapée.

δ. Procédé modifié. On peut remplacer le peroxyde de fer, mentionné ci-dessus, par une quantité équivalente de perchlorure de fer. Il est bien préférable de dissoudre le peroxyde dans un excès d'acide chlorhydrique et d'employer le résidu produit par l'évaporation complète de cette solution, ce résidu, en effet, sera pur de toute trace d'arsenic que pouvait primitivement contenir le peroxyde lui-même. On peut aussi, mais sans avantage, remplacer le peroxyde ou le perchlorure de fer par l'oxyde ou le chlorure de cuivre. On peut enfin dissoudre le cuivre dans l'acide chlorhydrique seul et sans l'aide d'aucun oxygénant spécial, en humectant le métal avec l'acide et l'exposant à l'air pendant quelques jours. On facilite beaucoup cette dissolution produite par l'air, en ajoutant à l'acide quelques gouttes d'une solution de perchlorure de fer ou de chlorure de cuivre. On distille à siccité la solution chlorhydrique de quelque manière qu'on l'ait obtenue et on recherche l'arsenic dans le produit de la distillation.

(139) Autres formes de l'arsenic.

α. Orpiment et réalgar. Ces sulfures d'arsenic sont des composés de couleur rouge ou jaune orangé que la chaleur volatilise sans les altérer ; mêlés avec un flux de soude et chauffés dans des tubes à réduction, ils donnent des sublimés d'arsenic métallique et le résidu humecté avec l'acide chlorhydrique, dégage de l'hydrogène sulfuré reconnaissable à son action sur le papier de plomb. L'orpiment et le réalgar ne se dissolvent pas dans l'acide chlorhydrique bouillant, mais disparaissent plus ou moins complétement dans l'eau régale ; en évaporant complétement la solution qui se forme, on peut obtenir de l'acide arsénique ; ils se dissolvent aussi dans le sulfure d'ammonium et se reprécipitent par l'évaporation complète du liquide.

β. Vert de Scheele. Ce composé vert bien connu est un arsénite de cuivre impur. Chauffé dans un tube à réduction, il donne un sublimé cristallin d'anhydride arsénieux et un résidu noir d'oxyde de cuivre qu'on peut dissoudre dans l'acide chlorhydrique et essayer par les réactifs ordinaires. L'arsénite de cuivre se dissout dans l'acide chlorhydrique étendu, en formant une solution dans laquelle, après avoir précipité le cuivre par un excès d'oxalate d'ammonium, on peut découvrir l'arsenic au moyen de l'hydrogène sulfuré ou par les traitements de Marsh ou de Reinsch.

(140) Dans les mélanges organiques.

α. On prépare une décoction dans l'acide chlorhydrique, comme nous l'avons déjà décrit, et on la traite d'après le procédé de Reinsch. On peut aussi distiller à siccité la substance organique avec de l'acide chlorhydrique, distiller de nouveau le résidu avec une nouvelle portion d'acide chlorhydrique, recueillir les deux produits dans l'eau et examiner la liqueur par les procédés de Marsh ou de Reinsch ; on peut encore détruire le tissu, etc., avec de l'acide chlorhydrique et du chlorate de potassium, soumettre la solution à l'action prolongée de l'hydrogène sulfuré et examiner très-soigneusement le précipité obtenu. (*Voy.* n° 126 β)

§ IX. — ANTIMOINE.

(141) Sels antimoniaux.

α. Tartre émétique. Ce composé est généralement en poudre blanche ou en masse cristalline mal définie ; il se charbonne par la chaleur ; soumis à la calcination avec un peu de carbonate de sodium sur un support de charbon à la flamme du chalumeau il fournit un grain de métal cassant et une abondante incrustation blanche. Le sulfure d'ammonium le colore en jaune orangé et finit par le dissoudre. Sa solution dans l'eau, évaporée avec soin, fournit des cristaux tétraédriques (*fig.* 49). Acidulée par l'acide azotique ou par l'acide chlorhydrique, elle donne un précipité blanc soluble dans l'excès de l'un ou de l'autre de ces acides.

Fig. 49.

β. Chlorure d'antimoine. Le chlorure d'antimoine est un liquide fumant, son action est très-corrosive et sa couleur est généralement jaune ou jaune orangé parce qu'il contient du chlorure de fer. Traité par l'eau, il donne un abondant précipité blanc qui, après avoir été parfaitement lavé à l'eau, se colore en jaune orangé, sous l'influence du sulfure d'ammonium, et finit même par se dissoudre lorsqu'on le traite par ce réactif. Ce précipité est aussi très-facilement soluble dans l'acide tartrique. Mêlé avec du carbonate de sodium et chauffé sur le charbon à la flamme du chalumeau, il donne un grain d'un métal cassant et une abondante incrustation blanche.

(142) En solution.

α. Précipitation de trisulfure d'antimoine. Si on fait passer un courant d'hydrogène sulfuré dans une solution d'antimoine acidulée avec de l'acide tartrique, il se produit un précipité orangé qui, après avoir été lavé à l'eau, est insoluble dans le carbonate, mais soluble dans le sulfure d'ammonium, il peut se reprécipiter de sa solution par l'addition d'un acide.

β. Précipitation d'oxychlorure d'antimoine. Le précipité de trisulfure d'antimoine se dissout complétement dans l'acide chlorhydrique chaud et dégage du gaz hydrogène sulfuré. Cette nouvelle solution est du trichlorure d'antimoine. Lorsqu'on l'a débarrassée de l'excès d'acide chlorhydrique en la faisant évaporer jusqu'à petit volume, elle donne, si on la jette dans de l'eau, un abondant précipité blanc d'oxychlorure d'antimoine soluble dans l'acide tartrique.

γ. Précipitation métallique sur l'étain. Une feuille ou une tige d'étain plongée dans la solution tartrique que nous venons de mentionner, se couvre immédiatement d'une couche d'antimoine métallique en poudre noire.

(145) Traitement de Marsh.

On introduit la solution d'antimoine acidulée par l'acide tartrique dans l'appareil original ou modifié de Marsh, après avoir chargé celui-ci de zinc pur et d'acide sulfurique étendu, et on examine de la manière suivante le gaz que l'on obtient.

α. Aspect de la flamme, etc. Lorsque l'hydrogène est souillé d'hydrogène antimonié, il produit une coloration noire sur un papier humecté d'une solution d'azotate d'argent. Il brûle avec une flamme d'un blanc bleuâtre opaque et dégage une fumée blanche de trioxyde d'antimoine. Cette fumée, différant en cela de celle que produit l'hydrogène arsénié, ne donne aucun nuage jaune avec l'azotate d'argent ammonical.

β. Caractères du dépôt. En appliquant un morceau de talc, de porcelaine ou de verre, sur la flamme, on obtient une tache ou dépôt foncé qu'on distingue de celui d'arsenic par les propriétés suivantes : *a.* comparativement cette tache n'a pas l'éclat métallique ; *b.* sa couleur ressemble à celle du noir de fumée ; *c.* elle ne se volatilise qu'à une température voisine du rouge ; *d.* elle est insoluble dans le chlorure de chaux ; *e.* elle se dissout facilement dans le sulfure jaune d'ammonium, en formant une solution qui, après évaporation complète, laisse une tache orangé clair ; *f.* enfin, lorsqu'on la traite par l'eau régale et qu'on laisse évaporer à siccité, il reste un résidu qui ne produit aucun précipité rouge dans une solution d'azotate d'argent.

γ. Décomposition par la chaleur. Au lieu de faire brûler l'hydrogène antimonié, on peut le faire passer d'abord à travers un tube chauffé au rouge et ensuite à travers une solution d'azotate d'argent. Le dépôt d'antimoine qui se produit dans le tube est caractérisé ainsi qu'il suit. Il se forme juste en deçà et au delà de l'endroit précis où on applique la chaleur, à cause de son peu de volatilité, et parce qu'il ne se convertit pas en anhydride arsénieux ou en acide arsénique. Il se dissout facilement dans le sulfure jaune d'ammonium et forme une solution qui, en s'évaporant, laisse une tache orangé clair.

δ. Réactions avec l'azotate d'argent. L'hydrogène antimonié produit, dans une solution d'azotate d'argent, un dépôt noir d'antimoniure d'argent. En lavant ce dépôt avec de l'eau et en le mêlant avec une solution bouillante de crème de tartre, on peut en dissoudre l'antimoine qui se reprécipite de cette solution, sous l'influence de l'hydrogène sulfuré.

(144) Procédé de Reinsch.

α. Dépôt sur le cuivre. Plongé dans la décoction chlorhydrique d'une substance organique souillée d'antimoine, ou dans la solution faible et acidulée d'un sel d'antimoine, une feuille ou une toile de cuivre se recouvre d'un dépôt d'antimoine analogue au dépôt que donne l'arsenic dans les mêmes circonstances.

La tache brillante d'antimoine diffère de celle d'arsenic en ce qu'elle a une couleur violette bien marquée, et qu'elle se dissipe moins facilement sous l'influence de la chaleur. Lorsqu'on chauffe un morceau de feuille de cuivre enduite d'antimoine, dans un tube à réduction, il ne se forme aucun sublimé, ou, s'il s'en forme un, c'est un très-petit dépôt blanc, placé vers l'extrémité chauffée du tube; ce dépôt n'a rien de cristallin, et n'est pas sensiblement volatil.

β. Solution du dépôt. Chauffé dans une solution faible et légèrement alcaline de permanganate de potassium, le dépôt d'antimoine se détache du cuivre tandis que le permanganate perd sa couleur; il se produit en même temps un petit précipité d'hydrate manganique. Le liquide filtré, acidulé par l'acide chlorhydrique, acquiert une couleur jaune par l'hydrogène sulfuré, et, si on le laisse reposer, produit un précipité orangé qu'on peut au besoin soumettre à un examen plus précis. Si la couche d'antimoine n'est pas trop épaisse, il suffit de faire bouillir le cuivre, en l'exposant de temps en temps à l'air, avec une solution faible de potasse caustique, et de traiter par l'hydrogène sulfuré le liquide résultant après l'avoir acidulé par l'acide chlorhydrique.

(145) Dans les mélanges organiques.

On peut parfaitement appliquer les procédés de dépôt sur le cuivre, et de précipitation par l'hydrogène sulfuré, aux liquides organiques acidulés et aux décoctions chlorhydriques des tissus organiques. On peut aussi détruire le tissu par l'acide chlorhydrique et le chlorate de potassium, faire évaporer et traiter ensuite par l'hydrogène sulfuré la solution de ce tissu. Il se produit un précipité, qu'on dissout dans l'acide chlorhydrique bouillant, et on a alors une solution qu'on essaye dans l'appareil de Marsh, ou par le procédé de Reinsch.

§ X. — ACIDE PRUSSIQUE.

(146) En solution aqueuse.

α. Aspect, etc. L'acide prussique ou cyanhydrique CAzH se présente, lorsqu'il est en solution aqueuse, sous la forme d'un liquide incolore, parfaitement volatil, légèrement acide, et mobile. Sa vapeur, qui peut se dégager à toutes les températures ordinaires, est invisible, a une odeur d'amandes amères; aspirée, même en très-petite quantité, elle cause dans la gorge une sensation particulière.

β. Formation de bleu de Prusse. Mêlé à l'acide prussique aqueux, le liquide trouble et verdâtre, qu'on obtient en ajoutant un excès de potasse à une solution de sulfate de fer ordinaire, ne subit aucune altération visible. Mais si on acidule le mélange avec de l'acide chlorhydrique, il se développe quelquefois une couleur bleue intense ou verdâtre, due à la formation de petites quantités de bleu de Prusse très-divisé, qui peu à peu se sépare en un précipité distinct. On peut également ajouter séparément la potasse et le sulfate de fer au liquide qu'on veut essayer, et aciduler ensuite le mélange par l'acide chlorhydrique.

γ. Formation du sulfocyanate de fer. L'acide prussique aqueux, mêlé à une goutte ou deux de sulfure jaune d'ammonium, et évaporé à siccité à une basse température, laisse un résidu de sulfocyanate d'ammonium, qui, humecté avec de l'eau, et traité par une goutte de perchlorure de fer, produit une solution rouge foncé de persulfocyanate de fer.

δ. Formation de cyanure d'argent. Ajoutée à l'acide prussique aqueux, une solution d'azotate d'argent produit un précipité de cyanure d'argent qui se dépose promptement par l'agitation. L'acide azotique froid n'attaque pas ce précipité, mais si on le sépare du liquide qui le recouvre, il se dissout plus ou moins complétement dans le même acide concentré et bouillant. Le précipité recueilli sur un filtre, lavé, séché, et chauffé dans un tube à réduction, dégage du gaz cyanogène; ce gaz, enflammé, à l'ouverture du tube, brûle avec une flamme d'un rose particulier.

ε. Décomposition du précipité. Traité par l'acide chlorhydrique, le précipité argentique dégage des vapeurs d'acide prussique. On recueille cette vapeur dans l'intérieur d'un verre de montre humecté, soit avec du sulfure jaune d'ammonium, soit avec un mélange de potasse et de sulfate de fer, comme nous le décrivons, en parlant des réactions des vapeurs. On peut également traiter une portion du précipité par une goutte de sulfure jaune d'ammonium, le dessécher à une basse température, humecter le résidu avec de l'eau et y faire agir une goutte de perchlorure de fer. Il se produit alors un liquide rouge foncé qu'on peut facilement distinguer du précipité noir de sulfure d'argent. On peut encore ajouter à une portion du précipité, de la potasse d'abord, puis une goutte de sulfate de fer, et, en dernier lieu, un peu d'acide chlorhydrique. On obtient ainsi du bleu de Prusse et du chlorure d'argent blanc.

(147) A L'ÉTAT DE VAPEURS.

On traite de la manière suivante la vapeur de l'acide liquide pur, la vapeur produite par l'action de l'acide chlorhydrique sur le précipité de cyanure d'argent, la vapeur qui s'est dégagée spontanément des liquides ou solides organiques contenant de l'acide prussique. Les substances organiques, qui ne donnent pas les réactions que nous allons décrire dans les essais sur les vapeurs, doivent être distillées au bain-marie, et le liquide distillé, traité comme nous l'avons décrit pour l'acide liquide pur.

α. Formation de bleu de Prusse. Si pendant quelques minutes on expose à la vapeur d'acide prussique un mélange de potasse et de sulfate de fer étendu sur l'intérieur d'un verre de montre, ou mieux encore sur une plaque de verre (*fig.* 50), et qu'on ajoute de l'acide chlorhydrique pour dissoudre le magma de fer, il se dépose du bleu de Prusse.

Fig. 50.

β. Formation de sulfocyanate de fer. Lorsqu'on place une goutte de sulfure jaune d'ammonium sur un verre de montre ou sur une plaque de verre, et qu'on l'expose pendant un moment à la vapeur d'acide prussique il se forme, après évaporation complète à une basse température, un résidu de sulfocyanate d'ammonium qui donne une couleur rouge foncé lorsqu'on y ajoute du perchlorure de fer.

γ. Formation de cyanure d'argent. Une goutte d'azotate d'argent, mise sur un verre de montre ou sur une plaque de verre et exposée à la même vapeur, devient blanche et opaque par suite de la formation du cyanure d'argent, qu'on peut convertir en bleu de Prusse ou en sulfocyanate de fer, comme nous l'avons déjà décrit.

Quand la vapeur d'acide prussique qui se dégage d'un mélange organique est souillée d'hydrogène sulfuré, elle noircit les sels d'argent, mais elle donne la réaction caractéristique des sulfocyanates lorsqu'on la traite comme nous l'avons dit plus haut pour obtenir le sulfocyanate de fer.

§ XI. — STRYCHNINE.

(148) A L'ÉTAT DE PURETÉ.

α. Nature, solubilité, etc. La strychnine est un alcali végétal. Sa formule est $C^{21}H^{22}Az^{2}O^{2}$. Elle est plus ou moins parfaitement soluble dans l'alcool, le chloroforme, la benzine et l'éther ; à peine soluble dans l'eau pure, mais facilement soluble dans l'eau acidulée. Elle s'unit avec les acides et les neutralise pour former des sels qui cristallisent en cristaux définis. Parmi ceux-ci, la sulfate, l'azotate, le chlorhydrate, l'oxalate, le tartrate et l'acétate, sont solubles dans l'eau.

La plupart des autres composés de strychnine sont plus ou moins insolubles ; il résulte de là, que les sels de strychnine sont précipités par un très-grand nombre de réactifs, savoir : l'hydrate, le carbonate, l'iodure, le sulfocyanate et le chromate de potassium, l'acide carbazotique, le phospho-molybdate de sodium, l'iodure de potassium ioduré, l'iodure double de mercure et de potassium, le bichlorure de platine, le trichlorure d'or, etc.

β. Aspect. La strychnine se présente généralement sous

la forme d'une poudre cristalline ou de cristaux prismatiques bien définis, soit blancs, soit d'une pâle couleur de buffle. On rencontre généralement les sels ordinaires de strychnine en poudre cristalline; lorsqu'on chauffe la strychnine ou ses sels, ils fondent, brûlent avec une flamme fuligineuse, et laissent un résidu charbonneux.

γ. Goût amer. L'amertume de la strychnine est particulière et a été quelquefois décrite comme métallique. Son intensité est si grande qu'une goutte d'eau prise dans 1 litre de liquide où l'on a dissous un grain de strychnine, a une amertume caractérisée, et qu'une solution renfermant $\frac{1}{10000}$ de strychnine présente une saveur amère marquée et persistante. Le goût des sels de strychnine n'est guère moins intense que celui de l'alcaloïde lui-même. Il n'y a que dans les solutions très-étendues que l'amertume peut être masquée en partie par la présence d'autres corps sapides.

δ. Forme cristalline. Lorsqu'on laisse évaporer spontanément sur une plaque de verre une goutte d'une solution alcoolique ou éthérée de strychnine, on obtient un résidu cristallin consistant en prismes rectangulaires terminés souvent par des plans obliques doubles ou simples, et en octaèdres diversement modifiés (*fig.* 51). En général, les dépôts qui résultent d'une solution dans le chloroforme n'ont pas de forme bien déterminée.

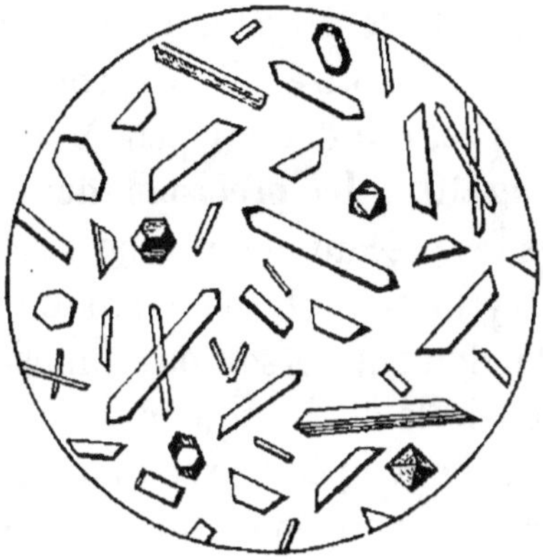

Fig. 51.

ε. Précipitation. Les solutions aqueuses des sels de strychnine, contenant de $\frac{1}{1000}$ à $\frac{1}{500}$ de strychnine, sont précipitées par les divers réactifs mentionnés ci-dessus, soit immédiatement, soit après agitation; les plus délicats, quoique les moins caractéristiques de ces précipitants, étant le phospho-molybdate de sodium, et la solution d'iodhydrargyrate de potassium. L'hydrate ou le carbonate de potassium produit un dépôt de cristaux de strychnine bien définis, insolubles dans l'excès du précipitant (*fig.* 51). Les précipités produits par l'iodure, le sulfocyanate et le chromate de potassium, l'acide carbazotique, et les chlorures de platine et d'or sont également cristallins.

ζ. Action des acides. L'acide sulfurique concentré n'a pas d'action sur la strychnine, même à une température plus élevée que celle de l'eau bouillante. L'acide azotique concentré produit généralement une coloration jaune ou jaune brun; mais on dit qu'il ne colore pas du tout la strychnine parfaitement pure, quoique ceci puisse paraître douteux.

η. Réactifs produisant des colorations. Quand on ajoute un peu de peroxyde de plomb à un fragment de strychnine dissous dans une goutte d'acide sulfurique concentré, mêlé avec un quart de son volume d'acide azotique concentré; ou mieux encore quand on ajoute un peu de peroxyde de manganèse, de dichromate, de ferricyanure ou de permanganate de potassium, à un fragment de strychnine dissous dans une goutte d'acide sulfurique concentré, il se produit une magnifique couleur bleue pourpre, qui devient peu à peu cramoisie, et enfin d'un rose rougeâtre. La précision de ce réactif est illimitée lorsqu'on a pris les précautions voulues, car moins de $\frac{1}{1000000}$ de gramme de strychnine suffit pour produire la réaction: on peut l'obtenir facilement lorsqu'on emploie un centième de milligramme de cet alcaloïde Lorsqu'on n'a que de petites quantités à examiner, on peut opérer avec avantage comme il suit: on humecte, avec la plus petite quantité possible d'acide sulfurique concentré, la strychnine sèche, généralement le résidu d'une évaporation, auquel cas on doit le laisser complétement refroidir. On place ensuite à côté une petite goutte d'un mélange d'acide sulfurique et d'un peu de poudre fine de peroxyde manganèse amorphe. On établit alors le contact entre ces deux substances. On doit faire l'expérience sur une surface de porcelaine blanche, ou sur un verre de montre plat, ou sur une plaque de verre posée sur une feuille de papier blanc.

θ. Essai physiologique. Lorsqu'on introduit une petite quantité de strychnine solide ou dissoute sous la peau incisée d'une petite grenouille, au bout d'un quart d'heure, l'animal manifeste des convulsions tétaniques bien marquées. Si la dose est plus forte, l'effet est immédiat. On dit que $\frac{1}{50}$ de milligramme produit ce tétanos. Mais la précision de ce réactif varie beaucoup suivant l'état de l'animal. Les jeunes grenouilles qu'on vient de prendre sont les plus excitables.

(149) Dans les mélanges organiques.

α. Si le mélange est liquide, on doit simplement l'aciduler, dans certains cas le mélanger avec un peu d'alcool, le filtrer, le laisser évaporer presque jusqu'à siccité, et épuiser le résidu par l'alcool concentré. S'il est solide, il doit être finement divisé et mêlé avec un peu d'alcool, qu'on acidule avec de l'acide sulfurique ou avec un autre acide étendu, acétique, oxalique, tartrique, etc. On filtre le mélange après l'avoir laissé digérer pendant quelque temps dans un bain-marie, on lave avec de l'alcool les matières insolubles, on ajoute les eaux de lavage à la première liqueur et on laisse évaporer jusqu'à un petit volume tout le liquide clair, dont on épuise le résidu par l'alcool concentré. On laisse alors évaporer jusqu'à siccité cette solution alcoolique, on dissout le résidu dans un peu d'eau, on filtre ce liquide dans un long tube ou dans une fiole, et on le rend alcalin en y ajoutant du carbonate de potassium. On y mêle en même temps de l'éther dans la proportion de deux ou trois fois son volume, et pendant un moment on agite vivement le tout. Après que les deux liquides se sont séparés en couche distincte, on enlève la solution éthérée et on la laisse évaporer spontanément. On obtient ainsi un résidu de strychnine plus ou moins bien cristallisé; on purifie encore mieux celui-ci en l'humectant avec de l'acide sulfurique concentré et en le chauffant pendant quelque temps au bain-marie. On l'étend ensuite avec de l'eau, on sature de nouveau le liquide acide par la potasse, on l'épuise par l'éther, et on laisse évaporer ce liquide. On peut alors déterminer la nature du produit final au moyen du microscope, par le réactif physiologique, par l'acide sulfurique et le peroxyde de manganèse, enfin par la langue. Dans le procédé que nous venons d'indiquer, on peut remplacer l'éther par le chloroforme, la benzine ou l'alcool amylique *.

§ XII. — MORPHINE.

(150) A L'ÉTAT DE PURETÉ.

α. Nature, solubilité, etc. La morphine est un alcaloïde végétal, sa formule est $C^{17}H^{19}AzO^{3}$. En neutralisant les acides, elle forme des sels ; l'un d'eux, le méconate de morphine, existe en grande quantité dans l'opium ; c'est la source de l'alcaloïde. La morphine est facilement soluble dans l'alcool, très-modérément soluble dans l'éther, et presque insoluble dans l'eau, si celle-ci n'est pas acidulée. Ses sels ordinaires se dissolvent facilement dans l'eau et forment des solutions qu'un grand nombre de réactifs peuvent précipiter. La plupart de ces réactifs sont les mêmes qui précipitent la strychnine. Les solutions de morphine et de ses sels ont une saveur amère très-marquée.

β. Aspect, etc. On rencontre généralement la morphine à l'état d'acétate ou de chlorhydrate ; ces sels sont quelquefois finement cristallisés, mais plus souvent en poudre imparfaitement cristalline de couleur blanche teintée de roux. L'al-

* Pour rechercher la strychnine dans la bière où l'on en met souvent par fraude afin d'employer moins de houblon tout en obtenant la même amertume, on agite une grande quantité de bière avec du noir animal bien lavé et l'on filtre. Le noir animal retient alors la totalité de l'alcaloïde. On le dessèche avec soin et on l'épuise par l'alcool bouillant qui lui enlève la strychnine. La solution alcoolique filtrée et évaporée laisse des cristaux de strychnine que l'on peut purifier et reconnaître comme il a été dit plus haut. (*Note du traducteur.*)

caloïde lui-même se présente en prismes quadrangulaires ayant fréquemment deux arêtes opposées tronquées de manière à produire une forme hexagonale. Lorsqu'on chauffe la morphine ou ses sels, ils fondent, brûlent avec une flamme fuligineuse sans fumée et laissent un résidu charbonneux.

γ. Forme cristalline. Lorsque la morphine se dépose par l'évaporation spontanée de sa solution alcoolique ou éthérée, ou lorsqu'elle se précipite lentement, sous l'action des alcalis caustiques ou carbonatés, des solutions aqueuses de ses sels, elle forme des cristaux prismatiques de diverses formes (*fig.* 52).

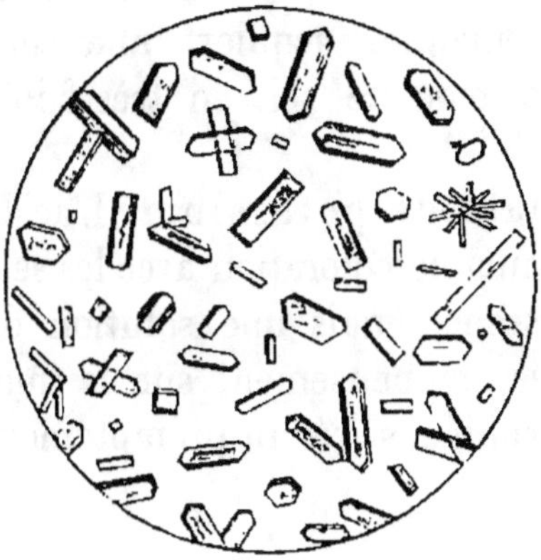

Fig. 52.

δ. Précipitation par la potasse. Une seule goutte de potasse ajoutée à la solution quelque peu concentrée d'un sel de morphine produit après un moment, ou lorsqu'on l'agite vivement, un précipité blanc de morphine très-soluble dans un excès du précipitant, mais qui se reproduit à mesure que la liqueur absorbe l'anhydride carbonique de l'air.

ε. Coloration par l'acide azotique. Lorsqu'on ajoute de l'acide azotique concentré et incolore à la solution froide d'un sel de morphine, il se produit une coloration rouge orange foncé; si l'on ajoute une ou deux gouttes de l'acide à un peu de poudre de morphine ou d'un sel de morphine sur un verre de montre ou dans une capsule, il se développe immédiatement une coloration intense. Cet effet n'est pas particulier à la morphine; il se produit aussi avec la brucine.

ζ. Coloration par un persel de fer. Une ou deux gouttes d'une solution de perchlorure de fer bien neutre, étant ajoutées soit à une solution de morphine soit à l'alcaloïde ou à un de ses sels sec; il se produit une couleur bleue foncée, que tout excès d'une solution de fer rend vert bleuâtre. Cette coloration est fugace.

η. Décomposition de l'acide iodique. Quelques gouttes d'acide iodique dissous dans l'eau produisent dans une solution de morphine, une coloration brune due en partie à ce qu'il se sépare de l'iode libre. L'ammoniaque, ajoutée un moment après, rend la couleur beaucoup plus foncée. Un morceau de papier amidonné, plongé dans le liquide coloré avant qu'on ne l'ait traité par l'ammoniaque, acquiert une couleur pourpre, à moins que l'alcaloïde ne soit en très-faible quantité.

θ. Réduction du dichromate de potassium. L'acide sulfurique concentré ne produit aucune coloration avec les sels de morphine soit secs, soit dissous, mais une solution de dichromate de potassium versée soigneusement sur le mélange d'acide sulfurique et de morphine, se réduit promptement et produit une couleur vert brillant.

(151) Liquides opiacés.

D'habitude, lorsqu'on examine les liquides qu'on suppose contenir de l'opium, on recherche la présence de la morphine et de l'acide méconique. Ce dernier corps n'est pas vénéneux, mais il caractérise l'opium et possède des propriétés bien définies.

α. Recherche préliminaire de la morphine par l'acide azotique. Ajouté en quantité considérable à un liquide opiacé, l'acide azotique concentré rend le liquide plus brun, ou produit même une coloration distincte rouge orangé. Au besoin, on peut diminuer la couleur du liquide original en le diluant modérément avec de l'eau avant d'y ajouter l'acide.

β. Recherche préliminaire de l'acide méconique par le chlorure de fer. On ajoute quelques gouttes de perchlorure de fer à la solution opiacée, dont la couleur a été réduite par une addition d'eau considérable. Alors, pour peu que l'acide méconique soit présent, le liquide rougit visiblement.

γ. Précipitation de méconate de plomb. On traite par l'acétate de plomb le liquide opiacé acidulé au moyen de l'acide acétique, jusqu'à ce qu'il cesse de se produire un précipité, on agite alors le tout, et on le filtre sur un papier mouillé. Le méconate de plomb reste sur le papier sous la forme d'un dépôt insoluble, tandis que le liquide filtré contient de l'acétate de morphine, ainsi qu'un excès d'acétate de plomb.

δ. Production d'acide méconique par le précipité. Lorsqu'on a parfaitement lavé le précipité avec de l'eau, on le fait bouillir pendant quelques minutes avec une petite quantité d'acide sulfurique étendu, et on jette le mélange sur un filtre. On obtient ainsi une solution d'acide méconique. On peut aussi laver le précipité, le maintenir en suspension dans un peu d'eau, et le traiter par un excès de gaz hydrogène sulfuré; ensuite on filtre le liquide et on le fait légèrement évaporer.

ε. Recherche de l'acide méconique par les persels de fer. La liqueur filtrée produite par l'un ou par l'autre des moyens indiqués doit être traitée par quelques gouttes de perchlorure de fer. Il se forme alors du méconate de fer qui communique au liquide une couleur foncée de bois de Campêche. Ce liquide rouge diffère de la solution de même couleur du peracétate de fer, en ce que l'ébullition ne le décolore pas, et il diffère de la solution du sulfocyanate de fer, en ce qu'il ne se décolore pas non plus lorsqu'on le traite par le sublimé corrosif.

ζ. Séparation de morphine. Après avoir précipité le liquide opiacé par un excès d'acétate de plomb, on filtre, on fait passer un courant d'hydrogène sulfuré jusqu'à ce que l'odeur de ce gaz soit persistante même après agitation et l'on filtre de nouveau. On laisse évaporer, jusqu'à un petit volume, le liquide filtré qui contient de l'acétate de morphine, on le sature par du carbonate de potassium, et on l'agite avec une solution éthérée d'éther acétique. Après que le liquide aqueux et le liquide éthéré se sont séparés en deux couches distinctes, on enlève ce dernier, on le laisse évaporer spontanément, et on obtient un résidu de morphine en cristaux plus ou moins bien caractérisés, auquel on peut appliquer les divers réactifs de cet alcaloïde.

CHAPITRE IV

CHIMIE ANIMALE

§ I. — COMPOSITION DES TISSUS, ETC.

(152) Constituants organiques et minéraux.

α. Les fluides et les tissus animaux se composent d'eau et d'une certaine quantité de matières solides; lorsqu'on expose à la température de l'ébullition, ou un peu au-dessus, un tissu ou un fluide animal, la partie aqueuse s'évapore plus ou moins complétement, laissant comme résidu les matières solides sèches. Si on chauffe ce résidu sur une feuille de platine, il brûle; certains de ces constituants se dissipent, et il reste une masse noire charbonneuse. Si on chauffe plus longtemps, et surtout dans un courant d'air, ce résidu charbonneux, la couleur noire disparaît peu à peu, et une cendre blanche fusible ou infusible, selon les circonstances, reste sur la feuille. Les composants des matières animales sèches se sont ainsi séparés en deux classes : la première, comprenant les substances qui se détruisent par le feu, et qu'on appelle constituants organiques; la seconde, comprenant les substances qui résistent à l'action du feu, et qu'on appelle les constituants inorganiques, ou simplement les cendres. Cette distinction n'est cependant pas absolue.

Les principaux composants organiques de la matière animale, sont :

Le Carbone,	L'Azote,
L'Hydrogène,	Le Soufre,
L'Oxygène,	Le Phosphore.

On appelle ces corps les principes élémentaires ou ultimes des corps organiques. Les cendres consistent principalement en :

Sodium,	Acide sulfurique,
Potassium,	Acide phosphorique,
Calcium,	Acide carbonique,
Magnésium,	Chlore,
Fer,	Fluor.

La plupart des produits animaux se composent à la fois de constituants organiques et inorganiques; quelques rares substances cependant, n'en contiennent presque qu'une seule classe; ainsi, tandis que l'émail des dents ne contient presque pas de matière organique, certains cristaux d'acide urique, qu'on rencontre dans l'urine, ne fournissent presque aucune cendre.

Les éléments organiques ultimes se combinent l'un avec l'autre, dans les tissus ou fluides animaux, et forment d'une manière infiniment variée, des composés définis que nous connaissons sous le nom de *principes immédiats* organiques; ainsi l'urine contient unis entre eux tous les éléments ci-dessus mentionnés, qui forment les *principes immédiats* comme l'urée, l'acide urique, le sucre, l'albumine.

Le tissu musculaire est très-avantageux pour démontrer les principaux constituants des matières animales; nous adoptons le même plan général dans les autres circonstances.

(153) Principes élémentaires organiques.

α. Dessiccation. On coupe de la chair ou un autre tissu en petits morceaux, et on la dessèche au bain-marie, jusqu'à ce qu'elle ne perde plus de poids ; on la divise de cette manière en une portion aqueuse qui s'évapore, et en une portion solide qui reste ; presque toutes les matières animales se comportent ainsi, mais les substances azotées ayant une réaction alcaline, dégagent de l'eau qui contient une quantité variable d'ammoniaque.

β. Destruction par la distillation. On place quelques fragments de chair desséchée dans un tube à réduction, dans l'ouverture duquel sont placées une bande étroite de papier réactif rouge, et une bande semblable de papier de plomb ; dès qu'on chauffe à la flamme de l'alcool, de l'eau se condense dans la partie supérieure du tube, indiquant la présence de l'oxygène et de l'hydrogène dans la chair ; il se dégage une odeur d'ammoniaque, et le papier réactif devient bleu, résultat qui indique la présence de l'azote ; le papier de plomb noircit, ce qui démontre la présence du soufre, et enfin il reste au fond du tube un résidu consistant principalement en charbon.

γ. Incinération. Un morceau de chair sèche, chauffé sur une feuille de platine ou dans une capsule plate, se boursoufle, brûle avec une flamme fuligineuse, et laisse un abondant résidu charbonneux ; si on continue à chauffer, le charbon disparaît peu à peu. On facilite sa disparition en pulvérisant de temps en temps le résidu cohérent laissé par la carbonisation ; pendant tout le cours de cette opération, la température doit tout au plus arriver à celle du rouge sombre et ne jamais la dépasser. On cesse de chauffer aussitôt qu'on voit se produire une cendre gris pâle ou rouge d'ocre.

δ. Recherche de l'azote. On mêle un peu de la substance sèche, finement divisée, avec dix ou douze fois son volume de chaux sodée, faite en étendant la chaux vive avec une solution de soude caustique et en évaporant ensuite à siccité ; on chauffe le mélange dans un tube à réduction, il se dégage alors de l'ammoniaque, reconnaissable à son odeur et à sa réaction sur le papier réactif.

ε. *Recherche du soufre.* On recherche le soufre dans les corps de couleur modérément claire, en les faisant bouillir dans de l'eau de potasse, à laquelle on a ajouté une quantité d'acétate de plomb suffisante pour la rendre opaque. Si la substance traitée ainsi contient du soufre, elle devient brune ou noire, et un lavage à l'eau ne fait pas disparaître cette couleur. Si, en faisant bouillir la substance dans une solution alcaline de plomb, elle se colore comme nous venons de le dire, et que, bouillie dans une solution de potasse pure (exempte de plomb), sa couleur ne se fonce pas du tout, ou presque pas, on peut être certain de la présence du soufre ; si on agit sur des corps facilement solubles dans l'eau de potasse, les résultats ne sont pas tout à fait aussi caractéristiques.

ζ. *Déflagration avec le nitre.* On mélange une portion de la matière animale sèche et finement divisée avec à peu près son volume de nitre en poudre et on verse peu à peu le mélange dans un creuset de porcelaine maintenu à la chaleur rouge ; la déflagration a lieu immédiatement, et en traitant le résidu fondu par les réactifs d'usage, on peut s'assurer de la présence des acides carbonique, sulfurique et phosphorique, résultant respectivement de l'oxydation du carbone, du soufre et du phosphore.

Dans les expériences ci-dessus, on obtiendra des résultats très-différents selon la nature des substances employées ; ainsi, par exemple, des morceaux de flanelle, du blanc d'œuf dur, de la gélatine raffinée, du sucre, de la graisse, etc., ne se comporteront pas de la même manière.

quelconque, on l'humecte avec de l'eau et on la fait agir sur les papiers réactifs. Si elle ne présente pas de réaction acide, on y ajoute une goutte d'acide azotique et on remarque soigneusement toute effervescence due à l'acide carbonique. On fait bouillir, pendant quelque temps, dans de l'eau, le reste de la cendre, on ajoute quelques gouttes d'une solution de carbonate d'ammonium, on jette le tout sur un filtre et on met de côté le liquide filtré pour l'examiner. On lave ensuite le résidu avec de l'eau, on le fait bouillir dans une petite quantité d'acide chlorhydrique, auquel on a ajouté quelques gouttes d'acide azotique, on fait évaporer le liquide jusqu'à siccité, on l'étend avec de l'eau et on le refiltre. On obtient, de cette manière, une solution aqueuse et une solution acide, contenant respectivement :

SOLUTION AQUEUSE.	SOLUTION ACIDE.
POTASSIUM,	PEROXYDE DE FER,
SODIUM,	CALCIUM,
SULFATES,	MAGNÉSIUM,
CHLORURES,	PHOSPHATES.
PHOSPHATES,	

β. Traitement de la solution acide. On traite une portion de cette solution par le molybdate d'ammonium pour y découvrir l'acide phosphorique (n° 100 δ) et une autre portion par le ferrocyanure ou le sulfocyanate de potassium, pour y découvrir le fer (n° 77, sels ferriques β et γ). On ajoute de l'acétate d'ammonium au reste de la solution et, si on ne voit aucune coloration rouge se produire, on l'additionne d'un peu de perchlorure de fer. On fait alors bouillir le tout pendant quelque temps, on obtient ainsi un précipité rouge de phosphate de fer basique dont on peut faciliter quelquefois le dépôt en ajoutant soigneusement une petite quantité d'ammoniaque insuffisante pour neutraliser la solution. On filtre ensuite le liquide bouillant qui doit donner une solution claire et incolore, parfaitement exempte de fer et d'acide phosphorique. Un excès d'oxalate d'ammonium, ajouté à cette solution, produit un précipité d'oxalate de calcium. On agite alors ce mélange trouble, on le laisse reposer pendant un moment et, après qu'il s'y est formé un dépôt, on le passe deux ou trois fois à travers un filtre de papier; cela fait, on recherche le magnésium au moyen de l'ammoniaque et du phosphate d'ammonium (nº 85, β).

γ. Traitement de la solution aqueuse. En traitant par le chlorure ou l'azotate de barium (nº 95 α) des portions distinctes de cette solution acidulée par l'acide azotique, on peut découvrir les sulfates; on recherche les chlorures en faisant agir l'azotate d'argent (nº 97 α), et on recherche les phosphates par le molybdate d'ammonium ou par le sulfate de magnésium et l'ammoniaque (nº 100 α et δ). On peut traiter aussi une seule et même portion de la solution acidulée par quelques gouttes d'azotate de barium pour précipiter les sulfates, la filtrer et y ajouter un excès d'azotate d'argent pour précipiter les chlorures, enfin la filtrer et la neutraliser soigneusement avec de l'ammoniaque étendu pour précipiter le phosphate jaune d'argent retenu en solution par la première addition d'acide azotique.

Le reste du liquide doit être mis à évaporer jusqu'à siccité, et le résidu, après avoir été légèrement calciné, dissous dans une petite quantité d'eau. La solution, filtrée au besoin et acidulée avec l'acide chlorhydrique, est soigneusement évaporée sur un verre de montre ou dans une capsule; il se forme alors des cristaux cubiques de sel ordinaire, indiquant la présence du sodium. On traite l'eau-mère de ces cristaux par le bichlorure de platine et l'alcool, ce qui produit, après agitation, un précipité jaune cristallin de chloro-platinate de potassium. On peut aussi traiter tout d'abord par le bichlorure de platine et l'alcool la solution acidulée avec l'acide chlorhydrique, séparer, en le filtrant, le liquide jaune du précipité potassique et le laisser évaporer; on voit apparaître alors des cristaux jaunes de chloro-platinate de sodium.

§ II. — URINE NORMALE.

(155) Propriétés générales.

α. Aspect, etc. L'urine de l'homme sain est un liquide aqueux, dans lequel divers composés organiques et minéraux sont dissous et d'autres substances tenues en suspension. Elle a une couleur d'ambre, une réaction légèrement acide, une odeur caractéristique, quoique pas très-forte et son poids spécifique est ordinairement voisin de 1020. Les substances tenues en suspension dans l'urine sont l'épithélium et le mucus. Ses constituants organiques dissous sont l'urée, l'acide urique et l'acide hippurique, ainsi que des matières colorantes et extractives. Ses constituants inorganiques ou minéraux sont le sodium, le potassium, le calcium et le magnésium, sous la forme de phosphates, sulfates et chlorures. L'étudiant doit reconnaître ces diverses substances, se rendre familier avec leur apparence caractéristique, et réaliser leurs principales réactions. Pour examiner l'urine au microscope, il faut un porte-objet en verre de 5 centimètres environ.

β. Mucus et épithélium, etc. L'urine récente, laissée en repos dans un vase de verre, laisse déposer peu à peu des flocons non liés, qu'on peut apercevoir facilement si on place le spécimen entre les yeux et la lumière. En l'examinant au microscope, on voit que ce dépôt consiste en cellules épithéliales qui proviennent des diverses parties de l'appareil urinaire, et en globules de mucus. Par la filtration, ces matières tenues en suspension restent sur le filtre où elles forment un dépôt à peine visible, tandis que l'urine elle-même passe au travers parfaitement claire; si on chauffe légèrement le filtre, le dépôt prend l'aspect du vernis.

(156) Urée.

α. Sa recherche. Une petite quantité d'urine filtrée, concentrée, par une évaporation lente, dans un verre de montre, et traitée par quelques gouttes d'acide azotique concentré et incolore, donne soit immédiatement soit très-promptement un dépôt cristallin d'azotate d'urée. Examiné au microscope, ce sel paraît constitué par des plaques hexagonales, superposées les unes aux autres, de telle manière que chaque cristal ne laisse généralement voir que trois ou quatre de ses côtés, comme nous le voyons dans la figure 53. On peut produire l'azotate d'urée dans un verre de montre et le transférer ensuite sur une plaque de verre. On peut aussi le dissoudre dans l'eau et le laisser cristalliser sur une plaque de verre, ou même ajouter de l'acide azotique à de l'urine concentrée placée sur le porte-objet d'un microscope et examiner ensuite la manière dont la cristallisation se fait.

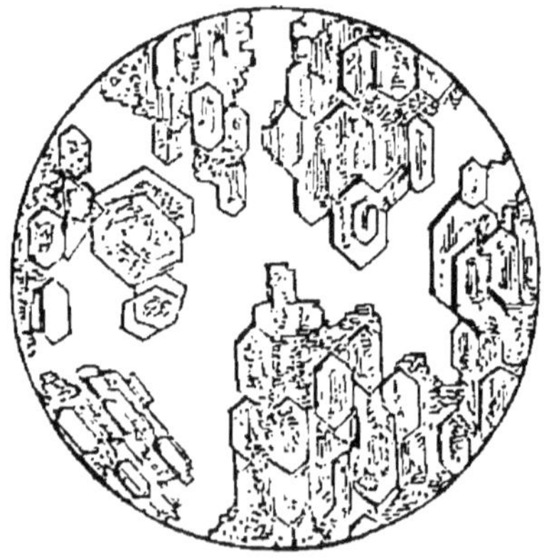

Fig. 53.

β. Préparation de l'urée. On filtre de 50 à 100 grammes d'urine fraîche, on la fait évaporer au bain-marie, ou au bain de sable jusqu'à ce qu'elle prenne une consistance sirupeuse et l'on y ajoute un volume d'acide azotique concentré et incolore à peu près égal au volume de l'urine concentrée. Le mélange, en se refroidissant, se solidifie à demi en donnant de l'azotate d'urée. On fait sécher la masse cristalline sur une brique ou on la presse entre plusieurs doubles de papier buvard, on la dissout dans un peu d'eau tiède et on traite la solution qui en résulte par un excès de carbonate de barium. En concentrant le liquide filtré, l'azotate de barium cristallise d'abord, tandis que l'urée reste dans l'eau-mère qu'on évapore à siccité au bain-marie. L'alcool tiède extrait l'urée de ce résidu et, en se refroidissant, ou par une évaporation lente, il laisse déposer ce corps sous la forme de longs cristaux prismatiques plats (*fig.* 54).

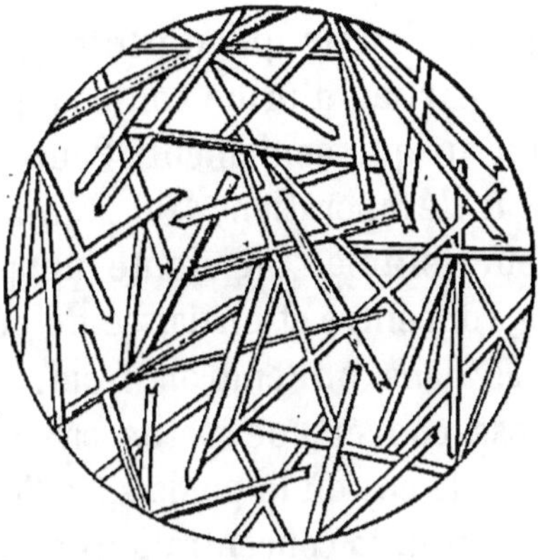

Fig. 54.

γ. Propriétés de l'urée. L'urée se comporte, en quelque sorte, comme une base organique. Elle est, en effet, capable de s'unir avec certains acides, en particulier les acides azotique et oxalique, pour former des sels. Elle se dissout facilement dans l'eau et l'alcool, et ses solutions sont neutres au papier réactif. La formule de l'urée est CH^4Az^2O et celle de l'azotate d'urée $CH^4Az^2O,HAzO^3$. L'urée est isomérique avec le cyanate d'ammonium $CAz(AzH^4)O$, qui se transforme spontanément en urée. Elle est identique avec la carbamide

$$(CO)'' \left\{ \begin{matrix} AzH^2 \\ AzH^2 \end{matrix} \right.$$

Chauffée avec de l'eau, sous pression à 150°, l'urée se transforme en carbonate d'ammonium, ainsi :

$$CH^4Az^2O + 2H^2O = (AzH^4)^2CO^3.$$

La même transformation se produit spontanément dans l'urine putréfiée et on la détermine aussi en faisant agir sur l'urée de la potasse ou de l'acide sulfurique concentré ; à cela près que le carbonate d'ammonium, qu'on obtient, est ensuite détruit par le réactif employé. En moyenne mille parties d'urine contiennent à peu près quinze parties d'urée.

(157) Acide urique.

α. Sa recherche. Ce composé n'existe qu'en petite quantité dans l'urine normale; 100 parties d'urine contenant en moyenne, une demi-partie d'acide urique seulement. Pour découvrir sa présence, on réduit, par l'évaporation, 100 grammes d'urine filtrée à la moitié de leur volume. On ajoute un peu d'acide chlorhydrique au liquide concentré et on laisse de côté le tout pendant quelques heures dans un endroit froid. On trouve ensuite l'intérieur du vase couvert de petits cristaux bruns d'acide urique impur. Dans le cas où le poids spécifique de l'urine est plus élevé que d'ordinaire, la concentration devient inutile. Après avoir enlevé le liquide qui surnage, on détache les cristaux, on les lave avec de l'eau et on les dissout dans quelques gouttes de potasse tiède. La solution d'urate de potassium qu'on obtient doit être alors filtrée et acidulée avec de l'acide chlorhydrique. Il en résulte un précipité cristallin d'acide urique qu'on peut examiner, soit au microscope, soit par l'action de l'acide azotique comme nous le décrirons bientôt.

β. Préparation de l'acide urique. On ne peut guère obtenir une quantité notable d'acide urique par l'urine humaine normale, mais on peut facilement l'obtenir en recueillant sur un filtre et en lavant avec de l'eau les dépôts urinaires qui ressemblent à la poussière de brique; on peut aussi l'extraire des calculs uriques réduits en poudre ou des excréments de serpents. On fait bouillir l'une ou l'autre de ces substances avec de la potasse caustique, on étend d'eau cette solution, on la filtre et on la sature de nouveau par l'acide chlorhydrique, la liqueur devient opaque, puis le trouble disparaît et fait place à un précipité cristallin et dense qu'on peut séparer facilement du liquide qui le recouvre.

γ. Propriétés de l'acide urique. L'acide urique fournit deux classes de sels : des sels acides et des sels neutres; c'est en conséquence un acide bibasique. Sa formule est $C^5H^4Az^4O^3$, ou $C^5H^2Az^4O^3H^2$. La formule des urates acides qui sont à peine solubles est $C^5H^2Az^4O^5.\acute{M}H$, et celle des urates neutres qui sont solubles est $C^5H^2Az^4O^5.M^2$. L'acide urique lui-même est extrêmement peu soluble dans l'eau ainsi que dans l'alcool, mais il est soluble dans les solutions alcalines formant ainsi des urates neutres. Les acides le reprécipitent de ces dissolutions. On le trouve toujours à l'état cristallin. L'apparence de ses cristaux est cependant très-variée. Accidentellement on rencontre l'acide sous la forme normale de prismes rhombiques, plus fréquemment en plaques rhombiques à angles obtus plus ou moins arrondis, ou en plaques formant des losanges pointus et doublement convexes, ou encore en plaques allongées à extrémités creuses. Les figures 55 et 56 représentent des cristaux

Fig. 55.

Fig. 56.

d'acide urique sous quelques-unes de leurs formes. L'acide urique se dissout facilement et avec effervescence dans l'acide azotique. Mais, en s'évaporant complétement, cette solution laisse un résidu amorphe de couleur rosée. Ce résidu humecté avec de l'ammoniaque devient cramoisi, et cette couleur se change en violet par l'addition d'une petite quantité de potasse caustique. C'est là une réaction caractéristique de l'acide urique.

(158) Acide hippurique.

a. Sa préparation. Quoique cet acide existe dans l'urine

normale en proportion à peu près égale à celle de l'acide urique, sa présence ne s'y démontre cependant pas aussi facilement. Mais on peut l'extraire facilement de l'urine des herbivores ou de celle des malades qui ont pris de l'acide benzoïque comme médicament. Pour l'obtenir de l'une de ces deux sources, l'urine récente filtrée est soumise à l'évaporation jusqu'à un quart de son volume; on la traite ensuite par un égal volume d'acide chlorhydrique ordinaire et on obtient, après le refroidissement de longues aiguilles cristallines et prismatiques d'acide hippurique impur. On lave ces aiguilles avec un peu d'eau froide, on les dissout dans l'eau bouillante et on laisse la solution recristalliser.

β. Propriétés de l'acide hippurique. L'acide hippurique est un acide monobasique représenté par la formule

$$C^9H^9AzO^3 \text{ ou } (C^2H^4O)'' \left\{ \begin{array}{l} Az.C^7H^5O.H \\ OH \end{array} \right.$$

Il est soluble dans l'eau, l'alcool et l'éther. Les cristaux qui se déposent sur une lame de verre par le refroidissement de sa solution aqueuse consistent en prismes délicats, quadrangulaires, présentant souvent l'apparence de plaques allongées à six côtés, comme le montre la figure 57.

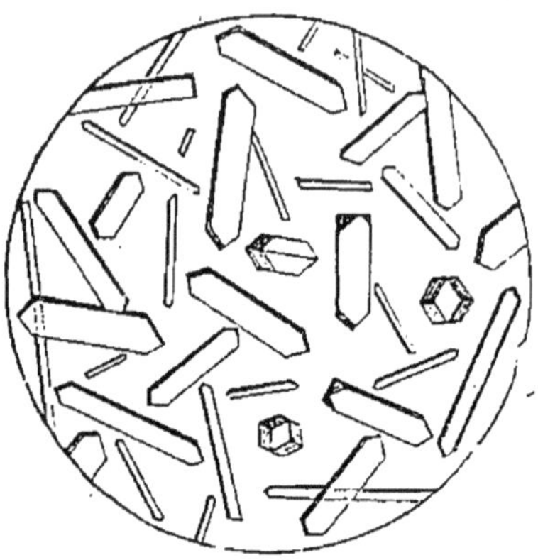

Fig. 57.

Soumis à une ébullition prolongée avec de l'acide chlorhydrique concentré, l'acide hippurique ou glyco-benzoïque absorbe une molécule d'eau et se transforme en acide benzoïque et en glycocolle ou sucre de gélatine :

$$(C^2H^4O)'' \left\{ \begin{array}{l} Az.C^7H^5O.H \\ OH \end{array} \right. + \left. \begin{array}{l} H \\ H \end{array} \right\} O = C^7H^5O.OH + (C^2H^4O)'' \left\{ \begin{array}{l} AzH^2 \\ OH \end{array} \right.$$

La plus grande partie du premier produit se dissipe par l'évaporation ; mais on peut découvrir le glycocolle en ajoutant au liquide une goutte de sulfate de cuivre en dissolution dans l'eau et un excès de potasse ; il se forme une solution de couleur bleu foncé, inattaquable par l'ébullition.

(159) Matières colorantes et extractives.

α. Purpurine. Lorsqu'on fait bouillir de l'urine normale dans un tube a réactions avec à peu près un quart de son volume d'acide chlorhydrique, il se produit une couleur pourpre foncé due à la transformation d'une matière colorante rose très-riche en carbone, connue sous le nom de purpurine. Les dépôts roses ordinaires d'urates alcalins, doivent leur couleur à cette purpurine qui a une forte tendance à se précipiter avec eux. Il résulte de là que lorsqu'on fait bouillir de l'urate d'ammoniaque parfaitement blanc, l'excrément du boa, par exemple, avec de l'urine contenant beaucoup de purpurine, ce sel se dépose rose par le refroidissement. Cette couleur provient de la purpurine qu'il entraîne avec lui. Lorsqu'on fait bouillir dans de l'alcool ces précipités colorés, naturels ou artificiels, la purpurine se dissout en formant une solution d'un rouge clair. On n'a pas encore établi d'une manière satisfaisante le rapport qu'il y a entre la purpurine et la matière colorante jaune de l'urine.

β. Matières extractives. On appelle ainsi les autres constituants organiques de l'urine. Leur quantité est en général d'un pour cent dans l'urine. Il se trouve parmi eux certains principes contenant du soufre non oxydé ainsi que de la créatine et de la créatinine, substance dérivée de l'oxydation des muscles et trouvée en plus grande quantité dans le suc de viande. Schunck a remarqué dans l'urine la présence habituelle d'une substance voisine de l'indican qui se transforme par une absorption d'eau en sucre de raisin et en indigo bleu.

(160) Sels minéraux.

α. Cendres de l'urine. On peut les examiner d'après les directions que nous avons données pour l'analyse des cendres animales (nº 154). On trouve ordinairement qu'elles contiennent du calcium, du magnésium, du sodium et une petite quantité de potassium, sous la forme de carbonates, de sulfates, de phosphates et de chlorures. Le résidu que laisse la cendre lorsqu'on l'a traitée par un acide, consiste principalement en charbon ; quand on soumet pendant quelque temps ce résidu à la calcination, il reste une petite cendre blanche qu'on dit contenir de la silice et du fluor.

β. La plupart des constituants inorganiques de l'urine peuvent se découvrir dans la sécrétion elle-même, après une simple filtration. Si on fait une addition d'ammoniaque, il se produit un précipité blanc qui, examiné au microscope, laisse voir des grains amorphes de phosphate de calcium, et des cristaux légèrement étoilés de phosphate ammoniaco-magnésien. Si l'urine normale et surtout celle qui est produite après une nuit de repos est soumise sur une plaque de verre à une évaporation très-lente, on peut découvrir en se servant du microscope de petits cristaux octaédriques de chlorure de sodium.

Fig. 58.

Cependant, généralement parlant, le sel ordinaire se présente sous la forme de petites croix à angles droits (cristaux stauroïdes) disposés quelque peu comme des *chevaux de frise*. A l'occasion on peut, en se servant d'une bonne lentille, apercevoir des octaèdres sur les axes et les extrémités de ces formes. La figure 58 montre un des nombreux aspects que présente l'urine soigneusement évaporée. On découvre dans l'urine l'acide sulfurique et chlorhydrique en se servant des réactifs d'usage.

§ III. — URINE ANOMALE.

Les constituants anomaux de l'urine qui ne peuvent pas fournir de dépôt, sont l'albumine, le sucre, les matières de la bile et la graisse.

(161) Urine albumineuse.

α. Apparence, etc. L'aspect général de l'urine albumineuse varie considérablement. Quelquefois il n'a rien d'extraordinaire. Souvent le dépôt nuageux qui se forme dans l'urine en repos est plus abondant que celui de la sécrétion normale. Quelquefois l'urine a une apparence légèrement opaque que la filtration ne peut pas faire disparaître, et très-souvent on la rencontre colorée en noir, en brun ou en rouge par du sang altéré avec ou sans dépôt de globules sanguins. L'urine albumineuse lorsqu'elle est secouée, donne une mousse qui persiste pendant longtemps ; son poids spécifique est très-variable.

β. Essai par l'ébullition. On fait bouillir dans un tube à réaction de l'urine suspecte. S'il s'y trouve de l'albumine, il se produit un précipité. Celui-ci peut n'être qu'un léger nuage, mais il peut aussi être assez volumineux pour rendre l'urine presque solide. — *Obstacles. a.* L'albumine dissoute dans les liquides alcalins ne donne pas nécessairement un dépôt par l'ébullition, la formation ou la non-formation d'un précipité dépendant du rapport qui existe entre les quantités de l'albumine et de l'alcali respectivement présents. En conséquence, lorsqu'on recherche l'albumine dans une urine alcaline, on doit d'abord *très-légèrement* acidifier le liquide avec de l'eau aiguisée d'acide acétique. *b.* L'essai peut encore ne produire aucun résultat apparent si l'urine était opaque avant de subir l'ébullition. Cet obstacle peut être amoindri, sinon détruit, par la filtration préalable de l'urine. Quand l'urine contient un dépôt, on peut généralement décanter le liquide clair et l'essayer séparément. Mais les dépôts d'urates ne mettent aucun obstacle à cet essai, car ils se dissolvent sous l'influence de la chaleur avant la précipitation de l'albumine. *c.* La chaleur ne trouble pas l'urine albumineuse quand on y a ajouté une très-petite quantité d'acide azotique. — *Erreurs à éviter.* Certaines variétés d'urine donnent quelquefois, en bouillant, un précipité de phosphates terreux qu'on peut distinguer de celui d'albumine, en y ajoutant un peu d'acide azotique étendu. Sous cette influence, le premier se dissout et le dernier reste inattaqué.

γ. Traitement par l'acide azotique. Si on ajoute de l'acide azotique à de l'urine albumineuse, il se produit un précipité dont le volume varie avec la proportion d'albumine présente. — *Obstacles. a.* On doit ajouter le réactif goutte à goutte, parce que une petite quantité ne cause aucun précipité et qu'un grand excès dissout tout précipité qui a pu se former d'abord. *b.* Lorsque l'urine est opaque, on doit la rendre légèrement alcaline par la potasse, l'agiter, la filtrer et la traiter ensuite par l'acide azotique. — *Erreurs à éviter. a.* Une solution d'acide azotique produit, dans certaines variétés d'urine, un précipité d'acide urique qui, cependant, diminue promptement de volume et qui, examiné au microscope, se montre cristallin, tandis que le dépôt d'albumine est amorphe. *b.* L'acide azotique produit un précipité blanchâtre dans l'urine des malades qui ont pris du copahu du cubèbe et probablement d'autres médicaments résineux. Mais tandis que le précipité d'albumine se dépose au fond du tube à réaction au bout de quelques heures, le précipité de matières oléo-résineuses reste en suspension dans l'urine pendant deux ou trois jours. On peut toujours en outre faire des recherches sur ces cas particuliers.

δ. Traitement par le ferrocyanure de potassium. Une solution de ferrocyanure de potassium, ajoutée à de l'urine albumineuse préalablement acidulée avec de l'acide acétique, produit un précipité blanc. — *Obstacles.* Une simple addition d'acide acétique à l'urine produit quelquefois une précipitation de mucus, auquel cas l'urine acidulée doit être filtrée avant d'être soumise à l'action du ferrocyanure.

(162) Urine saccharine.

α. Apparence, etc. On ne peut à l'œil nu distinguer l'urine saccharine de l'urine normale. Son poids spécifique est généralement élevé, son odeur assez forte, et lorsqu'on l'agite elle donne une mousse qui persiste pendant quelque temps. Elle a un goût sucré. De légères traces de sucre existent habituellement dans l'urine normale.

β. Traitement par la potasse. On ajoute à l'urine suspecte un volume égal au sien d'une solution ordinaire de potasse caustique et on fait bouillir le tout. S'il y a du sucre en quantité anomale, il se produit une couleur brun-orange foncé tirant souvent presque sur le noir. — *Erreurs à éviter.* Lorsqu'il se produit une couleur brune, le résultat est certain; mais il existe plusieurs spécimens d'urine non saccharine qui, bouillis avec de la potasse caustique, acquièrent une couleur de vin de Xérès assez foncé. En outre, la potasse caustique contient fréquemment du plomb, et ce réactif impur, agissant sur le soufre de l'urine ordinaire, ou plus facilement encore sur le soufre de l'urine albumineuse, occasionne une coloration brune; en conséquence, avant de se servir de la potasse, on doit d'abord s'assurer que celle-ci ne renferme pas de plomb.

γ. Traitement par le réactif cupro-potassique. On mêle l'urine avec à peu près la moitié de son volume d'une solution de potasse caustique; il se produit alors un précipité de phosphate terreux qu'on doit séparer par la filtration dans les cas douteux. — On ajoute au liquide alcalin filtré ou non filtré une goutte ou deux d'une solution de sulfate de cuivre. Si le sucre est présent, le précipité bleu verdâtre produit en premier lieu disparaît lorsqu'on agite et il se forme un liquide bleu. Si on chauffe ce liquide, et même avant qu'il n'atteigne la température de l'ébullition, il se forme un précipité rouge ou orange caractéristique de la glucose.—*Erreurs à éviter*. Quoique le précipité produit par l'addition du sulfate de cuivre à un mélange d'urine normale et de potasse caustique, ne disparaisse pas lorsqu'on l'agite, il ne s'ensuit pas que la disparition du précipité avec formation d'un liquide bleu soit une preuve de la présence du sucre ; en outre, on ne doit pas continuer à chauffer le liquide après qu'il a atteint la température de l'ébullition, car plusieurs substances déterminent, sous l'influence d'une ébullition prolongée, un dépôt de sous-oxyde de cuivre rouge.

δ. Traitement modifié par le réactif cupro-potassique. Au lieu d'employer les solutions séparées de sulfate de cuivre et de potasse, on ajoute à l'urine suspecte une solution alcaline de tartrate de cuivre et de potassium. On chauffe le tout jusqu'à l'ébullition et on reconnaît la présence du sucre à l'apparition d'un précipité orangé de sous-oxyde de cuivre. La solution cuprique est composée de : sulfate de cuivre pur cristallisé, 40 grammes ; lessive de soude d'une densité de 1.12, 600 à 700 grammes ; tartrate neutre de potasse, 160 grammes; eau quantité suffisante pour que le mélange occupe 1154,4 cent. cubes. Ce mélange produit un liquide bleu foncé qui peut servir à la fois à la recherche qualitative et au dosage du sucre.

ε. Essai par les sels d'étain. La réduction à une chaleur modérée des sels d'étain, de bismuth et d'argent et de l'acide chromique par la glucose a servi de base à des méthodes analytiques distinctes. La meilleure manière de se servir des sels d'étain consiste à avoir des lambeaux de mérinos ou autre étoffe de laine (ni coton ni toile) qu'on plonge dans une solution de bichlorure d'étain et qu'on dessèche ensuite au bain-marie. Si on humecte un de ces lambeaux avec de l'urine diabétique et qu'on le tienne près du feu ou qu'on le chauffe à une température d'environ 160°, on voit apparaître promptement une coloration brun foncé. Ce traitement est très-commode dans la clinique parce qu'on peut avoir des morceaux de mérinos préparés d'avance, et il est d'une grande précision.

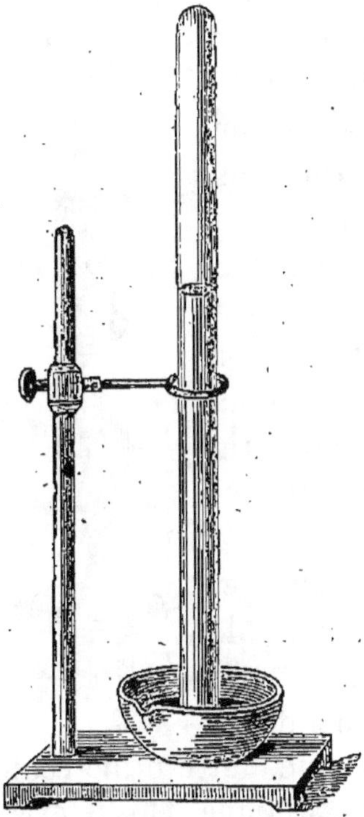

Fig. 59.

ζ. Essai par la fermentation. On remplit complétement un long tube à réaction d'urine suspecte à laquelle on ajoute un peu de levûre de bière ordinaire ou de levûre allemande sèche. On bouche alors le tube avec le pouce, on le renverse dans une cuvette contenant un peu de l'urine qu'on examine et on maintient le tout à une température qui peut varier entre 20° et 40° mais qui ne doit pas excéder 40° ni descendre au-dessous de 20°. Si l'urine est saccharine, on voit apparaître promptement de petits globules d'air et, au bout d'une heure à peu près, une quantité de gaz bien définie occupe la partie supérieure du tube (*fig.* 59). On peut reconnaître dans l'urine saccharine qui a été exposée pendant longtemps à l'air les sporules du mycoderme de la levûre.

(163) Urine bilieuse.

α. Apparence. L'urine bilieuse a une couleur brune jaunâtre et elle a un goût amer persistant. On ne sait pas au juste si l'urine telle qu'elle est émise, contient plus que de simples traces de vrais sels de la bile. On n'emploie le procédé de Pettenkoffer que pour la recherche de ces substances. (*Voy.* n° 178 β.) Le réactif de Heller et l'acide azotique réagissent sur la matière colorante de la bile qui se trouve fréquemment dans l'urine.

β. Traitement par l'acide azotique. On verse sur une assiette blanche, de manière à former une couche mince, un peu d'urine concentrée au besoin. On laisse tomber au-dessus quelques gouttes d'acide azotique concentré. Il se produit alors un singulier jeu de couleur à la place où se fait le contact entre l'acide et l'urine bilieuse. On y distingue très-nettement les teintes verte, rose, violette et jaune. On peut aussi modifier ce procédé ainsi qu'il suit : On verse un mélange d'urine et d'acide azotique étendu sur de l'acide sulfurique concentré, il se produit, dans ce cas, les mêmes colorations caractéristiques à la jonction des deux liquides, comme le montre la figure 60.

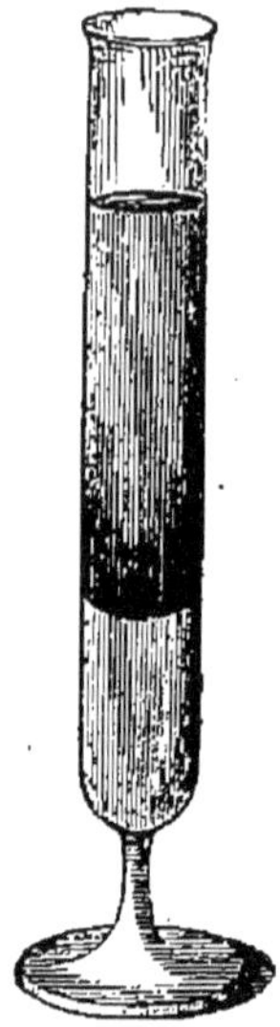
Fig. 60.

γ. Méthode de Heller. Pour employer ce procédé, il faut que l'urine contienne de l'albumine; de là la nécessité de la mêler, s'il est nécessaire, avec un peu de blanc d'œuf étendu, de sérum du sang ou de quelque autre urine contenant de l'albumine. On ajoute l'acide azotique, et s'il existe de la bile, le précipité a une couleur légèrement bleuâtre ou verdâtre. Cette méthode n'est pas très-satisfaisante.

(164) Urine graisseuse.

α. Globules gras, etc. On n'a pas déterminé bien précisément les conditions dans lesquelles la graisse se montre dans l'urine. Quelquefois en examinant au microscope le dépôt floconneux de l'urine, on y découvre des globules de graisse isolés. Quelques observateurs croient que la graisse qui ne se présente que sous cette forme doit nécessairement provenir d'une matière étrangère. Dans certaines formes de la maladie de Bright, on voit les cylindres colloïdes et les cellules épithéliales, surtout celles qui proviennent des reins, chargées de graisse. On peut découvrir en même temps des globules de graisse isolés.

β. Urine chyleuse. On rencontre quelquefois cette curieuse variété d'urine : le liquide est plus ou moins opaque, contient toujours de l'albumine, se gélatinise fréquemment, en se refroidissant, et, examiné au microscope, laisse voir une abondante quantité de matière granuleuse finement divisée, et quelques cellules granuleuses semblables à celles qu'on trouve dans le chyle, mais aucun globule de graisse. On peut cependant facilement obtenir de la graisse en agitant l'urine avec de l'éther, et laissant ensuite évaporer la solution.

γ. Urine kyestéique. On peut facilement reconnaître ce que nous appelons kyestéine dans l'urine des femmes enceintes.

La sécrétion a généralement une réaction acide, et en se reposant elle devient légèrement opaque. Après deux ou trois jours, une écume semblable à de la graisse, monte à la surface, y reste pendant deux ou trois jours, et descend ensuite au fond du vase ; l'urine devient alors ammoniacale. Si on examine cette écume au microscope, on voit qu'elle consiste en cristaux de phosphate ammoniaco-magnésien, et en quelques globules de graisse imprégnés dans un matière granuleuse dense, qui paraît avoir un caractère albumineux, et qui contient cependant de la graisse très-divisée. Lorsqu'on abandonne à elle-même de l'urine kyestéique, elle dégage fréquemment une forte odeur de fromage putréfié. On ne considère plus aujourd hui l'émission d'urines kyestéques comme un symptôme positif de grossesse.

§ IV. — DÉPOTS URINAIRES.

On distingue ces dépôts en composés chimiques, soit cristallins soit amorphes et en composés organisés.

(165) Dépôts chimiques.

α. Urates ou lithates. *Tout dépôt, qui disparaît sous*

l'influence de la chaleur, consiste en acide urique combiné avec diverses bases. Ces urates sont quelquefois blancs, mais généralement plus ou moins colorés par de la purpurine qu'on peut extraire au moyen de l'alcool bouillant. Ils forment un dépôt volumineux presque toujours amorphe, apparaissant quelquefois sous forme de petites sphères à pointes proéminentes. Les sédiments d'urates se dissolvent facilement lorsqu'on y ajoute de la potasse caustique, et la solution dégage de l'ammoniaque quand on la fait bouillir. En outre, ils fournissent de la murexide de couleur pourpre, quand on les traite par de l'acide azotique concentré, qu'on fait évaporer la solution jusqu'à siccité, et qu'on expose le résidu à la vapeur d'ammoniaque. L'urine dans laquelle on trouve ces dépôts, a généralement une réaction acide.

β. Phosphates terreux. *Presque tous les dépôts qui disparaissent par l'addition de l'acide chlorhydrique, consistent en phosphates terreux.* Ces sels forment un précipité blanc, opaque, volumineux, qui, à moins d'être mêlé avec du mucus, se répand facilement dans le liquide par l'agitation ; l'urine elle-même est la plupart du temps alcaline, ou neutre, ou légèrement acide. Le phosphate de calcium est ordinairement amorphe, excepté dans l'urine acide où il se présente quelquefois en cristaux brillants rayonnés ou penniformes. Le phosphate de magnésium et d'ammonium cristallise en prismes triangulaires de diverses formes, simulant souvent des hexagones irréguliers, comme on le voit dans la figure 61 ; dans l'urine ammoniacale on le rencontre sous la forme de cristaux légèrement étoilés ou disposés en barbe de plume. Dans certains cas ce dépôt se présente sous la forme d'une pellicule irisée, et d'autres fois, il reste pendant longtemps en suspension dans l'urine.

Fig. 61.

γ. Acide urique. *Tout dépôt cristallin visible, de couleur distincte, rouge ou jaune, consiste en acide urique.* La couleur, le poids spécifique et l'acidité de l'urine qui fournit des sédiments d'acide urique, sont généralement un peu au-dessus de la moyenne. Le dépôt est d'aspect compacte, et gagne rapidement le fond du vase après qu'on l'a agité. Il est promptement soluble dans la potasse d'où il est reprécipité par l'addition de l'acide chlorhydrique. Traité par l'acide azotique concentré ; évaporé jusqu'à siccité et tenu sur la vapeur d'ammoniaque, il donne de la murexide d'un rouge pourpre. Les dépôts d'acide urique sont très-rarement dépourvus de couleur, on les rencontre en cristaux de diverses formes.

δ. Oxalate de calcium. Ce sel forme rarement, s'il en forme, des précipités distincts. On peut le découvrir en abandonnant l'urine au repos pendant un moment, en décantant ensuite, et en soumettant à l'examen microscopique ce qui reste au fond du vase. Ce sel se présente sous la forme de cristaux octaédriques bien marqués, qui paraissent généralement avoir une croix sur leur surface, et être unis par leurs bords opposés (*fig.* 62). Pour rendre le sédiment visible à l'œil nu, on chauffe le dépôt laissé par l'urine qu'on a enlevée, on le soumet à un mouvement de rotation, et on le laisse reposer pendant quelques minutes. Ensuite, on enlève le reste de l'urine, et on le remplace par de l'eau ; le dépôt est alors blanc, brillant et visible. Le dépôt d'oxalate de calcium est à peine attaqué par la potasse froide. Il se dissout sans effervescence dans l'acide chlorhydrique étendu, et la solution qu'il donne fait effervescence par l'addition d'un peu de peroxyde de manganèse. Parfois on peut trouver mêlés aux octaèdres d'oxalate

Fig. 62.

de calcium, des cristaux particuliers qui consistent en oxalurate de calcium. Ces derniers sont insolubles dans la potasse, solubles dans l'acide chlorhydrique bouillant, et, soumis à la calcination, ils laissent un résidu charboneux.

ε. Cystine. La cystine se rencontre assez rarement. Elle forme un dépôt volumineux facilement diffusible, et présente l'aspect des lithates blancs ou pâles. Examinée au microscope, elle apparaît sous la forme de plaques semblables à des rosettes, dont la surface est quelquefois nettement hexagonale. Le sédiment, séparé de l'urine qui le recouvre, est insoluble dans l'acide acétique, soluble dans l'acide chlorhydrique et très-soluble dans l'ammoniaque. Lorsqu'on fait évaporer sur une plaque cette dernière solution ammoniacale, il se produit des plaques transparentes qui ont la forme d'un hexagone bien défini (*fig.* 63). La cystine est remarquable en ce qu'elle contient 26 pour 100 de soufre ; de sorte que si on fait bouillir l'urine cystique avec une solution d'acétate de plomb,

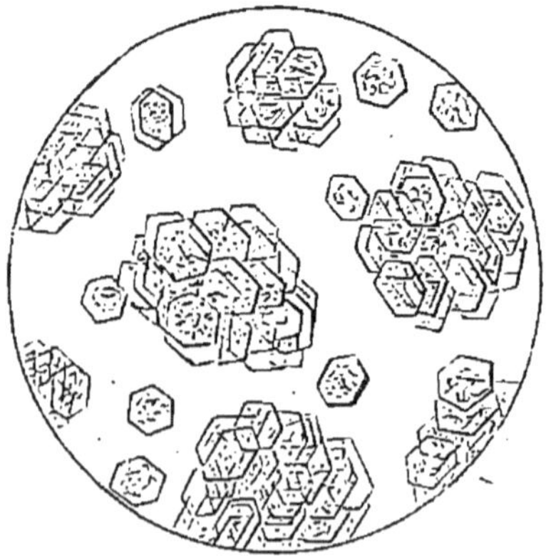

Fig. 63.

à laquelle on a ajouté un excès de potasse suffisant pour dissoudre le premier précipité, tout le liquide devient noir par la formation de sulfure de plomb. Lorsqu'elle est récente, l'urine cystique a une odeur aromatique, mais lorsqu'elle est en décomposition, cette odeur est fétide. La formule de la cystine est : $C^5H^7AzSO^2$.

(166) Dépôts organisés.

α. Sédiment normal. Lorsque l'urine est abandonnée au repos, il s'en sépare toujours un dépôt nuageux, d'aspect et de quantité légèrement variable. Si on examine ce dépôt au microscope, on y trouve quelquefois, outre les corpuscules de mucus et les cellules d'épithélium, les globules caractéristiques de l'urine saccharine, des cylindres colloïdes provenant des tubes urineux, indices de la maladie de Bright, des globules gros, soit libres, soient renfermés dans des cellules, des vibrions, des spermatozoïdes, des globules de sang, de petits cristaux d'oxalate de calcium, et quelquefois de l'acide urique, etc., etc.

β. Pus. Cette substance présente un aspect différent suivant qu'elle se trouve de l'urine acide ou alcaline. Dans l'urine acide les dépôts purulents descendent au fond du vase et forment une couche opaque d'un jaune verdâtre, d'une consistance crémeuse, facilement diffusible après agitation, et qui se dépose lentement par le repos. Lorsqu'on agite l'urine avec un égal volume de potasse caustique, ces dépôts se gélatinisent et présentent en fait toutes les qualités ordinaires physiques et microscopiques du pus. Dans l'urine alcaline le dépôt sale, tenace, visqueux, résistant à l'agitation est mélangé de phosphates terreux. On peut cependant séparer ces derniers au moyen de l'acide chlorhydrique étendu. L'urine purulente est nécessairement albumineuse. Lorsqu'on agite un dépôt de pus avec de l'éther, qu'on décante ensuite cette solution et qu'on la laisse évaporer, on obtient un résidu considérable de globules huileux.

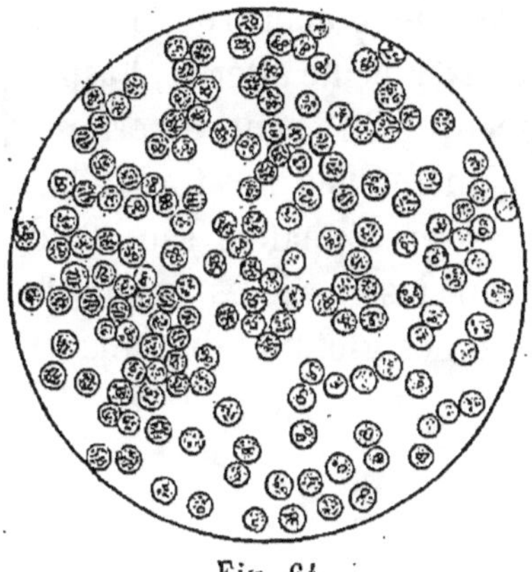

Fig. 64.

Les corpuscules du pus qui toutefois existent à peine après l'action d'un alcali, consistent en cellules rondes granuleuses, quelque peu plus larges que les globules du sang, comme le démontre la figure 64. Lorsqu'on les soumet à l'action de l'acide acétique, ils se boursouflent très-considérablement, leurs bords deviennent distincts et on voit apparaître au centre deux ou trois petites masses granulaires.

γ. Mucus. Même dans l'urine normale il se trouve toujours un peu de mucus. La proportion de ce corps peut varier beaucoup sans qu'il change pour cela de caractère ; mais le plus souvent il forme une masse gélatineuse qui descend au fond du vase, ou qui englobe de l'air dans ses mailles et devient ainsi assez légère pour rester pendant longtemps suspendue dans l'urine.

Les dépôts de mucus ont une réaction alcaline plus ou moins marquée, alors même que l'urine qui les recouvre est acide. Ils ne se mêlent pas au liquide par l'agitation, et fréquemment ils sont accompagnés d'un sédiment considérable de phosphates terreux. La quantité de mucus peut être considérable sans que pour cela l'urine soit albumineuse. Examinés au microscope, les corpuscules du mucus présentent exactement le même caractère que ceux du pus. Mais leur caractère granuleux n'est peut-être pas aussi bien marqué.

δ. Sang. L'urine qui contient du sang est nécessairement albumineuse. En laissant l'urine se reposer, et en examinant au microscope le dépôt qui en résulte, on reconnaît les globules de sang à leur dimension uniforme, à leur surface lisse, et à leur couleur jaune. L'aspect de l'urine qui contient du sang est très-variable. Sa couleur peut être rouge clair, rouge foncé, brun rougeâtre, brun de fumée, ou être à peine altérée ; l'aspect du dépôt varie également beaucoup. On peut déterminer quelquefois sa nature à l'œil nu ; d'autres fois il est assez peu abondant pour qu'on ne puisse pas le reconnaître sans l'aide du microscope. L'urine peut contenir les matières colorantes du sang altérées ; il en est de même des globules du sang qui dans ce cas échappent à l'examen.

§ V. — EXAMEN CLINIQUE DE L'URINE

(167) Examen général.

α. Aspect, etc. On doit remarquer la couleur, soit pâle d'une urine étendue, soit foncée d'une urine concentrée, soit jaune rougeâtre par la purpurine, soit jaune brun par la bile, soit rouge ou brune par le sang ; le goût, soit doux par le sucre, soit amer par la bile; l'odeur, soit forte par la cystine ou le sucre, soit fétide par l'alcalinité avec ou sans la présence du mucus. On doit examiner si le liquide est opaque ou laiteux par la graisse, la kyestéine, le mucus ou une modification de l'albumine, etc.

Fig. 65.

β. Poids spécifique. On détermine le poids spécifique au moyen de l'aréomètre (*fig.* 65). Il peut être trop bas si l'urine est accidentellement étendue, ou dans les cas de *diabète insipide* (*polyurie non sucrée*), et certaine forme de maladie de Bright, etc.; le poids spécifique est trop élevé si l'urine est concentrée ou qu'elle contienne du sucre, etc.

γ. Quantité. Afin de déterminer la quantité d'urine émise en 24 heures, le malade doit uriner à une certaine heure. 10 heures par exemple. On rejette l'urine rendue, et à partir de ce moment jusqu'au lendemain à la même heure, on recueille tout ce qu'il rend, la dernière miction ayant lieu à 10 heures, il est bon que le malade urine toujours avant d'aller aux cabinets.

(168) Examen chimique.

α. Réaction sur le papier coloré. L'urine normale a une réaction légèrement acide. Si cette réaction est alcaline, le liquide bleuit le papier de tournesol rougi. Si la couleur bleue persiste après que le papier est sec, l'alcalinité est due à la présence d'un sel alcalin fixe; mais si la couleur rouge reparaît par la dessiccation, l'alcalinité provient de l'ammoniaque.

β. Analyse de l'urine. On sépare l'urine de tout dépôt qu'elle peut avoir formé, et l'on y recherche l'albumine, le sucre, la purpurine, et au besoin la graisse et la bile. Si le poids spécifique de l'urine est élevé et que le sucre en soit absent, on y recherché un excès d'urée. On place pour cela dans un verre de montre un peu de la sécrétion et l'on y ajoute à peu près les deux tiers de son volume d'acide azotique concentré froid. S'il se forme un dépôt cristallin d'azotate d'urée, on peut jusque dans de certaines limites en déduire la présence d'un excès de cette base. Il peut être généralement avantageux de concentrer légèrement l'urine avant d'y ajouter l'acide *.

* Cet ouvrage ne renfermant pas les éléments de l'analyse quantitative, nous ne pouvons pour le dosage de l'urée que renvoyer à nos principes de chimie fondé sur les théories modernes. Nous donnerons, cependant ici, un procédé très-commode et nouveau qui est dû à M. Guichard. On précipite l'urine par un excès d'acétate de plomb, on filtre et on élimine l'excès de plomb par un assez grand excès de bicarbonate de potassium, sel qui, dans les solutions étendues, est sans action sur les sels mercuriques. On traite 10 centimètres cubes de la liqueur filtrée par un poids connu de bichlorure de mercure. Après 12 heures on filtre, on introduit la liqueur filtrée dans une burette et l'on cherche la quantité de ce liquide qui est nécessaire pour produire un trouble persistant dans 5 centimètres cubes d'une solution titrée d'iodure potassique. 169 parties d'iodure de potassium exigeant pour cela 271 parties de chlorure mercurique, on peut calculer la quantité de ce sel qui existe dans la liqueur; en en prélevant le poids de celui du bichlorure employé, on a le poids du sel combiné à l'urée et par conséquent le poids de l'urée si l'on se souvient que 1 gram. de mercure correspond à 0gr,15 d'urée. (*Note du traducteur.*)

γ. Analyse du dépôt. L'aspect du dépôt indique généralement l'ordre à suivre dans l'application des réactifs microscopiques et chimiques. Les lithates sont dissous par la chaleur, par la potasse, mais non par l'acide chlorhydrique. Les phosphates sont insolubles par la chaleur, par la potasse; mais sont solubles dans l'acide chlorhydrique; l'acide urique ne se dissout pas par la chaleur, ni par l'acide chlorbydrique, mais il se dissout par la potasse. La cystine ne se dissout pas par la chaleur, mais elle se dissout dans l'ammoniaque, la potasse et l'acide chlorhydrique. L'oxalate de calcium est insoluble par la chaleur et par la potasse, mais l'acide chlorhydrique le dissout. On reconnaît facilement les différents ingrédients qui constituent les dépôts mixtes, en examinant leur aspect au microscope et par la manière différente dont ils se comportent avec les réactifs ci-dessus.

§ VI. — CALCULS URINAIRES.

(169) Caractères généraux.

α. Structure, etc. La plupart des calculs urinaires se composent de couches concentriques. On peut facilement constater cette structure en coupant un calcul suivant un plan qui passe par le centre. Toutes les couches d'un calcul mural peuvent être de même composition ou différer beaucoup entres elles sur ce point. Une simple couche uniforme d'un calcul peut être et est généralement composée de diverses substances. La figure 66 représente l'intérieur d'un calcul mixte et fusible qui

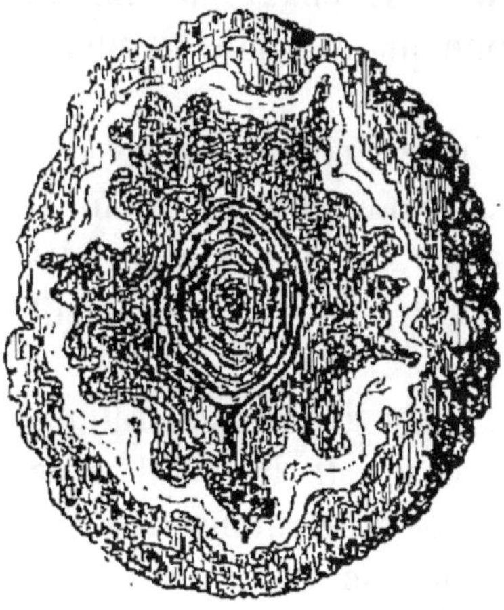

Fig. 66.

appartient au musée de l'hôpital Saint-Barthélemi (n° 79 du catalogue). Il est probable qu'une analyse très-exacte ferait connaître que chaque couche de presque tous les calculs contient de l'acide urique, des urates alcalins, du phosphate de calcium et du phosphate ammoniaco-magnésien avec ou sans autres constituants de calculs. En outre, la plupart des calculs contiennent des traces de tous les sels existant naturellement dans l'urine, ainsi que de la matière colorante, du mucus, etc.

Par ces considérations, il est évident que l'examen chimique d'un calcul ne doit porter que sur la composition générale et qu'on ne doit pas se proposer une analyse précise. Il est important de se rappeler qu'une couche d'un calcul, bien qu'elle soit homogène, consiste rarement en un seul principe constituant.

β. Aspect, etc. Les aspects généraux des différentes variétés de calculs sont les suivants :

a. Les calculs uriques consistent en acide urique avec ou sans urates alcalins. Leur surface est généralement uniforme, leur structure compacte et laminée, et leur couleur orangée ou jaune. L'aspect laminé fait quelquefois défaut et quelquefois leur couleur est fauve et se rapproche des variétés les plus pâles de concrétions d'oxalate de chaux. Au milieu de la plupart des calculs on trouve une quantité plus ou moins grande d'acide urique.

b. Les phosphates terreux consistent en phosphates de calcium et en phosphates d'ammonium et de magnésium. Il arrive rarement, si jamais cela arrive, que lorsqu'un des deux constituants se trouve présent, l'autre fasse complétement défaut.

Lorsqu'ils se trouvent en quantité égale dans la concrétion, on nomme celle-ci *calcul fusible*, à cause de la facilité avec laquelle le calcul fond alors à la flamme du chalumeau. Cette fusion n'est plus possible lorsque l'un de ces éléments se trouve en fort excès par rapport à l'autre. Les calculs fusibles moins souvent le caractère distinctement laminé que les autres calculs. Les calculs phosphatiques diffèrent beaucoup d'aspect entre eux. Leur surface est, en général, uniforme, pâle, blanche, ou même présentant l'aspect de la craie. Ils sont tantôt compactes et durs, tantôt légers et friables; leurs couches adhèrent quelquefois de très-près les unes aux autres et d'autres fois on peut les séparer facilement. Les phosphates terreux peuvent constituer la plus grande partie d'un calcul, mais ils peuvent encore être disséminés, parmi les autres éléments, ou même former des couches distinctes. Ils forment une couche plus ou moins épaisse à la surface de la plupart des calculs.

c. On reconnaît les calculs d'oxalate de calcium, à leur composition compacte, dure et laminée, à leur couleur foncée et à leur surface irrégulière. Cette irrégularité n'est pas suffisamment exprimée par le nom de calcul mural qu'on leur donne. Quelques petits calculs d'oxalate de calcium, connus sous le nom de concrétions en graines de chanvre, ont un contour uni. Il arrive que les concrétions d'oxalate de calcium, sont de couleur pâle et de structure finement laminée. C'est surtout le cas, lorsqu'ils forment des couches dans les autres calculs, ou lorsqu'ils sont mêlés à des dépôts uriques ou phosphatiques. D'ordinaire le centre des calculs d'oxalate de calcium contient plus ou moins d'acide urique.

d. Les calculs de cystine sont relativement rares; leur forme est d'un ovale irrégulier, leur surface est grossièrement cristalline, leur couleur est fauve, lorsqu'ils sont récents, et vert de mer, lorsqu'ils sont anciens. La cystine entre rarement dans la composition des calculs.

γ. Action de la chaleur. La chaleur détruit certains éléments des calculs et en laisse certains autres intacts. La table suivante nous fait connaître ces deux sortes d'éléments :

Destructibles :

- Acide urique ;
- Urate d'ammonium ;
- Cystine ;
- Acide oxalique de l'oxalate de calcium ;
- Ammoniaque du triple phosphate ;
- Acide urique des urates de calcium et de sodium.

Indestructibles :

- Phosphate de calcium ;
- Carbonate de calcium ;
- Phosphate de magnésium du triple phosphate ;
- Carbonate de sodium de l'urate de sodium ;
- Carbonate de calcium de l'oxalate et de l'urate de calcium.

Si on prolonge suffisamment la chaleur et qu'on la maintienne intense, le carbonate de calcium se convertit en chaux caustique. Il n'est pas rare de voir le carbonate de calcium former un élément des calculs qui se sont décomposés en partie dans la vessie.

(170) Examen préliminaire.

α. Pulvérisation, etc. Avant d'examiner un calcul, on doit le scier dans le milieu de manière à ce que sa constitution intérieure soit parfaitement visible ; s'il consiste, en couches visiblement distinctes l'une de l'autre, on doit les étudier séparément. Pour cela il faut détacher une portion suffisante de chacune d'elles au moyen d'un canif. Avant d'enlever une seconde portion d'une couche, il faut d'abord avoir déterminé la nature de la première. Dans les calculs qui sont mous, il faut apporter un grand soin en détachant les différentes couches. Pour rendre la surface d'un calcul polie et plate, il suffit de le frotter sur une pierre à aiguiser ; de cette manière, on peut très-bien examiner sa nature sans pour cela le déformer.

Après avoir enlevé un spécimen de chaque couche, on doit le réduire en poudre.

β. Calcination. On fait chauffer un peu de cette poudre sur une feuille de platine, et l'on remarque attentivement les résultats suivants :

Carbonisation. Tous les calculs urinaires subissent une légère carbonisation : dans ceux d'oxalate de calcium elle est très-légère et le charbon disparaît promptement en laissant un abondant résidu blanc et pulvérulent. Dans les calculs phosphatiques, elle est plus complète et le charbon ne brûle pas aussi aisément.

Décrépitation. La décrépitation est toujours très-légère ; lorsqu'elle se produit en même temps qu'une fumée blanche, et qu'elle détermine un mouvement considérable dans la poudre chauffée, on peut en déduire la présence de l'urate d'ammonium.

Odeur. Les calculs d'oxalate de calcium ne dégagent presque pas d'odeur lorsqu'on les chauffe. Le plus grand nombre des autres calculs en dégagent ; ceux de cystine produisent une odeur caractéristique bien marquée.

Volatilisation. Si la poudre du calcul se volatilise presque entièrement, on peut, sans autre préambule, y rechercher l'acide urique, l'urate d'ammonium et la cystine.

Fusion. La chaleur de la lampe à alcool suffit quelquefois pour fondre les phosphates terreux mixtes.

Alcalinité. Lorsqu'on n'a fait usage que de la lampe à alcool, toute alcalinité produite sur le papier réactif, par le résidu humecté, est probablement due au carbonate de sodium qui s'est formé par l'action de la chaleur sur l'urate de sodium.

Effervescence. On ajoute une ou deux gouttes d'acide azotique au résidu humecté. L'effervescence indique la présence d'un carbonate soit que ce sel existât tel quel en premier lieu, soit qu'il résulte de la décomposition par la chaleur de l'oxalate d'ammonium ou des urates alcalins fixes. Dans ce dernier cas, l'effervescence qui se produit est généralement faible.

Chalumeau. Si la flamme ordinaire de l'alcool est incapable de fondre la cendre du calcul, on fait sécher cette dernière et on la chauffe fortement au chalumeau. S'il y existe des phosphates terreux, mixtes, il se produit une fusion plus ou moins complète ou, tout au moins, les particules s'agrégent.

(171) Traitements spéciaux.

Après avoir remarqué les effets de la chaleur, que nous venons de décrire, il suffira souvent de rechercher dans le calcul les acides phosphorique, oxalique et urique, sans qu'il soit utile de le soumettre à une analyse plus complète.

α. Acide phosphorique. Lorsqu'on a chauffé le résidu au chalumeau sur une feuille de platine, on y ajoute une ou deux gouttes d'acide azotique et un peu d'eau. Il se dissout ordinairement alors sans effervescence visible, tout le carbonate de calcium ayant été converti en chaux caustique. On verse une goutte ou deux d'une solution d'azotate d'argent dans la liqueur, et on neutralise celle-ci avec de l'ammoniaque étendue. La présence de l'acide phosphorique est alors indiquée par la production d'un précipité jaune. Dans certaines circonstances le précipité est blanc; cela arrive surtout quand le calcul est composé en grande partie de triple phosphate, ou lorsqu'on n'a ajouté qu'une très-petite quantité de sel d'argent. On peut aussi traiter la solution azotique du calcul, par le molybdate d'ammonium. (*Voy.* nº 100, *δ*.) Les calculs de triple phosphate se distinguent de ceux d'oxalate calcique par leur solubilité dans l'acide acétique.

β. Acide oxalique. On mélange un peu de la poudre originale du calcul avec à peu près une goutte d'acide sulfurique étendu, et avec un peu de peroxyde de manganèse finement divisé. De cette manière tout l'acide oxalique s'oxyde immédiatement et se convertit en anhydride carbonique qui se dégage avec effervescence *.

* On avait, par hasard, omis dans les nº 101 et 123, la description de ce procédé simple mais non très-exact, pour rechercher l'acide oxalique

γ. Acide urique. On place dans un verre de montre un peu de la poudre originale du calcul, et on y ajoute une ou deux gouttes d'acide azotique. Si cette poudre contient de l'acide urique ou un urate elle se dissout avec effervescence. En faisant évaporer soigneusement le liquide jusqu'à siccité complète, sur une petite flamme (*fig.* 67), on obtient un résidu rose, qu'on doit laisser refroidir et humecter ensuite avec une goutte d'ammoniaque. Ce dernier traitement produit de la murexide avec la couleur cramoisi qui lui est propre, mais qu'on peut rendre violette par l'addition d'un peu de potasse. Il est bon de tenir le verre de montre dans les doigts pendant l'évaporation pour prévenir une trop forte chaleur.

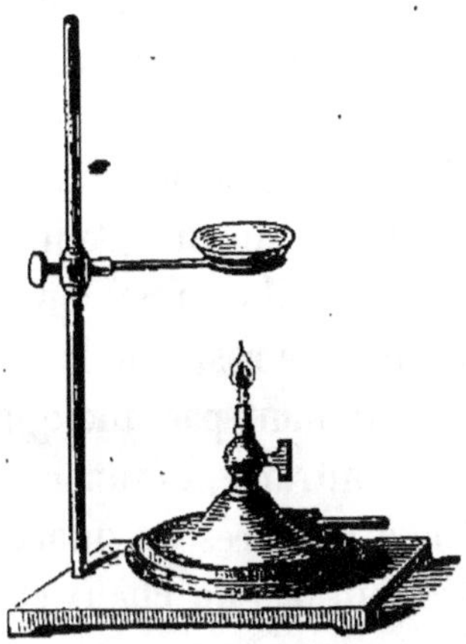

Fig. 67.

(172) Analyse systématique.

α. Solution. On fait bouillir dans un tube à réaction la poudre du calcul avec un peu d'eau distillée. On jette le mélange sur un filtre, on recueille à part le liquide filtré et on lave parfaitement le résidu avec de l'eau bouillante. On conserve les premières eaux de lavage pour pouvoir s'en servir en cas de besoin. Le liquide filtré A peut contenir de l'urate d'ammonium, de l'urate de sodium et de l'urate de calcium. On fait bouillir ensuite le résidu lavé dans de l'acide chlorhydrique étendu, en observant s'il ne se produit aucune effervescence qui puisse indiquer la présence du carbonate de calcium; puis on filtre

et les oxalates. La réaction est $H^2C^2O^4 + MnO^2 = 2CO^2 + H^2O + MnO$. Il est important qu'on n'emploie le peroxyde de manganèse qu'après l'avoir débarrassé de tout carbonate en le lavant dans de l'acide azotique étendu. (*Note de l'auteur.*)

le liquide acide. On recueille à part la liqueur filtrée B et on lave à l'eau le résidu s'il y en a un. Le liquide acide B peut contenir du chlorure de calcium provenant de la décomposition du carbonate ou de l'oxalate de calcium, de la cystine, du phosphate de calcium et du phosphate ammoniaco-magnésien. Le résidu C qui reste sur le filtre consiste en acide urique.

β. Solution aqueuse. On fait évaporer sur une plaque de verre quelques gouttes de la solution A et s'il ne reste qu'une légère trace de résidu, on peut abandonner le reste de la solution et considérer le calcul comme ne contenant pas une quantité appréciable d'urates alcalins. Si, au contraire, l'évaporation laisse un résidu visible, on fait bouillir à peu près un quart de la solution dans un tube à réaction avec un peu de chaux caustique. Si la liqueur renferme de l'ammoniaque ce gaz se dégage et on le reconnaît à son odeur, et à ses réactions sur le papier réactif et sur la vapeur d'acide chlorhydrique. On fait évaporer le reste de la solution jusqu'à un très-petit volume, on y ajoute de l'acide azotique concentré, et on laisse évaporer le tout jusqu'à siccité complète. La production d'un résidu rosé, devenant rouge sous l'influence de l'ammoniaque fait reconnaître la présence de l'acide urique. On réduit en cendres ce dernier résidu, on le mélange avec quelques gouttes d'eau et on divise ce liquide en deux portions. La première doit être légèrement acidulée avec l'acide acétique et traitée par une goutte d'oxalate d'ammonium. La formation d'un précipité blanc démontre la présence du calcium. La seconde doit être acidulée par l'acide chlorhydrique et soigneusement évaporée jusqu'à siccité. La formation d'imperceptibles cristaux cubiques fait reconnaître la présence du sodium.

γ. Solution acide. On doit ajouter de l'ammoniaque étendue à la solution B de manière à la rendre aussi neutre que possible, sans pour cela altérer sa transparence, on ajoute alors de l'acétate d'ammoniaque qui produit un précipité blanc si la liqueur renferme de l'oxalate de calcium ou de la cystine. Ce dernier élément se trouve rarement dans les calculs mixtes et il peut être facilement séparé de l'oxalate calcique par l'action de l'ammoniaque qui le dissout et l'abandonne, en s'évaporant, sous la forme de tablettes hexagonales. Si l'acétate ammonique précipite, on filtre, et l'on ajoute un excès d'oxalate d'ammoniaque au liquide filtré. Si l'acétate ammonique ne précipite pas on traite directement le liquide clair par l'oxalate d'ammoniaque sans être obligé de le filtrer au préalable. La formation d'un précipité blanc dénote la présence du calcium n'existant pas à l'état d'oxalate.

On filtre alors, s'il est nécessaire, on ajoute un excès d'ammoniaque et, après avoir agité un moment, s'il se forme un précipité blanc, on peut en déduire la présence de l'acide phosphorique et du magnésium. Au cas où il ne se produit aucun précipité visible, il faut ajouter du sulfate de magnésium. La présence de l'acide phosphorique est alors indiquée par la formation d'un précipité blanc cristallin qui se forme après qu'on a vivement agité la solution.

δ. Résidu insoluble. On traite le résidu *b* par l'acide azotique concentré et on laisse évaporer le tout complétement. Il reste une masse rose, qui, tenue sur la vapeur d'ammoniaque, devient cramoisie et qui, humectée de potasse, devient pourpre ; ces réactions sont caractéristiques de l'acide urique.

§ VII. — SANG.

(173) Coagulation.

α. Le sang, tel qu'il existe dans les vaisseaux, consiste en globules rouges nageant dans un liquide clair ; ce liquide est appelé liquor sanguinis. Si on le retire des vaisseaux vivants, il se sépare promptement en deux parties, l'une est un liquide clair jaune, le sérum, l'autre est une masse rouge solide, le caillot. La liquor sanguinis consiste en fibrine et en sérum et le caillot en fibrine et en globules, comme on le voit dans le diagramme suivant :

SANG	LIQUOR SANGUINIS	SÉRUM	
		FIBRINE.	CAILLOT.
	GLOBULES.		

L'analyse chimique du sang se divise donc naturellement en deux parties distinctes, l'examen du caillot et celui du sérum.

β. La coagulation du sang provient de ce que la fibrine, en se solidifiant, retient dans ses mailles les globules et une grande partie du sérum de manière à former une masse gélatineuse. Tant que le sang est contenu dans les vaisseaux de l'animal vivant, la fibrine est complétement liquide. On ignore quelles sont les causes de cet état de solution, mais une des plus importantes paraît être le contact immédiat avec les tissus vivants. Hors du corps la fibrine devient promptement solide, et la coagulation qui s'accompagne d'un léger dégagement d'ammoniaque est généralement complète au bout de dix minutes. Les variations de température, l'influence de l'air, le mouvement peuvent l'activer ou la retarder mais jamais l'empêcher. Lorsque la fibrine existe en grande quantité, la coagulation est plus lente, mais le caillot est plus ferme et plus compacte. Si le sang provient d'une personne souffrant d'une maladie inflammatoire, qu'il contienne un excès de fibrine ou qu'il manque de globules; s'il est recueilli dans un vase long et étroit ou si on retarde sa coagulation par un moyen quelconque, les globules se déposent avant que la coagulation ne soit complète et occupent principalement la partie inférieure du caillot, tandis que la couche supérieure consiste en fibrine pour ainsi dire incolore. Cette couche est appelée *couenne*. Elle est excessivement tenace et il arrive fréquemment qu'en se contractant lentement, elle prend une forme concave sur sa surface extérieure.

(174) Fibrine.

α. Du sang liquide. Le moyen le plus facile pour se procurer de la fibrine est de l'extraire du sang liquide. Voici comment on s'y prend : Avant de laisser au sang le temps de se coaguler, on le fouette vivement avec des verges de bois ou on le secoue dans une bouteille avec deux ou trois morceaux de plomb irréguliers. De cette manière, la fibrine se sépare plus ou moins complétement des globules et s'attache aux verges de bois ou aux morceaux de plomb, sous la forme de masses molles et fibreuses ; on la lave avec de l'eau et même avec de l'éther, si on veut en enlever la graisse qui y adhère.

β. Du caillot. La préparation de la fibrine est un peu plus ennuyeuse lorsqu'on l'extrait du sang coagulé. On place le caillot sur un chiffon qu'on a complétement percé et déchiré et on le lave sous un jet d'eau; en lavant et en pétrissant le caillot alternativement, le sérum et la matière colorante passent à travers le chiffon, tandis qu'il reste au-dessus un résidu de fibrine suffisamment blanc.

γ. Propriétés de la fibrine. La fibrine possède toutes les propriétés chimiques de l'albumine coagulée. (*Voy.* n° 177, *γ*.) Si on l'examine au microscope, on voit qu'elle diffère de cette dernière en ce que sa structure est organisée, quoique présentant le type le plus inférieur d'organisation, le type simplement fibreux. Cette structure fibrillaire est surtout visible sur la couenne du sang inflammatoire. Lorsqu'on recouvre de la fibrine humide, et surtout celle qu'on a extraite du caillot, avec de l'eau légèrement alcalinisée par de la soude, et qu'on laisse digérer le tout pendant quelques jours dans un endroit assez chaud, elle se dissout en grande partie, et on peut découvrir l'albumine dans la solution en y appliquant la chaleur et en la traitant par l'acide azotique. La fibrine entre, en général, dans le sang ordinaire dans la proportion de 0,25 pour 100.

(175) GLOBULES.

α. Leur aspect. Si on regarde au microscope une goutte de sang liquide ou une goutte du sérum rouge foncé extrait d'un caillot, on y découvre une masse de petits globules ronds de dimension égale et dont la structure n'est pas granulaire. Ces globules sont représentés par la figure 68. Suivant la manière dont on met au foyer, les bords paraissent obscurs et le centre transparent ou *vice versa*. Quelques-uns de ces globules reposent sur leurs bords, d'autres sont empilés les uns sur les autres, de manière à former des rouleaux. Si on fait l'examen sur du sang non coagulé, on voit apparaître promptement la fibrine sous la forme d'un réseau délicat. Les globules du sang paraissent consister en une membrane transparente contenant une liqueur rouge*. Au moyen du microscope, on peut facilement voir le phénomène d'*endosmose*. Ainsi, sous l'influence d'une solution de sulfate de sodium, les corpuscules se décomposent, leurs bords deviennent inégaux et leur centre obscur plus proéminent. Si, cependant, on ajoute de l'eau, ces corpuscules se gonflent, leur contour devient de moins en moins défini, et finalement ils éclatent et déversent leur contenu.

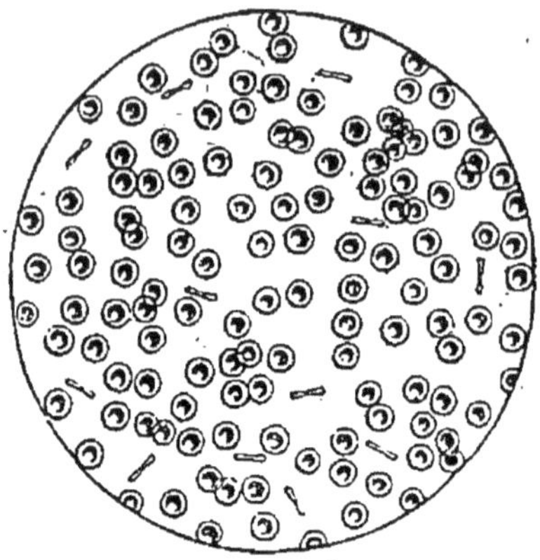

Fig. 68.

Outre les globules rouges que nous venons de décrire, on peut généralement voir dans le sang quelques corpuscules incolores ou corpuscules de la lymphe. Dans le sang normal,

* Les anatomistes actuels nient l'existence d'une membrane enveloppante dans les globules. (*Note du traducteur*.)

ceux-ci n'existent qu'en très-petite quantité par rapport aux globules rouges, leur dimension surpasse celle de ces derniers et leur surface extérieure est moins uniforme. De plus, leur structure est légèrement granuleuse.

β. Leur séparation. Si on recueille le sang tel qu'il sort de la veine dans une solution saturée de sulfate de sodium, toute coagulation est prévenue et, sous l'influence du repos, les globules viennent former au fond du vase une couche rouge clair. On enlève le liquide supérieur et on recueille le résidu sur un filtre où on le lave avec une solution de sulfate de sodium. On peut également laisser se reposer la liqueur rouge dont on a extrait la fibrine en l'agitant, ou encore, pétrir le caillot, le bien secouer avec le sérum et laisser reposer le liquide rouge ainsi obtenu. Peu à peu, il se forme dans l'une ou l'autre de ces liqueurs, un dépôt, incomplet il est vrai, des globules. On enlève alors le liquide qui baigne ce dépôt, on le remplace par du sulfate de sodium et les globules se déposent comme nous l'avons déjà dit; on les recueille sur un filtre et on les lave avec du sulfate de sodium comme plus haut.

γ. Matière colorante rouge. L'hæmatosine ou matière colorante rouge est remarquable par la quantité de fer qu'elle contient. Les cendres des globules du sang contiennent largement 30 pour 100 de peroxyde de fer. La présence du fer dans tout autre tissu ou liqueur, à l'exception du chyle, paraît provenir d'un mélange de sang. Il est pourtant possible de modifier l'hæmatosine au point de la priver de fer, mais on ne peut tirer aucune induction de cette expérience. On reconnaît la matière colorante du sang à ce que lorsqu'on plonge dans un grand excès d'eau froide les globules rincés avec du sulfate de sodium et séchés ensuite, ceux-ci éclatent sous l'influence de l'endosmose, et abandonnent leur contenu coloré à l'eau, en formant ainsi une solution rouge foncé qu'on peut rendre parfaitement claire en la filtrant. L'ammoniaque n'attaque pas cette matière colorante, mais l'ébullition la détruit et la transforme en un caillot qui a un aspect sale, et qui se dissout dans la potasse caustique, en prenant une couleur grisâtre.

δ. Hæmato-cristalline ou cristaux du sang. Le docteur Otto Funke, de Leipzig, a décrit le premier la formation de ces cristaux. Il paraît que lorsque les globules ont éclaté ainsi que nous venons de le décrire, il se forme une solution qui, en s'évaporant, donne des cristaux bien définis. Il est très-facile d'obtenir ces cristaux du sang des animaux inférieurs, surtout des rongeurs, mais avec le sang humain l'opération est toujours incertaine. On étend sur une plaque de verre une goutte du liquide rouge foncé extrait d'un caillot d'un jour ou deux, et on y ajoute une très-petite goutte d'alcool. En couvrant le tout d'un morceau de verre de microscope, et en le mettant dans un endroit clair et assez chaud, on voit quelquefois apparaître au bout de quelques heures des cristaux prismatiques plats et colorés.

(176) Taches de sang.

Les taches de sang sont quelquefois le sujet d'importantes recherches de médecine légale. La chimie ne fait reconnaître que la matière colorante du sang, le microscope permet de découvrir les globules et de voir se former les cristaux d'hæmine. Les taches de sang sont d'un rouge clair quand elles sont récentes, mais d'un brun rougeâtre lorsqu'elles sont de date plus ancienne. Lorsqu'elles se produisent sur de la toile ou sur toute autre étoffe, elle rendent les fibres du tissu plus ou moins roides.

α. Réactions de couleur. Si la tache existe sur une étoffe, on coupe un morceau de la partie tachée et, au moyen d'un fil, on le suspend dans un tube a réaction contenant un peu d'eau distillée. Peu à peu des filets de matière colorante se détachent de l'étoffe et se déposent au fond du tube en couches d'un rouge foncé si la tache était récente, et d'un brun rougeâtre si elle était plus ancienne. Au besoin, on peut plonger successivement dans la même portion d'eau plusieurs morceaux d'étoffe tachée jusqu'à ce qu'on obtienne une solution suffisamment foncée. Les taches sur les couteaux ou autres articles doivent être également soumises à l'action de l'eau froide, de manière à donner une solution de matière colorante. Au liquide rouge ou brun rougeâtre on ajoute un peu d'ammoniaque étendue. La couleur reste la même, ou devient plus brillante, mais elle ne devient jamais ni verte ni écarlate. Si on fait bouillir la solution de la matière colorante, sa couleur se détruit complétement et il se produit un précipité brun sale. Toute tache est due au sang, qui forme dans l'eau froide une solution rougeâtre inattaquable par l'ammoniaque, mais perdant se couleur par l'ébullition en formant un précipité.

β. Forme des globules. On met sur une plaque de verre une parcelle du tissu taché ou, s'il est possible, de la tache elle-même séchée, et séparée de l'article qu'on veut examiner. On l'humecte avec une solution de sucre (sirop étendu avec à peu près deux fois son volume d'eau) ou avec de la glycérine pure réduite à un poids spécifique de 1028. Après un moment on obtient un liquide rouge qu'on recouvre avec un verre de microscope, et qu'on examine. Si la tache provient du sang, on peut alors facilement découvrir les globules avec leur aspect caractéristique. Dans le cas où ils seraient contractés, une goutte d'eau suffirait pour les dilater.

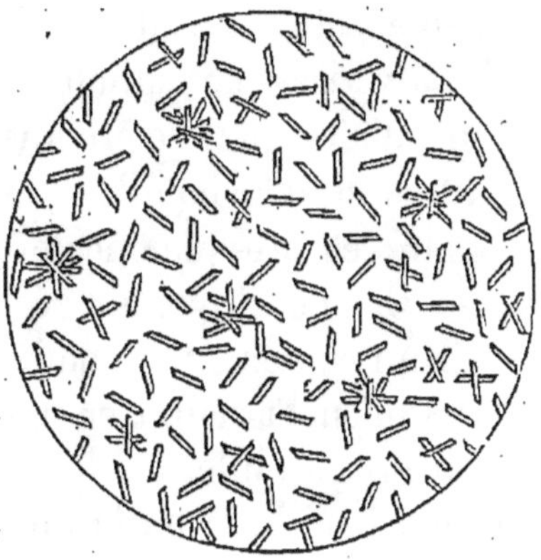

Fig. 60.

γ. Cristaux d'hæmine. On épuise par un peu d'acide acétique la tache de sang desséchée, et on laisse évaporer à une douce chaleur le liquide qui en résulte. S'il ne se produit aucun cristal, on ajoute au résidu sec un peu de sel ordinaire, on humecte de nouveau avec de l'acide acétique cristallisable et l'on fait évaporer une seconde fois. Il arrive dans certains cas qu'on est obligé d'humecter avec l'acide une troisième fois, avant d'obtenir les cristaux rhombiques et obscurs caractéristiques. Ces cristaux, comme on le voit (*fig.* 69), se présentent souvent en groupes étoilés. La formation des cristaux paraît s'obtenir plus facilement si, après chaque évaporation de l'acide acétique, on humecte le résidu avec de l'eau et qu'on laisse évaporer le liquide avant de rajouter de l'acide acétique.

(177) Sérum.

α. Caractères généraux. Le sérum est une liqueur jaune pâle, transparente, quelque peu visqueuse; son poids spécifique est d'environ 1030, tandis que la moyenne de celui du sang est de 1055. Il a une réaction faiblement alcaline, et se compose d'eau tenant en solution de l'albumine, de la graisse, certaines matières extractives mal définies, et des sels inorganiques. Lorsqu'on fait évaporer le sérum jusqu'à siccité au bain-marie, il perd sa portion aqueuse et laisse un résidu corné presque transparent. L'eau existe dans le sang normal en proportion d'à peu près 80 pour 100.

β. Séparation de l'albumine. Pour opérer cette séparation, on peut indistinctement se servir des méthodes suivantes : *a.* On met le sérum dans une petite capsule, on y ajoute un égal volume de cristaux pulvérisés de sulfate de sodium, et on fait bouillir le tout jusqu'à ce qu'il se produise une coagulation complète. En filtrant ce liquide bouillant, on obtient une solution parfaitement claire et presque incolore, entièrement débarrassée d'albumine. On peut avec un égal succès appliquer cette méthode au sérum contenant la matière colorante, ou au caillot lui-même lorsqu'on l'a réduit en morceaux. *b.* On neutralise le sérum ou on l'acidule très-légèrement avec de l'acide acétique, on le fait bouillir et on le filtre. Toute l'albumine se coagule et reste sur le filtre, tandis qu'un liquide clair, *la sérosité*, passe à travers. On doit laver le précipité d'albumine avec de l'eau chaude et le faire sécher au bain-marie. Le produit sec abandonne à l'acide chlorhydrique bouillant une petite quantité de sels terreux, et à l'alcool bouillant quelques légères parcelles de graisse.

γ. Propriétés de l'albumine. L'albumine, telle qu'elle existe dans le sang et les autres fluides animaux, est à l'état liquide, mais peut se coaguler sous l'influence de la chaleur. La température de la coagulation varie selon l'alcalinité du fluide, et selon la quantité d'albumine qu'il contient. Le sérum du sang se coagule à la température d'environ 88°. L'albumine une fois coagulée ne peut plus être obtenue en solution coagulable par la chaleur. Le sang normal contient en moyenne à peu près 7 pour 100 d'albumine dissoute. La fibrine et l'albumine coagulée présentent en commun les caractères suivants : elles sont insolubles dans l'eau, l'alcool et l'éther, mais se dissolvent dans la potasse d'où elles se reprécipitent lorsqu'on neutralise la liqueur par un acide. Si on ajoute à la solution potassée de l'acide acétique pur, l'albumine se précipite d'abord, mais se redissout ensuite dans l'excès d'acide. De plus, l'albumine coagulée et la fibrine sont solubles, quoique difficilement, dans l'acide acétique; elle se dissolvent dans l'acide chlorhydrique bouillant et forment des solutions d'un pourpre foncé.

Si on chauffe sur une feuille de platine de l'albumine ou de la fibrine, il reste une petite quantité de cendres blanches, consistant principalement en phosphate de calcium; cette proportion de phosphates terreux paraît entrer comme élément constituant dans les principes albuminoïdes. Si on chauffe de l'albumine sèche ou de la fibrine dans un tube à réaction, dans l'ouverture duquel on a introduit du papier de tournesol rouge et du papier de plomb, le papier rouge devient bleu, et celui de plomb noir. Ces réactions dénotent la présence de l'azote et du soufre respectivement.

δ. Corps gras du sang. On ne se rend pas bien compte de la forme sous laquelle les corps gras existent dans le sérum. Une partie se précipite avec l'albumine, et une autre reste dissoute dans la sérosité. En règle générale, le sérum est parfaitement clair, et le microscope ne peut pas y faire découvrir le moindre globule de graisse, pourtant la graisse que l'on en extrait par l'éther, ne paraît pas saponifiée. Lorsqu'on veut extraire la graisse, on pulvérise le résidu sec laissé par l'évaporation du sérum au bain-marie, et on agite cette poudre pendant quelque temps avec trois ou quatre fois son volume d'éther. Le tout est laissé en repos, et, après quelques heures, on enlève l'éther et on le fait complétement évaporer au bain-marie. On a pour résidu une petite quantité d'une graisse jaune à demi solide. On peut traiter celle-ci avec de l'alcool froid ; il se dissout une graisse liquide et il reste une graisse cristalline insoluble dans ce véhicule.

ε. **Matières extractives et sels.** La sérosité consiste en une solution aqueuse de certains composés organiques mal définis connus sous le nom de matières extractives, et de sels alcalins ordinaires. On donne le nom de matières extractives à tous les éléments organiques du sérum, à l'exception de l'albumine et de la graisse. Si on fait soigneusement évaporer la sérosité jusqu'à siccité, il se sépare du sel marin sous la forme de magnifiques cristaux cubiques. On peut, en outre, y découvrir les acides sulfurique et phosphorique ; le premier, par le précipité blanc qui se forme avec l'azotate de barium et l'acide azotique ; le dernier, à ce que, si on ajoute du sulfate de magnésium, de l'ammoniaque et du chlore d'ammonium, il se produit, lorsqu'on secoue, un précipité blanc cristallin de phosphate ammoniaco-magnésien. Si on fait évaporer la sérosité complétement et qu'on l'incinère, il reste une cendre blanche fusible ; on peut examiner cette cendre selon les directions données pour l'analyse des cendres animales et on trouve qu'elle contient du chlore, des acides carbonique, phosphorique et sulfurique, ainsi que du sodium de potassium, et quelques traces de calcium.

ζ. **Sérum contenant de l'urée.** Il est probable que le sang contient toujours une imperceptible quantité d'urée ; mais dans certaines maladies, et surtout dans la maladie de Bright cette quantité devient très-sensible. Pour la découvrir, on extrait l'albumine par l'une des méthodes données (β) et on fait évaporer la sérosité avec soin jusqu'à siccité. Si on se sert du procédé *b*, et qu'on voie le chlorure de sodium cristalliser sous forme d'octaèdres et non de cubes, lorsque l'on évapore, on peut être presque certain de la présence de l'urée. En tout cas, on évapore à sec une portion de sérosité, on chauffe le résidu sec avec un peu d'alcool concentré et on filtre. On fait évaporer jusqu'à siccité le liquide filtré, on dissout le résidu dans un peu d'eau distillée et on concentre la solution dans un verre de montre. On ajoute à ce liquide concentré froid un égal volume d'acide azotique froid et incolore. Si l'urée est présente, on obtient un dépôt cristallin d'azotate d'urée qu'on examine au microscope. La formation d'un dépôt cristallin par l'addition de l'acide azotique est en lui-même presque caractéristique de la présence de l'urée *.

η. Sérum contenant de la bile. Chez les sujets affectés d'ictère, la couleur jaune du sérum du sang est beaucoup plus foncée que d'ordinaire, par suite de la matière colorante de la bile, qu'il contient. On reconnaît cette matière à la formation d'un précipité d'albumine bleuâtre ou verdâtre qui se produit par l'addition d'un peu d'acide azotique au sérum. On peut aussi précipiter le sérum par un excès d'alcool, après l'avoir simplement neutralisé par l'acide acétique ; la solution alcoolique évaporée jusqu'à un petit volume au bain-marie laisse un résidu que l'on examine, soit par le procédé de Pettenkofer, soit par l'acide azotique (n° 163, β).

θ. Sérum contenant du sucre. Le sucre existe en abon-

* On peut, pour concentrer l'urée du sang sous un petit volume, précipiter la sérosité par l'eau de baryte, filtrer, éliminer l'excès de baryte par un excès de bicarbonate de sodium, filtrer de nouveau et ajouter à la liqueur une solution d'azotate mercurique. Il se forme un précipité blanc d'oxyde de mercure et d'urée. On recueille ce précipité sur un filtre, on le lave; puis on le met en suspension dans la plus petite quantité d'eau possible et l'on dirige un courant d'acide sulfhydrique à travers la liqueur. Il se fait un précipité noir de sulfure de mercure et l'urée régénérée entre en dissolution. On filtre et on peut déterminer la présence de l'urée dans la liqueur, soit en évaporant et en traitant par l'acide azotique, soit par tous les autres réactifs de l'urée, n° 156, γ. (*Note du traducteur.*)

dance dans le sang des diabétiques. De récentes recherches ont démontré, en outre, que le sang *post mortem* de la veine cave inférieure et celui du cœur droit contiennent habituellement une proportion de sucre bien définie. Pour l'y découvrir, on doit d'abord en extraire l'albumine, comme au numéro 177, β. On ajoute ensuite au liquide filtré une ou deux gouttes de sulfate de cuivre en solution, et un excès de potasse caustique. Le liquide devient bleu foncé et, sous l'influence de la chaleur, fournit un précipité rouge ou jaune orangé de suboxyde de cuivre. On peut, avec avantage, remplacer le mélange de sulfate de cuivre et de potasse caustique par la solution alcaline de tartrate de cuivre décrite au numéro 162, δ.

§ VIII. — PRODUITS ANIMAUX DIVERS.

(178) Bile.

α. Composition. La bile humaine contient le sel de sodium d'un certain acide connu sous le nom d'acide glycocholique dont la nature se rapproche de l'acide glycobenzoïque ou hippurique qu'on trouve dans l'urine. Elle contient aussi une petite quantité de sel de sodium, de l'acide taurocholique. Bouillis avec de l'acide chlorhydrique étendu, glycocholates et taurocholates absorbent de l'eau et se changent : les glycocholates en acide cholalique et en glycocolle ; et les taurocholates en acide cholalique et taurine ; ainsi :

Acide glycocholique,

$$C^{26}H^{43}AzO^{6} + H^{2}O = C^{24}H^{40}O^{5} + C^{2}H^{5}AzO^{2}.$$

Acide taurocholique,

$$C^{26}H^{45}AzO^{7}S + H^{2}O = C^{24}H^{40}O^{5} + C^{2}H^{7}AzO^{3}S.$$

La bile contient aussi de l'eau, du mucus, de la cholestérine de la graisse et une matière colorante; les réactions de cette dernière ont été décrites, en parlant de l'urine biliaire (nº 163).

β. Recherche de l'acide cholique. On effectue cette recherche par le traitement de Pettenkofer comme il suit. On ajoute peu à peu à la bile étendue, ou à tout liquide qui en contient, un peu plus de la moitié de son volume d'acide sulfurique concentré, et on maintient le tube froid en le tenant plongé dans l'eau; on y introduit ensuite une petite quantité de sucre en poudre ou son équivalent de sirop et l'on ajoute un peu plus d'acide sulfurique au liquide après l'avoir bien agité pour opérer le mélange. De cette manière, la température s'élève jusqu'au point nécessaire pour produire une couleur cramoisi-pourpre foncée. On peut reconnaître dans tout liquide de très-petites quantités de bile en le faisant évaporer sur un bain-marie avec une goutte d'acide sulfurique et cinq milligrammes de sucre.

γ. Calculs biliaires. Il arrive qu'il se forme dans la vésicule biliaire, et quelquefois en très-grand nombre, des concrétions d'aspect divers. Lorsqu'elles sont nombreuses, elles sont de la grosseur d'un pois; leur forme est angulaire, avec des côtés aplatis. Si elles sont rares, elles sont généralement plus volumineuses, et leur forme est ovale. Ces calculs sont savonneux au toucher, d'une couleur jaune fauve, et ils s'écrasent facilement quand on les presse. Ils consistent principalement en cholestérine et en une combinaison du principe colorant de la bile avec de la chaux. Ils flottent sur l'eau s'ils sont riches en cholestérine. On y reconnaît cette substance à ce que le calcul réduit en poudre, bouilli dans l'alcool et filtré, donne une liqueur qui produit, en se refroidissant, des cristaux plats

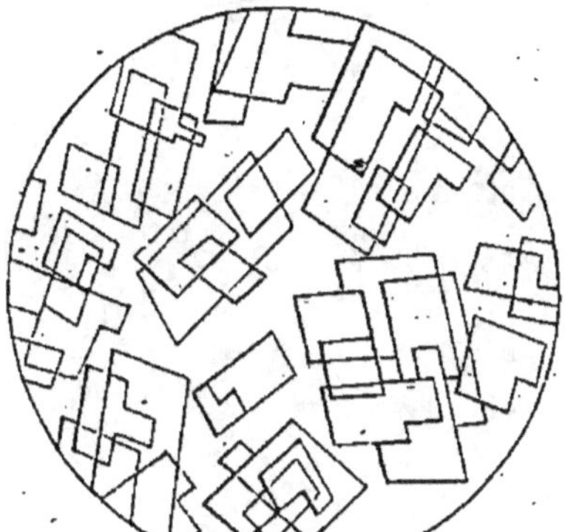

Fig. 70.

transparents et incolores. Vus au microscope, ces cristaux apparaissent comme des plaques rhombiques presque carrées, superposées les unes aux autres comme dans la figure 70. La cholestérine $C^{26}H^{44}O$ est soluble dans l'éther et l'alcool chaud, peu soluble dans l'alcool froid, et pas du tout dans l'eau. Elle paraît être une espèce d'alcool solide.

(179) LAIT.

Cette sécrétion n'est autre chose que de l'eau tenant en solution de la caséine, de la lactine et des sels, et tenant en suspension une certaine quantité de globules gras; c'est à ces derniers qu'est due l'apparence opaque et blanche du lait. Le lait ordinaire a une action alcaline sur le papier réactif. Le poids spécifique du lait humain est en moyenne 1030.

α. Globules gras. A l'aide du microscope on aperçoit facilement ces globules; ils sont de dimensions diverses, et présentent une surface bien définie et obscure (*fig.* 71). Ils sont entourés d'une membrane délicate qui les empêche de se réunir par la pression, à moins qu'on n'y ajoute un peu d'acide acétique. Le lait, sécrété dans les trois premiers jours qui suivent l'accouchement, contient de gros corpuscules graisseux et granulaires, connus sous le nom de corpuscules de colostrum. Dans les abcès de lait on trouve quelquefois des globules de pus et de sang.

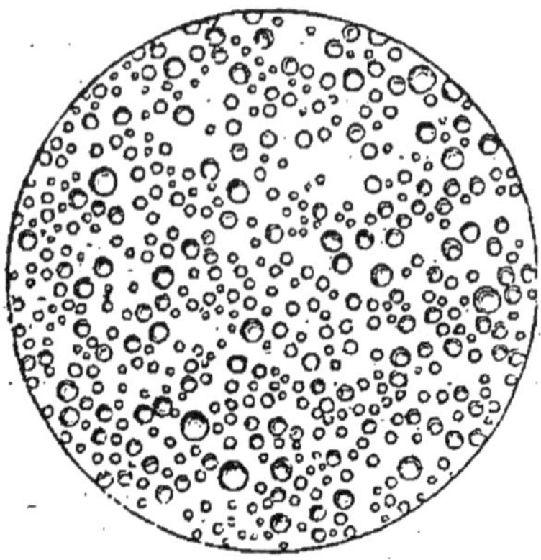

Fig. 71.

β. Caséine. Lorsqu'on fait évaporer du lait ordinaire ou écrémé, il se produit une écume sur sa surface : cette écume se renouvelle à mesure qu'on l'enlève. On considérait autrefois la propriété de fournir de l'écume par l'évaporation comme particulière aux liquides qui contiennent de la caséine. La caséine diffère des autres corps albumineux en ce qu'elle se coagule non par la chaleur, mais par l'addition d'un acide très-étendu en faible quantité, ou par le contact d'une matière animale en décomposition. Le fromage n'est autre chose que de la caséine précipitée par la fressure ou membrane muqueuse de l'estomac du veau, qu'on a fait sécher. Lorsqu'on acidule légèrement par l'acide acétique le lait écrémé, et qu'on le chauffe un peu, la caséine se coagule. En la recueillant sur un filtre et la purifiant par des lavages à l'eau chaude d'abord, puis à l'alcool, on voit qu'elle manifeste toutes les propriétés des substances albuminoïdes.

γ. Lactine. On peut facilement découvrir le sucre de lait ou lactine dans le petit-lait qu'on a, par filtration, séparé du caséum. Il suffit pour celà de le mélanger avec une ou deux gouttes de sulfate de cuivre et un excès de potasse, il se produit, lorsque le mélange est mis en ébullition, un précipité rouge de suboxyde de cuivre. On peut obtenir le sucre de lait sous forme de cristaux, en faisant évaporer soigneusement le petit-lait. Ce sucre ne fermente pas immédiatement, mais, sous l'influence du fromage en putréfaction, il se convertit rapidement en acide lactique. Il subit facilement la fermentation après avoir été transformé en un sucre de la famille des glucoses, la galactose, par une ébullition avec les acides minéraux. L'acide azotique concentré et bouillant le convertit en acide mucique.

δ. Sels minéraux. La cendre de lait contient les mêmes éléments que la plupart des cendres animales. Les phosphates terreux y existent en large proportion, et la proportion du potassium y dépasse celle du sodium.

(180) Os.

Les os consistent en phosphate de calcium déposé dans une base animale. Un os trempé dans de l'acide chlorhydrique étendu perd sa matière terreuse qui se dissout et se convertit en une masse élastique, qui conserve exactement la forme première de l'os. Cette matière, qui a reçu le nom d'osséine, se dissout en bouillant dans l'eau et se transforme en gélatine, qui se prend en gelée par le refroidissement de la liqueur. La solution est précipitée par l'acide tannique, mais elle ne l'est ni par l'acide acétique ni par le ferro-cyanure de potassium. La gélatine pure ne contient pas de soufre. Soumis à la calcination, l'os perd sa matière animale et laisse un résidu de même forme que lui, blanc, cassant et terreux. Ce résidu terreux est composé de phosphate de calcium, d'un peu de carbonate de calcium et de phosphate de magnésium, ainsi que de petites parcelles de fluorure de calcium. C'est surtout dans les os fossiles qu'on trouve cette dernière substance.

APPENDICE AUX FORMULES UNITAIRES

TABLE I.

POIDS ET SYMBOLES ATOMIQUES.

GROUPES TRIPLES.				
H 1			Mo 96 — Pd 106·5	W 184 Au 196·5 Pt 197
Li 7 G 9 B 11 C 12 Az 14 O 16 Fl 19	Na 23 Mg 24 Al 27·5 Si 28 P 31 S 32 Cl 35·5	Zn 65 As 75 Se 79·5 Br 80	Ag 108 Cd 112 Sn 118 Sb 122 Te 129 I 127	Hg 200 Tl 203 Pb 207 Bi 210
	K 39 Ca 40 Ti 48 Br 52·5 Mn 55· etc.	Rb 85 Sr 87·5 Zr 89·5	Cs 133 Ba 137 V 138	

Table II.

HYDRURES PRIMAIRES.

POIDS MOLÉCULAIRES	FORMULES	HYDRIDES, ETC.	DÉRIVÉS	
2	H^2	Hydrogène	Cl H	Cu H
20	HFl	Acide fluorhydrique	—	KFl
36·5	HCl	Acide chlorhydrique	Cl Cl	KCl
81	HBr	Acide bromhydrique	Cl Br	KBr
128	HI	Acide iodhydrique	Cl I	KI
18	H^2O	Eau	Cl^2O	NaClO
34	H^2S	Acide sulfurique	Cl^2S	NaHS
81·5	H^2Se	Acide sélénhydrique	Cl^2Se	Na^2Se
131	H^2T	Acide tellurhydrique	Cl^2Te	Ag^2Te
17	H^3Az	Ammoniaque.	Cl^3Az	KH^2Az
34	H^3P	Phosphine	Cl^3P	Ag^3P
78	H^3As	Arsenic	Cl^3As	Ag^3As
125	H^3Sb	Stibine	Cl^3Sb	Ag^3Sb
—	Et^3Bi	Bismuth-éthyle	Cl^3Bi	—
16	H^4C	Gaz des marais	Cl^4C	NaH^3C
32	H^4Si	Hydrogène silicié	Cl^4Si	Mg^2SI
—	Et^4Sn	Stann-éthyle	Cl^4Sn	—
—	Et^4Pb	Plomb-éthyle	Cl^4Pb	—

TABLE III.

ÉLÉMENTS D'ATOMICITÉ IMPAIRE ET LEURS CHLORURES.

SYMBOLES	POIDS ATOMIQUES	CORPS SIMPLES	MONO-CHLORURES	TRI-CHLORURES	PENTA-CHLORURES
H	1	Hydrogène	HCl		
Li	7	Lithium	LiCl		
Na	23	Sodium	NaCl		
Ag	108	Argent	AgCl		
K	39	Potassium	KCl		
Rb	85	Rubidium	RbCl		
Cs	133	Césium	CsCl		
B	11	Bore		BCl^3	
Al	27·5	Aluminium		$AlCl^3$ *	
Tl	203	Thallium	TlCl	$TlCl^3$	
Au	196·5	Or	AuCl	$AuCl^3$	
Az	14	Azote		$AzCl^3$	AzH^4Cl
P	31	Phosphore		PCl^3	PCl^5
As	75	Arsenic		$AsCl^3$	
Sb	122	Antimoine		$SbCl^3$	$SbCl^5$
Bi	210	Bismuth		$BiCl^3$	
Fl	19	Fluor			
Cl	35·5	Chlore	ClCl		
Br	80	Brome	BrCl ?		$BrCl^5$
I	127	Iode	ICl	ICl^3	

* Nous avons vu ailleurs que le chlorure aluminique n'est point $AlCl^3$, mais Al^2Cl^6. (*Note du traducteur.*)

TABLE IV.

CORPS SIMPLES D'ATOMICITÉ PAIRE ET LEURS CHLORURES.

SYMBOLES	POIDS ATOMIQUES	CORPS SIMPLES	BI-CHLORURES XCl^2	TETRA-CHLORURES XCl^4	HEXA-CHLORURES XCl^6
G	9	Glucinum	GCl^2		
Mg	24	Magnésium	$MgCl^2$		
Zn	65	Zinc	$ZnCl^2$		
Cd	112	Cadmium	$CdCl^2$		
Hg	200	Mercure	$HgCl^2$		
Ca	40	Calcium	$CaCl^2$		
Sr	87·5	Strontium	$SrCl^2$		
Ba	137	Barium	$BaCl^2$		
C	12	Carbone	CCl^2	CCl^4	
Si	28	Silicium	$SiCl^2$	$SiCl^4$	
Sn	118	Étain	$SnCl^2$	$SnCl^4$	
Pb	207	Plomb	$PbCl^2$	$PbEt^4$	
Pd	106·5	Palladium	$PdCl^2$	$PdCl^4$	
Pt	197	Platine	$PtCl^2$	$PtCl^4$	
O	16	Oxygène	OCl^2		
S	32	Soufre	SCl^2	SCl^4	SO^2Cl^2
Se	79·5	Sélénium	$SeCl^2$?	$SeCl^4$	SeO^2Cl^3
Te	129	Tellure	$TeCl^2$	$TeCl^4$	$TeO^2(HO)^2$
Cr	52·5	Chrome *	$CrCl^2$		CrO^2Cl^2
Mn	55	Manganèse *	$MnCl^2$	$MnCl^4$?	$MnO^2(HO)^2$
Fe	56	Fer *	$FeCl^2$		$FeO^2(HO)^2$
Co	59	Cobalt	$CoCl^2$		
Ni	59	Nickel	$NiCl^2$		
Cu	63·5	Cuivre *	$CuCl^2$		

* Le mercure et le cuivre forment des monochlorures du type XCl ou X^2Cl^2 tandis que le chrome, le fer et le manganèse, forment des trichlorures de type XCl^3 ou X^2Cl^6. (*Note de l'auteur.*)

TABLE V.

OXYDES DES HYDRURES PRIMAIRES.

FORMULES	OXHYDRATES	DÉRIVÉS	
	Monobasiques		
HCl	Chlorhydrique	KCl	$EtCl$
$HClO$	Hypochloreux	$KClO$	—
$HClO^2$	Chloreux	$KClO^2$	—
$HClO^3$	Chlorique	$KClO^3$	—
$HClO^4$	Perchlorique	$KClO^4$	$EtClO^4$
	Bibasiques		
H^2S	Sulfhydrique	KHS	Et^2S
H^2SO	—	Cl^2SO	Et^2SO
H^2SO^2 *	Hyposulfureux	Cl^2SO^2	—
H^2SO^3	Sulfureux	$KHSO^3$	Et^2SO^3
HSO^4	Sulfurique	K^2SO^4	$EtHSO^4$
	Tribasiques		
H^3P	Phosphine	Ag^3P	Et^3P
H^3PO	—	Cl^3PO	Et^3PO
H^3PO^2	Hypophosphoreux	KH^2PO^2	—
H^3PO^3	Phosphoreux	K^2HPO^3	Et^3PO^3
H^3PO^4	Phosphorique	K^3PO^4	Et^3PO^4
	Tétrabasiques		
H^4Si	Hydrogène silicié	$\overset{''}{Mg}{}^2Si$	Et^4Si
H^4SiO	—	—	—
H^4SiO^2	—	—	—
H^4SiO^3	—	—	—
H^4SiO^4	Acide silicique	K^4SiO^4	Et^4SiO^4

* On formule généralement l'acide hyposulfureux $H^2S^2O^3$, ce qui ne correspond pas du tout à la formule donnée par l'auteur. (*Note du traducteur.*)

TABLE VI.

ACIDES A TROIS ET A QUATRE ATOMES D'OXYGÈNE.

FORMULES	TRIOXACIDES	FORMULES	TÉTROXACIDES
$HClO^3$	Chlorique	$HClO^4$	Perchlorique
$HBrO^3$	Bromique	HIO^4	Periodique
HIO^3	Iodique	$HMnO^4$	Permanganique
$HAzO^3$	Azotique		
HPO^3	Métaphosphorique	H^2SO^4	Sulfurique
		H^2SeO^4	Sélénique
H^2SO^3	Sulfureux	H^2TeO^4	Tellurique
H^2SeO^3	Sélénieux	H^2MoO^4	Molybdique
H^2TeO^3	Tellureux	H^2WO^4	Tungstique
H^2VO^3	Vanadeux	H^2VO^4	Vanadique
H^2CO^3	Carbonique	H^2CrO^4	Chromique
H^2SiO^3	Métasilicique	H^2MnO^4	Manganique
H^2SnO^3	Stannique	H^2FeO^4	Ferrique
H^2TiO^3	Titanique		
H^2TaO^3	Tantalique	H^3AzO^4	Orthoazotique
		H^3PO^4	Phosphorique
H^3PO^3	Phosphoreux	H^3AsO^4	Arsénique
H^3AsO^3	Arsénieux	H^3SbO^4	Antimonique
H^3SbO^3	Antimonieux		
H^3BiO^3	Bismutheux	H^4CO^4	Orthocarbonique
H^3BO^3	Borique	H^4SiO^4	Silicique

FORMULES	MÉTA-ACIDES	FORMULES	ORTHO-ACIDES
HPO^3	Métaphosphorique	H^3PO^4	Phosphorique
$HAzO^3$	Azotique	H^3AzO^4	Orthoazotique
H^2SiO^3	Métasilicique	H^4SiO^4	Silicique
H^2CO^3	Carbonique	H^4CO^4	Orthocarbonique

Table VII.

TYPES PRIMAIRES DE DOUBLE DÉCOMPOSITION.

TYPES		DÉRIVÉS		
HCl	Chlorure ou Hydrure	Cl.Cl	Na.Cl	Et.Cl
$\left.\begin{matrix}H\\H\end{matrix}\right\}O$	Oxyde ou Hydrate	$\left.\begin{matrix}Cl\\H\end{matrix}\right\}O$ $\left.\begin{matrix}Cl\\Cl\end{matrix}\right\}O$	$\left.\begin{matrix}Na\\H\end{matrix}\right\}O$ $\left.\begin{matrix}Na\\Na\end{matrix}\right\}O$	$\left.\begin{matrix}Et\\H\end{matrix}\right\}O$ $\left.\begin{matrix}Et\\Et\end{matrix}\right\}O$
$\left.\begin{matrix}H\\H\\H\end{matrix}\right\}Az$	Azoture ou Amide	$\left.\begin{matrix}H\\H\\H\end{matrix}\right\}Az$ $\left.\begin{matrix}I\\I\\H\end{matrix}\right\}Az$ $\left.\begin{matrix}Cl\\Cl\\Cl\end{matrix}\right\}Az$	$\left.\begin{matrix}Na\\H\\H\end{matrix}\right\}Az$ $\left.\begin{matrix}X\\X\\H\end{matrix}\right\}Az$ $\left.\begin{matrix}Na\\Na\\Na\end{matrix}\right\}Az$	$\left.\begin{matrix}Et\\H\\H\end{matrix}\right\}Az$ $\left.\begin{matrix}Et\\Et\\H\end{matrix}\right\}Az$ $\left.\begin{matrix}Et\\Et\\Et\end{matrix}\right\}Az$
$\left.\begin{matrix}H\\H\\H\\H\end{matrix}\right\}C$	Carbure ou Méthylure	$\left.\begin{matrix}Cl\\H\\H\\H\end{matrix}\right\}C$ Cl^2H^2C Cl^3HC Cl^4C	$\left.\begin{matrix}Na\\H\\H\\H\end{matrix}\right\}C$	$\left.\begin{matrix}Et\\H\\H\\H\end{matrix}\right\}C?$

Table VIII.

CHALEUR ATOMIQUE.

	CORPS SIMPLES	POIDS ATOMIQUES	CHALEURS SPÉCIFIQUES	PRODUITS DES CHALEURS SPÉCIFIQUES SUR LES POIDS ATOMIQUES
MONOATOMIQUES	Bromure	80	0,08432	6,74
	Iodure	127	0,54120	6,87
	Lithium	7	0,09408	6,58
	Sodium	23	0,29340	6,75
	Potassium	39	0,16956	6,61
	Argent	108	0,05701	6,15
DIATOMIQUES	Soufre	32	0,17760	5,68
	Sélénium	79,5	0,08270	6,55
	Tellure	129	0,04737	6,11
	Tungstène	184	0,03342	6,15
	Manganèse	55	0,12170	6,69
	Fer	56	0,11379	6,37
	Cobalt	59	0,10696	6,31
	Nickel	59	0,10863	6,41
	Cuivre	63,5	0,09515	6,04
	Magnésium	24	0,24990	5,99
	Zinc	65	0,09555	6,20
	Cadmium	112	0,05669	6,35
	Mercure	200	0,03192	6,38
TRIATOMIQUES	Phosphore	31	0,18870	5,85
	Arsenic	75	0,08140	6,10
	Antimoine	122	0,05077	6,19
	Bismuth	210	0,03084	6,47
	Aluminium	27,5	0,21430	5,87
	Thallium	203	0,03355	6,81
	Or	196,5	0,03244	6,37
TÉTRATOMIQUES	Étain	118	0,05623	6,63
	Plomb	207	0,03140	6,50
	Rhodium	104	0,05803	6,06
	Palladium	106,5	0,05927	6,31
	Platine	197	0,03243	6,39
	Iridium	197	0,03259	6,42
	Osmium	199	0,03113	6,19

TABLE DES MATIÈRES

CHAPITRE PREMIER

INTRODUCTION.

CHAPITRE II

CHIMIE ANALYTIQUE.

CHAPITRE III

CHIMIE TOXICOLOGIQUE.

CHAPITRE IV

CHIMIE ANIMALE.

FIN DE LA TABLE DES MATIÈRES.

TABLE ALPHABÉTIQUE

A

16.

B

C

D

M

N

O

P

R

S

T

PARIS. — IMP. SIMON RAÇON ET COMP., RUE D'ERFURTH, 1.